環境影響評価のすべて
Conducting Environmental Impact Assessment in Developing Countries
環境破壊型開発から環境保全型開発へ

プラサッド・モダック
Prasad Modak
アシット・K・ビスワス
Asit K. Biswas

川瀬裕之　礒貝白日編訳

ASAHI ECO BOOKS 1

アサヒビール株式会社発行 ■ 清水弘文堂書房編集発売

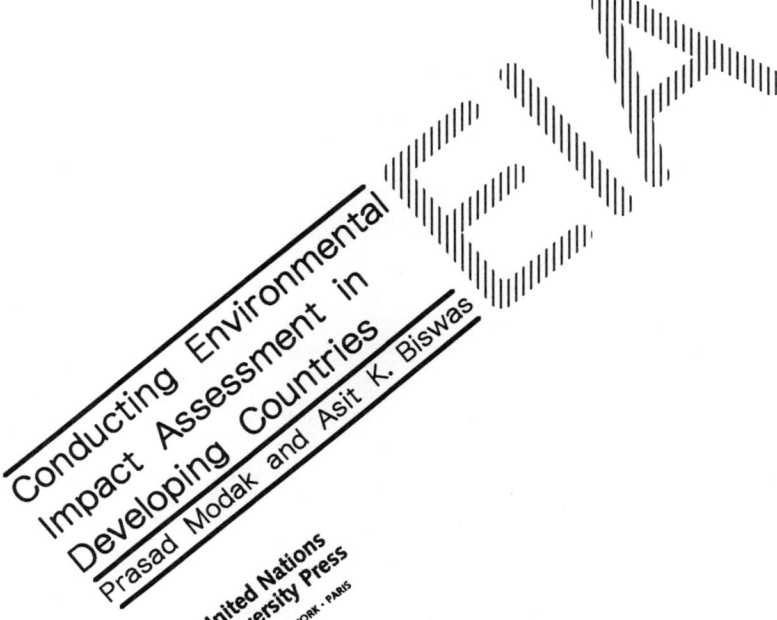

環境影響評価のすべて

目次

環境破壊型開発から環境保全型開発へ

Conducting Environmental Impact Assessment in Developing Countries
Prasad Modak and Asit K. Biswas

United Nations University Press
TOKYO · NEW YORK · PARIS

This volume is a translation of Conducting Environmental Impact Assessment in Developing Countries by Prasad Modak & Asit K. Biswas, published by the United Nations University Press, Tokyo, New York, Paris, 1999
© *The United Nations University, 1999*
© *Shimizukobundo Shobo, Ing., Japanese edition, 2001*

序文

1 序章 9

2 EIAの概略 20

3 EIAの実施過程 29

4 EIA実施手法 83

5 EIAのツール 115

6 環境管理手法とモニタリング 144

7 EIAにおけるコミュニケーション 186

8 EIA報告書の作成と評価 200

9 EIAの発展 223

10 EIAのケーススタディー 323

 ケース 10.1 フィリピン・レイテにおけるトンゴナン地熱発電所の例 323

 ケース 10.2 スリランカにおけるマハウェリ開発プログラムの例 336

 ケース 10.3 タイにおける錫精錬プロジェクトの例 349

 ケース 10.4 タイ国営化学肥料会社プロジェクトの例 358

 ケース 10.5 タイにおけるマップタフット港湾プロジェクトの例 373

 ケース 10.6 インドネシアにおける水力発電プロジェクトの例 389
    ――カナダ国際開発庁　フィリップ・パリディンによる報告

 ケース 10.7 カイロ一帯における廃水処理プロジェクトの例 397
    ――エジプト・カイロ廃水処理機構　モハメド・タラット・アブ・サッダとアメリカ国際開発庁ステファン・F・リントナーによる報告

STAFF

PRODUCER　中村恭三(アサヒビール株式会社環境文化推進部部長)　礒貝 浩
ART DIRECTOR　礒貝 浩
DIRECTOR　あん・まくどなるど
EDITOR　礒貝白日
COVER DESIGNERS　二葉幾久　黄木啓光　森本恵理子(eun)
DTP OPERATOR & PROOF READER　石原 実
制作協力/ドリーム・チェイサーズ・サルーン2000　立川隆太郎
(旧創作集団ぐるーぷ・ぱあめ '90)
■
STUFF　茂木美奈子(アサヒビール環境文化推進部)

※この本は、オンライン・システム編集とDTP(コンピューター編集)でつくりました。

序文

　環境影響評価のプロセスが始まったのは、1970年代初頭のことである。その後数年間で、先進国および途上国における、環境管理に対する関心が徐々に高まってきた。同時に、環境保護の重要性に対する意識と、環境と開発問題の複雑で動的な相互作用についての知識も向上してきた。

　先進国にも発展途上国にも、環境管理アプローチあるいは環境管理手法の発展に取り組む単一の組織は存在していない。一般的には、西側諸国に比べると発展途上国では環境管理に不可欠な影響評価は発達していないといえる。環境問題の現状もまた、各国それぞれである。全般的に見ると、ほとんどの国が現在、主要な開発プロジェクトに環境アセスメントを必要としているといえよう。しかし環境アセスメントの実行に関しては、各国ごと、時には一国の中でも地域ごとに大きく状況が異なってくる。さらに、いくつかの発展途上国、例えばフィリピンが1977年から主要開発プロジェクトに環境アセスメントを要求している一方で、主要工業国、例えばドイツ連邦共和国が同様のアセスメントを法制化したのはそれから10年経ってからのことであるということにも注目すべきである。

　多くの発展途上国がすでにプロジェクト実施の必要条件に環境影響評価を組み込んでいる。世界銀行や米州開発銀行などの機関が、融資条件として適切な環境アセスメントの実施をあげている。このように、最近の国内あるいは国際的な要求により、発展途上国において数多くの環境影響評価が行われてきた。私の個人的な調査によると、アジアの発展途上国だけですでに15000件の環境影響評価が行われている。しかし、残念なことにこれらのアセスメントを客観的に評価する手段はなく、またそれらがどの程度、環境保護に有効なのかを図ることもできない。環境影響評価に関する数少ない評価も、学術的あるいは抽象的なものしかなく、限られた範囲でしか使われていない。

17の発展途上国および開発関連国際機関のアドバイザーである私自身の個人的な経験からいうと、環境影響評価がしばしば機械的にこなされるだけのものとなってしまうことは明らかである。「手段」であるはずの環境影響評価が大きな注目を浴び、「目的」であるはずの環境改善が考慮されないこともある。アナリストたちは、環境管理をする人間が合理的で適切な判断を下すために必要な情報がどのようなものであるか、明確な考えを持っていない。加えて、データの収集のみが強調され、アナリストによる分析、解釈、および環境に対する全体的な関与が重視されないこともしばしばある。

　さらに、実際のプロジェクトが環境に及ぼす影響の監視および評価の実行それ自体の問題がある。環境影響評価が合意に基づいて適切に行われているか確認するためには、間違いなく監視および評価が不可欠である。同様に、定期的な監視および評価のみが環境アセスメント技術の精度およびプロジェクト実施後の環境状況を明らかにしうる。したがって、適切な監視および評価の欠如が発展途上国における環境管理の最大のハンディキャップであるといえよう。

　これらの制約に直面し、国連大学は発展途上国の環境影響評価の必要性に関するテキストを作成することを決定した。この本が、その結果である。

　このプロジェクトは、国連大学シニア・プログラム・オフィサーであるユハ・I・ウイット博士の支援および激励なくしては開始あるいは完成できなかったであろう。また、共著者でインドのもっとも著名な環境科学者のひとりであるプラサッド・モダック博士にも感謝したい。この本を執筆することを可能にしてくれたウイット博士とモダック博士に心から感謝する。

アシット・K・ビスワス
Asit K. Biswas
（国連大学プロジェクト・コーディネーター）

おもな略号・表記

ADB	Asian Development Bank アジア開発銀行
AfDB	African Development Bank アフリカ開発銀行
BKPM	Investment Coordination Board (Indonesia) 投資調整委員会（インドネシア）
BOD	biological oxygen demand 生物学的酸素要求量
CBA	cost－benefit analysis 費用便益（コスト・ベネフィット）分析
CEA	cumulative effects assessment 累積影響評価
CEO	chief executive officer 最高経営責任者
CEQ	Council for Environmental Quality 環境品質会議
CFC	chlorofluorocarbon クロロフルオロカーボン
CIDA	Canadian International Development Agency カナダ国際開発庁
COD	chemical oxygen demand 化学的酸素要求量
CWO	Cairo Wastewater Organization カイロ排水処理機構
DMP	disaster management plan 災害管理計画
DOE	Department of Environment 環境省
EA	environmental assessment 環境アセスメント
EBRD	European Bank for Reconstruction and Development 欧州復興開発銀行
ED	environmental design 環境デザイン
EES	environmental evaluation system 環境評価システム
EHIA	environment health impact assessment 環境健康影響評価
EIA	environmental impact assessment 環境影響評価
EPA	Environmental Protection Agency 環境保護局
EPM	environmental protection measures 環境保護措置
ERA	environmental risk assessment 環境リスクアセスメント
FINNIDA	Finnish International Development Agency フィンランド国

		際開発庁
GIS	geographical information systems	地理情報システム
HC	hydrocarbons	炭化水素
HHRA	human health risk assessment	人間健康リスクアセスメント
IDB	Interamerican Development Bank	米州開発銀行
IEE	initial environmental examination	初期環境調査
LCA	life cycle analysis	ライフサイクル分析
LPG	liquefied petroleum gas	液化石油ガス
MOI	Ministry of Industry	産業省
NORAD	Norwegian Agency for Development Cooperation	ノルウェー開発協力事業団
ODA	Overseas Development Administration	英国国際開発庁
PU	Department of Public Works (Indonesia)	公共事業省（インドネシア）
SEA	strategic environmental assessment	戦略的環境アセスメント
SIA	social impact assessment	社会影響評価
TOR	terms of reference	考慮事項
UNEP	United Nations Environment Programme	国連環境計画
USAID	United States Agency for International Development	米国国際開発庁

（訳者注　日本語訳が定着している単語については一般的な訳語を使い、いろんな訳語が可能な単語については、本書では以上の表記を使いました）

1 序章

1.1 環境に関する変遷

　おそらく、環境破壊に関して最初に、世間にもっとも影響を与えた警告は、レイチェル・カーソン著、1962年出版の殺虫剤使用に関する著作『沈黙の春』だろう。しかし、1960年代前半には、まだ環境問題は世間の注目を集めてはいなかった。1960年代なかばになって、一部のアメリカの科学者が化石燃料の使用による二酸化炭素濃度の上昇で、気候変化が起こる可能性があると警告した。

　1960年代の終わりまでに、環境に対する警告、会議、法制化の動きやマスコミの関心などが劇的な変化を生み出した。この現象はいくつかの欧米諸国で平行して起き、法制化や環境関連の機関創設、市民団体であるNGOの増加などをもたらした。

　アメリカでは、これらの現象と革新的な議員により、1969年、後の環境管理の指標となる国家環境政策法（NEPA）が生み出された。NEPAは、複数の分野にまたがる問題を取り扱う点、EIA、すなわち環境影響評価（以下、EIAと表記）を法制化し世界に広めた点において、環境法の分水嶺とみなされている。

　NEPAにより、すべての連邦政府機関が、環境設計を計画・決定するにあたり、自然科学と社会科学を統合した体系的で学際的な方法を取るようになった。NEPAのもう一つの特徴として、一般市民が開発計画に参加できるようにしたことがあげられる。NEPAはまた、開発計画の立案者が計画のマイナス面、計画の代替案、および回復不可能な影響についての情報を提供しなくてはならないと定めた。これは、連邦政府機関の計画立案過程や決定に変化を求めるための法制化であった。このようなことからNEPAはアメリカだけではなく、世界中で環境法のマグナ・カルタとして知られるよう

になった。

　1960年代後半は環境意識の創世期であるといえるが、一方1970年代は反応と行動の時代だといえよう。1970年以前は、多くの国が大気汚染、水質汚濁あるいは土壌流失といった、特定の問題に対処するための法制化をしていた。1970年から80年代にかけては、国内および国際的な環境への関心の高まりを反映し、より広範な環境法整備が行われた。その中でもっとも重要なものが、1972年の国連人間環境会議、1974年の国連世界人口会議、1976年の国連人間居住会議であった。

　より詳細に述べると、1972年6月にストックホルムで開かれた国連人間環境会議前後に環境問題への意識が広まったといえる。この会議の目的は、人間環境に対する包括的な意識の枠組を提供することであり、またそれによって、環境問題の重要性と緊急性を政府と一般市民に知らせることを意図したものであった。このときに合意された行動指針は次のようなものである。

■環境の質の向上を目指した人間居住の計画、管理。
■環境の観点から見た天然資源管理。
■汚染者や迷惑行為の国際的認知、管理。
■教育、情報、社会、文化的な観点から見た環境問題。
■開発と環境。
■行動計画に対する国際機関の関連性。

　この会議の結果、国連環境計画（UNEP）が計画に対する基金とともに発足した。26の環境原則宣言が採択され、国際的重要性を持った環境問題に各国が協調して取り組むことが必要であるとされた。

1.2 EIAの歴史

　ストックホルム会議と同時期に、あるいはその後、先進国ではあいついで環境政策が立案され対策機関が設置された。1970年代、多くの政府が環境法整備、環境対策機関の創設、あるいは既存の機関の増設などを行った。また、ほかの国が苦心して積みあげ

た経験をもとに「先導させる」政策を取り、注意深く環境対策を進めていった国もあった。これらの動きに付随して、いくつかの国で政治的決定に環境要因を組み込むための規律というべきEIAが導入された。

EIAはプロジェクト計画決定のための政策、管理手法であると考えられていた。それは、開発プロジェクトや計画、政策の環境面での結果を認識、予測および評価するためのものと期待されていた。だがEIAは、開発計画の法制化に対する不必要な妨害となるとの思惑から、質や価値の面でより良いプロジェクトをつくるための手段であると認識されるようになるまでに、10年ほどかかった。

環境法整備を考えるうえで、1969年および1990年に二つの重要な法案が成立した。前者がアメリカ合衆国の国家環境政策法（NEPA）であり、多分野にまたがる環境問題を対象とし、EIAを世界的に広めた。もう一つが1990年に制定されたニュージーランドの資源管理法で、持続可能性を盛り込んだ最初の法律であった。

この二つの法案のあいだに、いくつかの国が法改正やルール、ガイドラインの導入などによってEIAに関する修正を行った。次ページの表1.1は、その動きをまとめたものである。

表1.1から二つの重要なことがわかるだろう。第一に、1980年代から90年代にかけては、70年代から80年代に比べて、より多くの国々がEIAを導入したこと。これはEIAがより多くの支持を得るようになったことを示している。第二に、EIAはマレーシアやフィリピンなどの発展途上国で、かなり早い時期から導入されていたこと。EIAをプロジェクトレベルから計画段階にまで広げる動きも見られる。この詳細は、セクション1.3で述べることにする。

各国政府だけが行動しているわけではない。世界銀行は、1971年に環境管理の重要性から水力発電プロジェクトの環境的調査および分析を行う環境部門を設立した。それは開発計画が環境に与える潜在的な影響を正しく評価する必要があるとの認識にもとづくものであった。

アジア開発銀行（ADB）は1987年に環境部門を設立し、1990年にはそれが環境対策局（OENV）となった。環境対策局は、ADB内部でのプロジェクトの環境的側面の見なおしや環境意識の向上および環境関連機関の設置などを目的として設置された。環境対策局は現在、プロジェクト準備や評価、承認、実行、事後評価などのプロジェクト

表1.1 各国のEIAに関する法制化の動き

国名	EIA導入時期	補足
スウェーデン	1969	環境保護法1969：（後に改正）一般的なEIAに関して387項目を定める
米国	1970	国家環境法
カナダ	1973	（連邦）環境アセスメント調査プロセス（EARP）法
オーストラリア	1974	環境保護（計画影響）法
マレーシア	1974	環境性質法（1974）セクション34Aに基づくEIA
フランス	1976	国家環境アセスメント法
フィリピン	1978	大統領令No. 1586
日本	1984	閣議決定に基づく環境アセスメント
英国	1985	都市および郊外計画（影響評価規制）
インドネシア	1986	政府法令No. 29（1986）に基づくAMDAL（EIA）プロセス
オランダ	1986	環境保護法（一般規定）より移行された環境管理法（1993）
ニュージーランド	1986	環境法（1986）および資源管理法（1991）
スリランカ	1988	国家環境法No. 47（1980）の改正によるEIA
CEC	1988	加盟12か国に対するEU指示
ノルウェー	1989	計画法（1989）により規制
ドイツ	1990	国家環境アセスメント法
タイ	1992	国家環境基準法（1992）セクション46　47
ネパール	1993	国家開発計画委員会事務局による国家EIAガイドライン
インド	1994	1994年1月以前は中央省による許可を得ることが大規模開発に関する唯一の行政義務であったが1994年以降はEIAが告知された

注　上記のすべての国ではEIAの法制化がなされているが　そのほかの国では義務ではないEIAのガイドラインのみが存在する

出典

1. Towards Coherence in Environmental Assessment results of the Project on Coherence of Environmental Assessment for International Bilateral Aid Vol. III. Summary of Country Policies and Procedures submitted by Canada to OECD／DAC working party on Development Assistance and Environement, 1994.
2. The Canadian Guide to Environmental Assessment by W. J. Couch, Federal Environmental Assessment Reviwe Office, 1993.

サイクルの重要な段階に組み込まれている。

　ADBは、プロジェクトの種類によってEIAあるいは初期環境調査（IEE）が必要であることを認識している。開発プロジェクトは下記の三種類に分類されている。

カテゴリーA——環境への影響が非常に大きいプロジェクト。
カテゴリーB——環境への影響が存在するが、Aよりも小さいもの。
カテゴリーC——環境への影響がないと思われるもの。

　この分類によって、プロジェクトに必要とされるのがIEEとEIAのどちらであるかが決定される。

　ほかの多くの二国間援助機関も、金融支援を行う際にプロジェクトの実施要件として環境アセスメントのガイドラインを設けている。次ページの表1.2はそれらの機関に関するガイドラインの詳細である。

1.3　EIAに対する理解の変化

　1960年代の創世期から今日に至るまでの環境運動の動向を見てみると、EIAの発展の背景が見えてくる。簡潔に言うと、環境に対する理解および多角的な相互依存性が高まり、環境法整備の機運が高まった。1960年代に始まった環境運動は1990年代には具体的な法律や規則として実を結び、今日では先進国および発展途上国を包含している。「コモンズ」や『われら共有の未来』（セクション1.3.3参照）の意味するところがより明確になり、開発事業の影響評価を政策レベルからプロジェクトレベルまで浸透させる必要があることが理解された。開発の社会および健康に対する影響は重要な研究対象であり、開発への住民参加の増加が政策決定に大きく影響を及ぼしている。このセクションでは、EIAの発展過程に着目してみる。

1.3.1　プロジェクトレベルでのEIA

　EIAが行われている国では、高速道路や港湾整備、水力発電事業、製造業や鉱工業開発などの開発プロジェクトの実施前に環境調査が行われる。EIAはそれから、適切な

表 1.2 二国間援助機関の EIA ガイドライン

機関	年	補足
米国国際開発庁(USAID)	1975	USAID は開発援助計画評価を行う際　NEPA の内容を満たす必要がある／特定のプロジェクトに関しては　執行部令 12114 による一般的な EIA ガイドラインを適用
カナダ国際開発庁（CIDA）	1986	EIA に関する EARP ガイドライン令（1984）を実行するための報告書「実行すべき政策」を作成 CIDA の政策決定に環境に対する考慮を組み込むための「環境持続性のための政策」（1992）を採択
ノルウェー開発協力事業団（NORAD）	1988	環境アセスメントを開発援助計画に組み込むことを決定／特定の法律はない
フィンランド国際開発庁(FINNIDA)	1989	「開発援助における EIA ガイドライン」による
国際協力事業団（JICA）	1993	国際協力における環境アセスメントを定めた環境基本法／開発計画の環境アセスメントは　JICA と OECF（現 JBIC）のガイドラインを適用

措置や監視、管理計画をプロジェクトに盛り込むように提示する。例として、次のようなものがあげられよう。

■道路予定地の変更。
■港湾における油漏れ対策の整備。
■ダムの高さの変更。
■立ち退きが必要な住民の再定住支援。

1　序章

■発電プロジェクトにおける燃料変更の推奨。
■長期的利益の観点を採り入れたより清浄な工業技術使用の提案。
■採鉱地点周辺の土壌保全と代替緑地の開発。

　これらの提示にもとづいて、もし必要であれば、プロジェクトレベルで開発者が規模、設計、技術、施行の修正を行う。

1.3.2 プロジェクトレベルから地域的なEIAへ

　1970年代後半のもう一つの大きな出来事は、プロジェクトレベルのEIAで、社会的側面を過程に取り込むという多角的な特性が現れたことである。社会に対する影響評価およびリスク分析が、EIAの手法に取り込まれた。これはおそらく、環境を構成しているものが相互に依存しているという事実に対する認識および理解が深まったことによるものであろう。

　同時に、環境汚染の影響が国境を超えているということも認識された。大気汚染はヨーロッパと北アメリカの森林や湖沼を蝕んでいる。このおもな原因は化石燃料の燃焼によるものである。二十世紀のあいだに、硫黄酸化物の排出量は4.7倍、二酸化炭素の排出量は10倍に増加した。アメリカの窒素酸化物排出量は9倍に増加した。大気状況によって硫黄酸化物と窒素酸化物は長距離を移動し、酸性雨となる。酸性雨は湖や川だけではなく、穀物や植物にまで影響を与えている。

　それから、地域的な計画や開発を考えるうえで、EIAの範囲や程度を拡大するべきだという認識が広まった。このように、EIAは開発事業の規模によって、さまざまなレベルで行われるようになった。例えば、大規模な工業地域では、個々の工場の排出量は許容範囲内であるが全体ではその地域の大気に深刻な影響を及ぼす恐れがある。同じように、近隣での化学物質の蓄積が、別の場所へ「ドミノ」効果による潜在的なリスクを招くこともありえる。

　大都市圏を開発する都市計画機関は、地域的あるいは累積的な環境への影響を注視すべきであり、個々のプロジェクトのみに限定してはならない。住宅建設、交通整備、水の供給、廃棄物処理などの土地利用法の変化による累積影響は地域に重大な影響を与えるため、地域規模での影響を思慮にいれて管理される必要がある。

　累積影響評価（CEA）は、特定の開発プロジェクトではなく、いくつかの事業を総合

して調査する、拡大された影響評価である。そのような累積的な地域レベルでのEIAが有用な開発計画の例として、次のようなものがあげられる。
■養殖事業のための広範囲にわたる海岸線開発。
■水産資源開発。
■地域交通網の開発。
■地域レベルでの危険物処理施設の開発。
■世界銀行による大都市圏環境改善計画（MEIP）やアジア開発銀行（ADB）による大都市圏計画などの、都市圏改善計画。

　地域的影響という概念を理解することは、不可欠なものとしての環境健康影響評価（EHIA）の認識および出現につながる。この調査は環境アセスメント（EA）の一部であると考えられるが、その重要性はEIA報告書の一部分を占めているだけのものであるという事実から、意識されてこなかった。

1.3.3 政策レベルでの戦略的EIA

　1987年に「環境と開発に関する世界委員会（WCED）」が、3年間の現地調査や聴聞会の成果である『われら共有の未来』を発表した。国連総会の緊急の要請に応え、世界環境開発会議は1983年、効果的な戦略策定、長期的視野に立った新しい国際協力構築、および環境理解のレベル向上を目指して開催された。レポートの中で論じられたさまざまな問題の中でもっとも重要なのは、自然保護のための国際協力――経済的および環境的な危機を引き起こす、種の絶滅と生態系への脅威に対するもの――であった。『われら共有の未来』はまた、「コモンズ」（すべての人に使われる、海洋、大気、宇宙、南極などの生態系のこと）の管理方法についても論じている。

　1974年には、冷蔵庫やスプレーで使われていたフロンガス（CFCs）が、成層圏の一部であるオゾン層を破壊するという予測がなされた。それから11年後の1985年、破壊が確認された。南極上空のオゾン層が薄くなり、オゾンホールが拡大したのである。そのため、1987年までに新しい国際的世論が形成され、結果として世界規模での行動計画へと導いた。この計画の主要な内容は、オゾン層の変化が放射線や皮膚ガン、生態系、地域的気候に及ぼす影響を調べるための地球規模での監視活動と、フロンガスの製造および排出に関するデータ収集であった。世界的な行動計画が順調に進んでいく一

方、国際会議が合意に達しようとしていた。各国の行動の枠組みを定めたモントリオール議定書が、1987年に合意された。クロロフルオロカーボン（CFC）の生産、使用国のほとんどが1999年までにフロンガスを50パーセント削減することに合意した。だが、新しい科学的証拠は、考えられていた状況以上に悪化していることを示唆していた。1989年のヘルシンキ宣言では、2000年までにフロンガスを撤廃することが80か国により合意された。

1980年および90年代に起きたもう一つの重要な問題は、大気中における二酸化炭素（CO_2）濃度の増大と、地球温暖化の可能性であった。データが、二酸化炭素だけでなく、窒素酸化物（NO_x）、メタン（CH_4）や特定フロンの増加を示していた。地球温暖化とオゾン層破壊は、深刻な環境破壊を引き起こす恐れがある。

地球規模でのオゾン層、気候変動問題は、1972年のストックホルム会議以降の国際的イニシアチブにも関わらず、環境悪化が加速していることを示している。

明らかに、プロジェクトや大規模開発に対する権勢が、いつでも政策の大勢であった。1980年代後半あるいは90年代初期までに、プロジェクトや地域計画におけるEIAの実験が、EIA政策は戦略的になされるべきだという認識をもたらした。

戦略的環境アセスメント（SEA）は、（悪い影響を及ぼすものも、そうでないものも）既存のあるいは新しい開発政策によって実施される開発に起因する、起こりうる環境変化を調査するものである。SEAは広範な政策全般、そしてより具体的な実際の計画のどちらにも適用できる。

もし包括的な政策が環境を適切に考慮したものであれば、それに付随する地域的な計画、プロジェクトと地域の環境との対立は避けられよう。SEAの例として、次のようなものがあげられる。

■海岸沿い地域の工業化政策。
■国の基本方針として、火力ではなく水力を利用した発電政策。
■クリーンで環境に優しい製品を輸入する際の関税引きさげ政策。
■還元できる化学肥料のみを使用・製造許可する政策。
■エアゾール産業におけるオゾン層破壊物質の削減。

これらの例は、SEAで議論される問題が、国内および国際的な問題を包括し、いくつかのケースでは、地域レベルの計画でのEIAと重なる場合もあるということを示して

いる。したがって、政策レベルではEIAはかなり複雑なものとなる。すなわち予測がむずかしく、またマクロ経済的な要素だけでなく、社会政治的要素も組み込む必要があるということである。最近SEAに関して議論されることは多いが、実際に役立つ経験というものは、とくに政策レベルにおいて限られたものとなっている。最近のSEAプロセスは一様ではない。正式なものやそうでないもの、包括的なものやより限定されたもの、政策や計画に密接に関連しているものや、関係ないものなどがある。

　1969年のアメリカでの国家環境政策法（NEPA）導入から変わりつつあるEIAは、プロジェクトレベルから戦略レベルへと移行し、社会影響評価や環境健康評価、危機管理などの分野へと拡大した。この移行過程を次ページにコラム1.1として、まとめておく。

参考文献

1. *Environmental Impact Assessment,* USEPA，EPA／600／m‐91／037，March 1992.
2. *Environmental Impact Assessment in Development C‐operation,* Directorate-General for International Co-operation, Dutch Ministry of Foreign Affairs, February 1993.
3. Directory of Impact Assessments Guidelines, after B. Sadler, *Proposed Framework for the International Study of the Effectiveness of EA,* 1994.

（訳者注：以下すべての章で、「参考文献」の表記が、ところにより著者名が先にきたり、著書が先にきたりして統一されていませんが、原著者になんらかの意図があるものと解釈し、原著の表記のママとしました。「出典」も同様です。イタリック字体指定著者）

コラム1.1　環境アセスメントの発展	
期間および局面	傾向と変化
1970年以前 （環境アセスメント以前）	技術的、経済的な見地からの計画調査。コスト・ベネフィット分析など。環境への影響はあまり考慮されない。
1970 – 1975 方法論的開発	いくつかの先進国によるEA導入。当初は生物物理学的な影響を特定、予測、緩和することが目的。主要な調査では一般人参加の機会。
1975 – 1980 社会的側面の考慮	社会影響評価（SIA）や危機評価を含む多面的な環境アセスメント。開発計画およびアセスメントに不可欠な要素として、一般人参加。計画調査において、正当化や代替手段が協調される。
1980 – 1985 プロセスと手順の再考	環境アセスメントと計画、フォローアップとを統合する動き。モニタリングの効果、環境アセスメント監査とプロセス評価、および論争調停に焦点を当てた調査開発。国際援助、金融機関やいくつかの発展途上国によるEIAの採用。
1985 – 1990 持続可能性のパラダイム	持続可能性の考え方に基づく、環境アセスメントのための科学的、制度的枠組みの再考。地域的、全世界的環境変化や累積された環境影響に関する調査開始。環境アセスメントの調査・実施に関する国際協力の増加。
1990 – 現在	いくつかの先進国において政策、プログラム、計画に関する戦略的環境アセスメント（SEA）導入。越境型環境アセスメントに関する国際会議開催。UNCEDが持続可能性を促進するための環境アセスメントの新しい概念、方法、および手順を提唱（例、持続可能な開発戦略を通して）。

出典　A Directory of Impact Assessment Guidelines, after B. Sadler, Proposed Framework for the International Study of the Effectiveness of EA, 1994.

2 EIAの概略

2.1 EIAとはなにか

　EIAとは、プロジェクトおよび政策決定を行ううえでの政策管理の手段である。EIAは、提案された開発プロジェクトや開発政策の予測される環境への影響を識別、予測し、評価する手段となる。開発プロジェクトが実行されるべきかどうか、もしされるならどのような形で行われるべきなのかを、EIAの結果を知らされた政策決定者や一般市民が決定する。EIAの結果だけで決定をくだすわけではないが、政策決定者にとってEIAは必要不可欠なものである。

　環境アセスメント（EA）とは環境に対する影響の現状を理解し、それをどのように管理していくか、研究することである。EIAやEAの結果、アセスメントの結論を開発当事者や公共団体に対してまとめた環境影響報告（EIS）が出される。このように、EIAやEA、EISといった用語には区別がある。

　EIAでは開発プロジェクトが環境に与えうるマイナスの影響のみを調査すべきだという意見をしばしば聞くことがある。開発によるプラスの影響は、プロジェクト立案者や開発当事者によって主張される。しかしEIAは、マイナスの影響のみを調査することだけに制限されることはない。EIAは環境に対する開発プロジェクトのプラスの影響も考慮し、プロジェクトを改善することによりプラスの影響をさらに大きくするための提案も行うものである。

　このように、EIAは多角的な政策決定過程であるといえよう。すでに実施済みの自然環境および人間環境の保護促進を目的とする公共政策事業に起因する結果を予想、分析、公表するために、EIAが制定される。フィンランド国際開発庁（FINNIDA）によ

> **コラム2.1 発展途上国のためのEIAの定義**
>
> 1. EIAは、開発計画を実行するうえで予備調査とともに用いられ、計画が経済的にも環境的にも最善のものであること、つまり持続的な経済開発を行うのにその計画によるアプローチが環境的にも最適なものであることを確認するためのツールであると定義できる。
> 2. EIAは経済開発を混乱させるものでも、妨げるものでもない。環境と経済を考慮してある保護的計画は、とくにより長期的な影響を考えた場合、環境を考慮していない計画よりもコストに対する利益率が高い。
> 3. EIAの役割は提案された計画がEPM(環境保護措置)なしでなされた場合に環境に及ぼしうる悪影響を指摘するだけではない。それよりも、EIAは必要なEPMを特定し、EPMが予備調査によって立てられる全体的な計画に含まれるようにすべきである。
> 4. 環境保護措置とはいわゆる「悪影響軽減措置」ではない。EPMは次の三者を含むものである。(1)環境への悪影響を取り除く軽減措置、(2)避けられない悪影響を相殺する手段、(3)環境を強化する手段。

出典 Guidelines for Impact Assessment in Development Assistance, Finnish International Development Agency, FINNIDA, Draft, 1989.

るEIAの定義、とくに発展途上国のためのものをコラム2.1に載せておく。

EIAは本来、環境に関して早期に警告を行うためのものである。EIAの目的は、開発に関する施策の中で環境利害の均衡を保つことにある。EIAの第一の目標は潜在的な問題を改革策定の早期の段階で予測することにある。この目標を達成するためアセスメントは、計画されているプロジェクトの環境的、社会的、経済的利益に関する情報を提供し、それを政策決定者に対して明確に伝えなくてはならない。プロジェクト立案者や技術者はEIAの結論を考慮して計画を形成することができ、その結果として予期せぬ環境への影響を起こすことなくプロジェクトを成功させることができる。EIAは、例えば、プロジェクトがどこで、どのようになされるべきか、また建築物の規模、用いるべき技術、そしてプロジェクトにより保全される地域などを決定するのに重大な影響を及ぼす。

とくにEIAは、
■開発プロジェクトによる事業の影響源を見わけ、計画の変更あるいは影響評価に不

可欠な環境要素を認識する。
■プロジェクトによって起こりうる環境への影響を、量的、準量的、質的、あるいはその混合の手段を使った環境要素分析によって予測する。
■影響軽減措置提示、規模、技術、設計変更、あるいは代替地策定などによって、容認できない影響を取り除き、プロジェクトによるプラスの影響を増大させる。
■政策決定者や関係機関に対し、環境への影響の認識、予測、評価を、軽減措置や監視などの手段とともに提示する。

　EIAの目的の一つは、公的、私的機関にプロジェクト実施に際して環境に対する影響を考慮させることである。EIAは、現在では多くの途上国によってプロセスを適切に吟味され、実行されている。第三章では、そのEIAのプロセスについて概観する。

2.2 誰がEIAのプロセスに関わるのか

　EIAは一般的に開発計画の提案者に実行責任があり、しばしばEIAの専門家である外部コンサルタントや外部組織の力を借りて準備される。独立した委員会が影響評価実施に際し、考慮すべき事柄の設定や外部監視などのクオリティ・コントロールに一貫して責任を持つ場合もある。EIAは、土木技師、給水衛生技師、プランナー、科学者、生物学者、社会経済学者などからなる多角的なチームによって行なわれるべきである。

　影響評価の報告を受け取り、代替的行動を起こすことになるプロジェクト実施機関は、通常EIAがどのように行われるべきか、またその結果がどのように政策決定プロセスで使われるべきなのかを提示する。EIAの管理および実行に責任がある機関は国によって異なっており、多様な政治的、経済的、社会的要素を反映したものとなっている。多くの国では、そのような機関は地方政府やNGO、研究機関、環境団体を内部に含んだものとなっている。

　これらの機関以外にも、一般市民がEIAのプロセスに含まれている。理想としては、世論が計画の影響を論じるための公聴会を通して求められるべきであろう。EIAの一

部としての一般市民参加は、カナダなど一部の国で行われているだけである。しかし、この一般参加の傾向は、そのほかの多くの国においてもEIAの潮流となりつつある。

2.3 いつEIAを行うべきか

EIAはプロジェクトサイクルのどの段階においても政策決定者に情報を供給すべきものであり、きちんと管理されて行われる必要がある。図2.1は開発プロジェクトにおけるEIA実行時のいくつかの選択肢を示したものである。

図2.1 EIAとプロジェクトサイクル

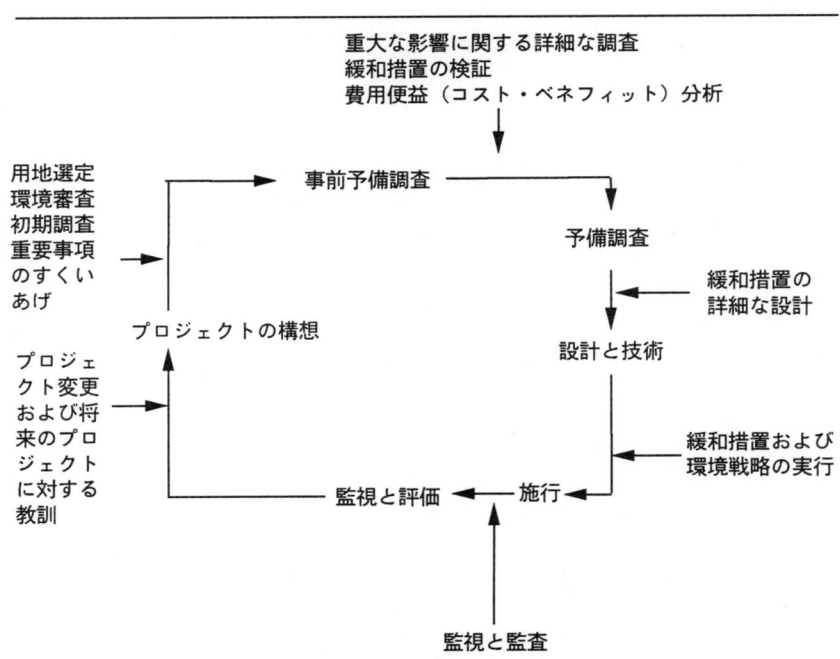

EIAは連続して行うことが可能で、プロジェクトサイクルの技術／経済プランニング段階のあとでも行われることがある。EIAの結果報告書は、計画が環境に負担を与えることなく実行するために必要な情報を提供する。また、プロジェクト実行に必要な緩和措置と適切な代替計画を立てるため、環境プランニングと技術／経済プランニングを結びつけて行うようにすることもある。しかし、その目的は図2.2で示したように環境要素をプロジェクトサイクルに組み込むことであり、それを技術／経済プランニングと同等のEIAのツールとすることである。EIAをプロジェクトサイクルに組み込むことにより、プロジェクト
の効用を最大化し、計画遅延を防ぐことができるであろう。

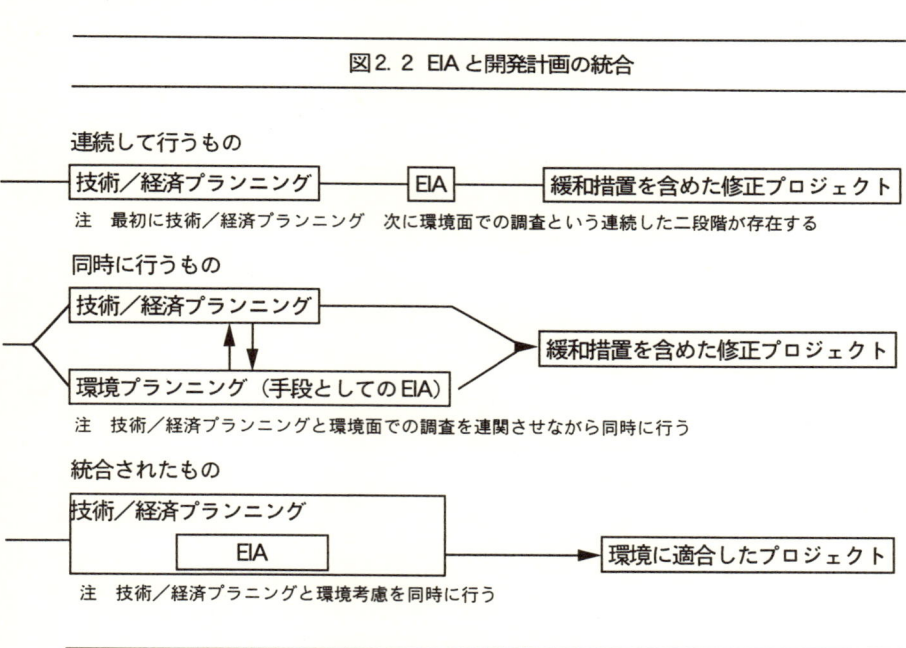

図2.2　EIAと開発計画の統合

　プロジェクトプランニングにおいてEIAを用いる利益は、本来避けることのできる環境的損失を防ぐことにある。よく準備されたEIAならば、開発者や監督官庁の時間や労力を節約することが可能である。もしEIAが早期の政策決定段階で行われること

になれば、監督官庁の指導が必要な実施段階での遅れは、ほとんどなくなるだろう。受け入れることのできないレベルの環境悪化を引き起こす恐れのある不適切な計画は、コストのかかる計画修正や変更を迫られるだろう。

したがって、EIAはできるだけ早く行われるべきであり、プロジェクト実施の監視や段階的なプロジェクト監査を行うべきである。いくつかのプロジェクト、例えば原子力開発計画では、EIAの範囲内で中止勧告などが出される場合もあるだろう。

2.4 EIAの有効性

EIAによる利益が最大化されていることを確かめるのに、これ以上法律や規則を制定することは効率的ではない。EIAの効用を確かめるためには、いくつかの条件が整わねばならず、以下にその概略を述べる。

2.4.1 法律

EIAは法律により明白に定められるべきで、EIA実施のための義務に関する誤解があってはならない。

2.4.2 合理的で開かれた政策決定

EIAは、権威者が事実と合理的議論によって重大な決定をくだすという合理的政策決定モデルにもとづいて使用されたとき、もっとも効果的となる。また経験的に、EIAは開かれた環境でなされた方がよいといえる。そのほうが、代替手段を考慮し、新しい情報を受け入れる余地が大きくなるのである。

大抵、EIAが効果的でないときにその原因となるのは開かれたアプローチがないためである。決定がすでになされているとき、EIAは決定事項の確認のために用いられ、結果が変わることはない。新しい情報は議論の対象とはなるが、せいぜい将来の政策決定プロセスにおいて用いられる程度でしかないだろう。

2.4.3 戦略的EIAによって維持されるプロジェクトEIA

国家による早期決定段階でしか決定をくだす余地が存在しないということが時々ある。その場合、EIAはこのような戦略的決定段階でも用いられるべきである。その例として、地方の工業開発政策がある。このような総合政策に関しては、各工業化プロジェクトを個別に検査するのではなく、全般にわたってEIAが行われる必要がある。全般的EIAは、環境に適合する個別の工業化プロジェクトを行っていく基準となる軽減措置ガイドラインや土地利用法を進めていくことになるだろう。

2.4.4 一般市民参加の余地

EIAになんらかの形で一般市民が参加することは、重要であるといえる。EIAは、一般市民が参加する事業に関して客観的な情報を提供することができる。また逆に、一般市民やNGOがしばしばEIAに有用な情報を持っていることがある。一般市民の参加が新しい代替手段の形成につながる場合もある。

2.4.5 独立した監査と情報センター

独立した組織がEIAの報告を準備するための草案を用意し、その報告書を公表後に監査することは、EIAの強化につながる。もしその機関が政府から独立した組織であれば、開発計画を進めるべきかどうか、公平な判断をくだすことができるだろう。この機関は、公的な法的能力を持つ必要はない。この機関の役割は、その性質上補助的なものに限られる。さらに、この機関はEIAの情報センターとして機能することが可能だろう。これは、EIA全体の質的向上を促すものである。

2.4.6 EIAのスコーピング（対象の設定）

適切なスコーピング（対象の設定）は効率的なEIAにつながる。スコーピングは、環境に対する影響の大きさを理解する助けとなり、またそれによってさらなる調査のために重要な環境問題を識別することが可能となる。スコーピングについては第三章において詳しく述べることにする。

2.4.7 EIAの質

適切な政策決定は、最低限、次のものを含んだEIAにもとづいて行われるべきである。
それは、
■計画されている事業が環境に与える影響に関する情報と、環境に適合するその事業の代替手段。
■すべての代替手段の比較検討。
■環境目標と基準との比較およびその基準の評価。
■得られる情報の内容の格差に関する調査。

EIA報告書を適切な形で公表することも重要であり、それによりすべての参加者が適切にEIAを利用できるようになる。

EIAの本質は、環境に与える影響を考慮した代替手段を用いた開発を比較することにある。環境にもっとも適合した現実的手段を構築することは、新しい境地を開く可能性があるという意味で、EIAのもっともおもしろく、もっとも創造的な部分であろう。現存の環境基準が進行する環境破壊に対処するのに十分でない限り、EIAを行うことは正当化されるものである。

2.5 EIAとそれ以外の環境管理手法

EIAは環境への影響を調査、管理するために開発された初めての手法であった。しかし、環境管理のプロセス／技術手法として、次のようなものもある。
■環境監査。
■ライフサイクル分析（LCA）。
■費用便益（コスト・ベネフィット）分析（CBA）にもとづく経済アセスメント。
■環境デザイン（ED）。

包括的というよりも個別的なものであるこれら管理手法は、さまざまな状況に適用

できる。環境管理のための立法的・政治制度的枠組みは、国ごとに大きく異なる。そのため、これらの管理手法の使用法は各国ごとに違ったものとなる。上記の管理手法は政策決定に役立つであろう。実際、それらはマニュアル的、画一的ではなく、フレキシブルに使われるべきものである。

　表2.1で示した管理手法はプロジェクトのさまざまな段階で使用される。LCAは製品やサービスを「ゆりかごから墓場まで」すべての場面で分析するものあり、資源レベルでの影響評価を含んでいる。EIAとCBAはプロジェクトサイクルに統合される可能性があり、一方環境監査はプロジェクト実施および工場建設、プロジェクト監視終了後に行われる可能性がある。

表2.1 工業化プロジェクトにおける各環境管理手法の利用

段階	EIA	CBA	環境監査	LCA
初期調査	■	■		
プランニング	■	■		
構想発展	■	■		
選択肢比較	■	■		
代案選定	■	■		
建設	■	■		
工場設置	■	■	■	
指示・依頼	■	■		
生産	■	■		■
監視	■	■	■	
終了	■	■		

3 EIAの実施過程

3.1 はじめに

　現在行われているEIAの実施過程は、徐々に発展してきたものであり、前章で述べたような鍵となる問題に対応できるように改変されてきた。しかし、EIAの実施過程を概観する前に、EIAを効率的に運用するための基本的な原則を理解する必要があろう。

3.2 EIA運用における基本原則

　EIAを運用するうえで重要となる基本原則は、次のようにまとめることができる。
1. 中心的な事柄に焦点を当てる。
2. 適切な人物およびグループが関与する。
3. 情報をプロジェクトに関する政策決定に結びつける。
4. 影響緩和および環境管理のための明確な選択肢を提供する。
5. 政策決定者に有用な形で情報を提供する。

3.2.1 原則1 中心的な事柄に焦点を当てる

　EIAは、多くのテーマを詳細にわたってカバーする必要はない。最初は、EIAの範囲をもっとも起きる可能性のある、もっとも深刻な環境影響に限るべきである。長大で複雑なレポートは必要でなく、もしEIAの結果が政策決定者やプロジェクト計画者に

対して速やかにわかりやすい形で報告されるのでなければ、非生産的であるといえる。影響を緩和するための措置を提案する場合、調査は問題に対する有効な、受け入れることのできる解決策に焦点を絞るべきである。最終的なEIAの結果は、政策決定者のニーズを満たす、要約を含んだ明解な形で報告されるべきである。それを補足するためのデータは別に提出されることが望ましい。

　中心的な事柄に焦点を当てるということは、EIA実施過程における範囲策定の典型的手法であるといえよう。

3.2.2 原則2　適切な人物およびグループが関与する

　もう一つの重要な点は、EIAの実施過程に関与する人物の選択である。一般的にいうと、EIAを行うためには以下にあげる三つのカテゴリーの参加者が必要となってくる。

■EIAを管理監督する者（通常は責任者およびその専門スタッフ）。
■調査に対して事実、試案、自分の関心分野などで貢献できる科学者、エコノミスト、技術者、政策決定者、圧力団体代表など。
■開発計画を直接、許可、管理、変更する権限のある政策決定者――例えば、ディベロッパーや援助機関、投資家、競合する権力者、規制者、政治家など。

　この原則の鍵となるのは、これら3者のプロジェクト関与を確実にする一方、EIA実施過程への一般人参加を確保することである。

3.2.3 原則3　情報をプロジェクトに関する政策決定に結びつける

　EIAは予定されている開発プロジェクトに必要な決定事項を直接サポートするため、系統化されるべきである。EIAは、基本計画を改善するための情報を提供するのに十分間に合う時期から始めるべきで、またプロジェクトプランニングの各段階を通して進めていく必要がある。第二章で述べたように、EIAは図2.2で示したようなプロジェクト実施と同時に進行する方法、あるいはそれと統合された方法で行われるべきである。

EIA の典型的な流れ
- ディベロッパーや投資家がプロジェクトの概要を初めて発表する時点で、起こりうる環境問題を考慮に入れる。
- ディベロッパーが場所やルートを選定するうえで、環境に配慮する。
- ディベロッパーや投資家がプロジェクトの予備調査を行う時点で、問題点を予測する手段として EIA を開始する。
- 技術者がプロジェクトを設計するとき、EIA が設計に関するある程度の基準を示す。
- 許可が申請された時点で、完全な EIA 報告書が提出され、一般の意見を採り入れるために公表される。
- ディベロッパーがプロジェクトを施工するとき、EIA が実施されているかどうか確かめるため、監視やほかの手段が提供される。

　この原則は、EIA の実施をプロジェクトの構想段階からプロジェクトサイクルに組み込むことが不可欠であるという中心的な概念にもとづいている。

3.2.4 原則4 影響緩和および環境管理のための明確な選択肢を提供する

　政策決定者を助けるため、EIA はプロジェクトの計画および実施に関する明解な選択肢を提供し、それぞれの選択肢を取った場合に起こりうる結果を明確に予測するように設計されなければならない。例えば、環境に与えるマイナスの影響を軽減するため、EIA によって次のような提案をすることができよう。
- 汚染制御のための技術や設計。
- 廃棄物の削減、処理、廃棄。
- 影響を受ける人に対しての補償や特権付与。

　また環境との調和を進めるため、EIA によって次のような提案をすることができる。
- 複数の代替地提案。
- プロジェクト設計および作業過程の変更（クリーンテクノロジーの導入など）。
- 当初の規模の制限や拡大防止。
- 地域資源や環境の質向上のためのプロジェクト分割。

承認されたプロジェクトの実施が環境に悪影響を与えないことを確実にするため、EIAは次のようなことを規定することができる。
■監視プログラムや定期的な影響評価。
■規制措置に伴う付随計画。
■計画決定への地域コミュニティーの参加。
　この原則は、以上のようにプロジェクト後の監視計画や環境管理計画の発展に焦点を当てたものである。

3.2.5　原則5　政策決定者に有用な形で情報を提供する

　EIAの目的は、環境問題が政策決定者によって考慮され、注意が払われるようにすることである。この目的を達成するためには、情報が政策決定者に対してすぐに使用される形で提供されなければならない。
■計画の実状、影響や情報の信頼性に関する予測を簡潔に提供し、提案された選択肢の結果を要約する。
■政策決定者や計画の影響を受けるコミュニティーの住民が理解することのできる用語を用いて報告する。
■必要不可欠な結論を簡潔な報告書によって伝達し、その根拠となる材料を別紙にて提供する。
■可能であれば、情報を視覚的に提供できるように報告書を作成する。

3.3　環境影響の構造

　EIAは、どのように自然界が機能しているか、どのように社会的、技術的、経済的な影響が環境や資源に作用しているか、ということに関する理解にもとづいて行われる。自然環境を理解することにより、EIAの真髄である開発による結果を予測することが可能になる。
　重要な要素を無視するなどしてEIAを不必要に簡素化することは、不適切な影響評

価や不適切な影響軽減措置策定につながる。例えば湿地浄化計画を評価する場合、マングローブの森が嵐から海岸を守り、魚が産卵する理想の場所となっていることに注意するべきである。部分的で不完全な影響評価は避けるべきであろう。例えば、原油を利用した火力発電所を建設すれば、原油を輸送し保管することが必要となる。汚水を処理すれば、処理された汚水に加えて取り出したヘドロも処理しなくてはならない。

　環境への影響は、プロジェクトと環境のあいだの相互作用として考えることができよう。影響とは、本質的に、環境の変化であるといえる。つまり、

$$[プロジェクト] + [環境] \rightarrow \{変化した環境\}$$

となる。プロジェクトの状態やその地点に関する情報から起こりうる環境変化を予測することが、EIAの仕事である。プロジェクトと環境の相互作用について理解する方法として、分解の法則にしたがって考えることがあげられる。つまりプロジェクトをさまざまな活動に分解し環境をさまざまな要素に分解するのである。一般的には環境は、いかなる場所であっても相応に説明できる膨大な数の要素からなっているだろう。

　一方、プロジェクトで行われる活動は、そのプロジェクトの種類によって異なってくる。（活動と要素の構造に関する詳細は、第四章においてより詳しく述べる）

　プロジェクトがさまざまな活動によって構成され、環境がさまざまな要素によって構成されていることから、次のような式で表すことができる。

　つまり、

$$[プロジェクト] = (活動)_1, (活動)_2, \cdots (活動)_n$$

また、

$$[環境] = (要素)_1, (要素)_2, \cdots (要素)_n$$

で、影響は次のようになる。

$$(活動)_i (要素)_j \rightarrow (影響)_{ji}$$

つまり、$(影響)_{ji}$ が i 番目の活動による j 番目の要素への影響を示す。したがって $(影響)_{ji}$ はさらに調査、研究を必要とする問題を示す。

　この概念を明確にするため、海岸地域に計画された火力発電所のプロジェクトと環境の相互作用を考えてみたい。この場合、活動と要素は次のようになるだろう。

[火力発電プロジェクト] ＝ （用地取得）、（用地整備）、（工場建設）、（設備や建設用具の移動）、（稼働および試験）、（発電）、（燃料輸送）、（燃料除去）、（廃熱放出）、（排気）、（固

形廃棄物放棄)、(雇用)、(電力供給)、(配電および発電所閉鎖、再開)。

[海岸の環境] =(海岸の水質)、(海産生物と水産業)、(海岸のレクリエーション利用)、(マングローブ)、(陸生植物)、(海岸の大気)、(土地利用)、(雇用)、(一人あたりの収入)、(社会的リスク)。

　影響の相互作用によって引き起こされた、上記の活動および要素は、典型的な(影響)$_{ji}$である。排気といった活動は、影響を予測すると、海岸の大気などの環境要素と関連していることがわかる。また、廃熱放出という活動は、海岸の水質という環境要素に影響してくるだろう。海産生物と水産業は廃水放出によって影響を受け、水産業に関わる漁師の収入も変化する可能性がある。また、プラスの影響として、発電が雇用促進や一人あたり収入の増加につながるかもしれない。

　プラスの影響を考えた場合、利益を促進する、あるいは少なくとも利益がさらなる管理システムの発展に組み込まれるように努力する必要がある。しかし、望まれない影響が起きてしまった場合、その重大さを評価し、必要な影響軽減措置か代替プロジェクト案、代替技術、代替地の選定を行わなければならない。

　それから、重要であると評価された悪影響の防止、除去、修復、または損害補償のために、広範にわたる手段が計画される。そのような影響軽減措置として、次のようなものがあげられよう。

■ 計画の場所、輸送路、実行過程、原材料、実施手段、廃棄物処理のルートと場所、技術計画などの変更。
■ 汚染制御、監視、段階的な調整、用地美化、従業員トレーニング、社会サービス、公共教育などの導入。
■ 損害補償として、損害を受けた資源の回復、影響を受けた人に対する賠償金、ほかの問題での譲歩、またはコミュニティーに対する環境や生活の質改善のための用地選定プログラムなどの提供。

　すべての影響軽減措置はなんらかのコストがかかり、このコストは量的にきちんと把握される必要がある。影響軽減措置を実行するため「影響の方程式」は次のようになる。

$$(活動)_i \; (要素)_j \rightarrow (影響)_{ji} \rightarrow (予測と評価)$$
$$\rightarrow 影響軽減措置 \rightarrow (残余影響)_{ji}$$

アセスメントは、予測されるマイナスの影響が影響軽減措置の正当な理由となるに値するほど重大なものであるかどうかを決定するため、その影響を評価する。多くの場合、影響軽減措置を指示することは、付加的システムあるいはプロジェクトの大規模な見直しにつながる。よって、プロジェクトのコストも増大する。

影響の分析時における起こりうる結果をあげておく。
- ■影響は、技術の現状を考慮すると、予測不能である（代替手段をプロジェクトレベルおよび場所選定レベルで調査する必要がある）。
- ■影響は予測がむずかしく、より詳細な情報や技術が必要である（特定の問題に関して限定された、細かい調査を実行する必要がある）。
- ■影響評価は可能であるが、実行可能な影響軽減措置では全体的な影響を緩和することはむずかしく、残余影響はまだ受け入れることのできないレベルにある（影響評価のためにさらに調査を実行する必要があり、また既存あるいは新規の影響軽減措置を模索する必要がある）。
- ■影響評価は可能で、完全に影響を取り除くことができる（影響軽減措置を適切に特定し、監視システムを構築する必要がある）。

このように、活動と要素の枠組みは適切な影響調査を実行するために役立つといえる。EIA実行の有効性を確立するため、上記の影響評価の枠組みは段階的なプロセスに組み込まれる必要がある。

3.4 段階的なEIAプロセス

一般的に、EIAは段階的に行われる。ほとんどの国で、EIAは図3.1（次ページ）で示すように、4段階で行われている。
- ■審査（スクリーニング）　EIAを開発プロジェクト全般にわたって適用できるかどうかを決定する。審査は基本的に、重大なマイナスの影響が起こらないプロジェクトを明確にしなくてはならない。
- ■範囲策定（スコーピング）　これは、環境への影響の程度を理解する助けとなり、また

図3.1 段階的EIAプロセス

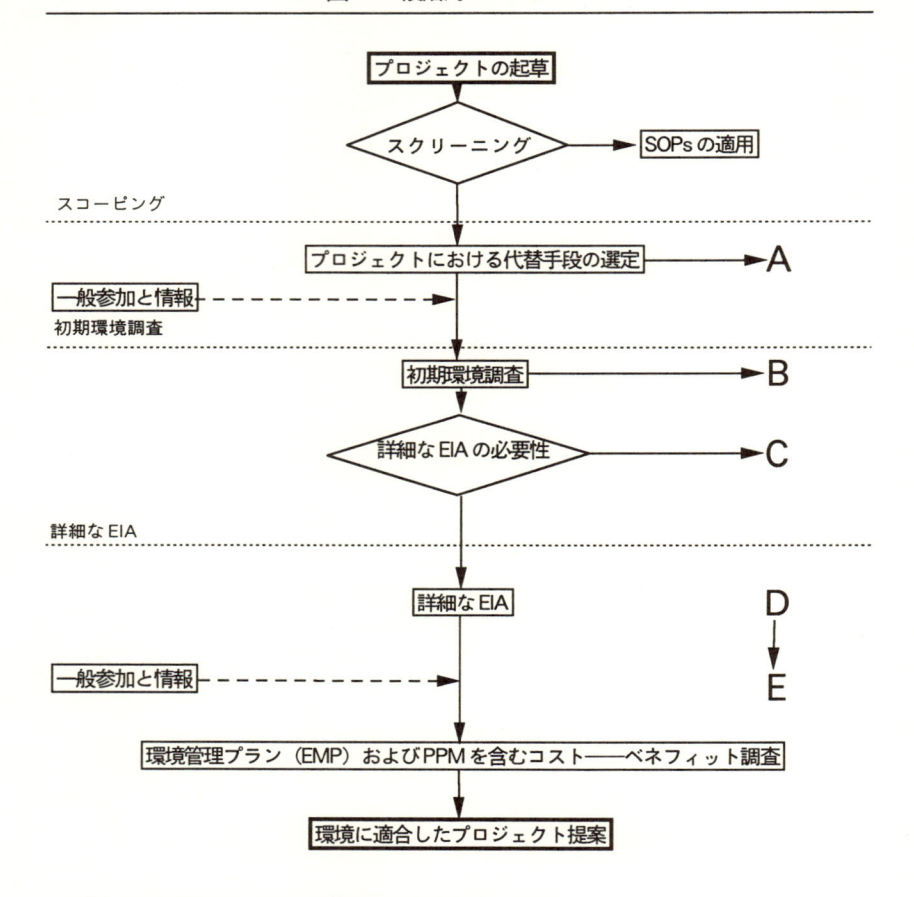

```
           プロジェクトの起草
                 ↓
          ＜スクリーニング＞ ──→ SOPsの適用
スコーピング      ↓
- - - - - - - - - - - - - - - - - - - - - - - - -
          プロジェクトにおける代替手段の選定 ──→ A
 一般参加と情報 - - - - - →
初期環境調査
- - - - - - - - - - - - - - - - - - - - - - - - -
             初期環境調査 ──────→ B
                 ↓
          ＜詳細なEIAの必要性＞ ──→ C
詳細なEIA        ↓
- - - - - - - - - - - - - - - - - - - - - - - - -
              詳細なEIA              D
                 ↓                    ↓
 一般参加と情報 - - - - - →            E
                 ↓
   環境管理プラン（EMP）およびPPMを含むコスト──ベネフィット調査
                 ↓
          環境に適合したプロジェクト提案
```

A 重大な環境問題およびEIAの空間的、時間的境界の認識。
B 影響を及ぼす活動および影響を受けている要素の識別。影響軽減措置の推進。代替手段の評価、類別、選定。選定された代替手段の詳細調査の必要性認定。
C 追加的な軽減措置を含むSOPs。環境影響報告（EIS）の作成。
D 詳細な影響評価。未解決の問題に着目。必要な予測と影響調査を実行。
E 追加的な軽減措置を含むSOPs。環境監視の促進。計画およびプロジェクト後の監視計画。影響軽減措置と監視措置を維持するための組織的取り組み計画。EISの作成。

後の研究にとって重要な環境問題を識別するのに役立つ。活動と要素の枠組みでは、範囲策定は重大なマイナスの影響に関して、影響を及ぼしている活動および影響を受けている環境要素を識別するものとなる。

■初期環境調査　重要な問題の程度を調査し、過去の経験や基準となる実施方法（SOPs、軽減措置）に関する情報を考慮することによって環境影響を軽減あるいは増強する方法を探す。

■詳細な包括的EIA　適切な調査方法を採用することにより、影響に関する詳細な調査を実行する。厳密な影響評価／予測手法を用いて調査を行うことによって、調査を監視する。このように、詳細なEIAは重要であるが細部まで理解されていない影響に焦点を当てるものである。

このような段階的なEIAのプロセスでは、監督官庁がEIAの結果に問題があるか否か、EIAを次の段階に進めるべきかどうかを決定する。

段階的EIAを運営することによって、EIAの効率をあげるだけでなく資源を最適化することができる。また、段階的アプローチのもう一つの利点として、プロジェクトの発展によって調査や研究の幅が広がることがあげられる。このような段階的手法は、急速に発展している途上国にもっとも適しているといえよう。

このEIA実施過程においては、スクリーニングはプロジェクトがまだおおまかな構想段階にある時点で行われるべきである。それから、プロジェクトがより具体化してきた段階で、初期環境調査（IEE）と呼ばれる事前調査によって代替地やプロジェクトの種類を考えることができる。最終的に、実現可能性を探る準備段階と計画設計が行われる直前になって、詳細なEIA（包括的EIA）が開始され、プロジェクトに関する細かな決定に影響を及ぼすことになる。

これらのアプローチでは、環境に対する影響はプロジェクトプランニングの初期段階で審査され、そのほかの要因によって場所や設計が決定される前に行われる。このように、EIAが段階的になされた場合、EIAは開発プロセスに高度に統合される。だが、概念上であれ実際上のことであれ、EIAは相互作用しながら機能するものであるということを理解する必要がある。さまざまな要素間の関連について、図3.2に示しておく。

段階的システムは、国ごとにさまざまな種類が存在する。ある国においてはスク

図3.2 EIA プロセスにおける繰り返しの性質

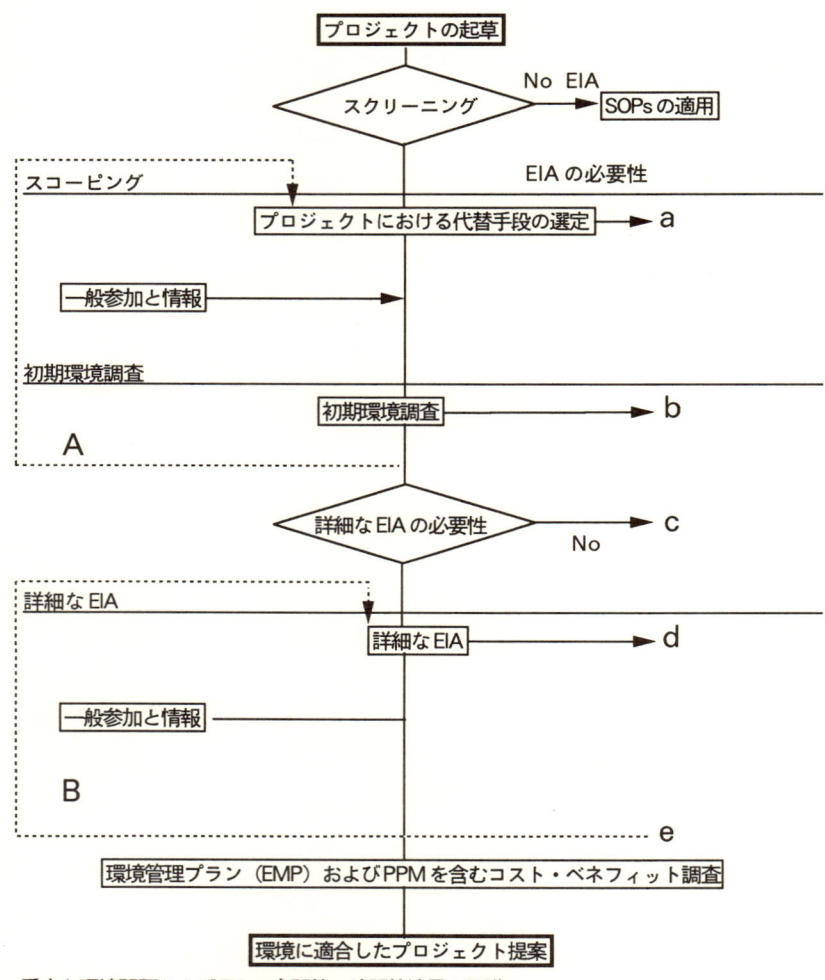

```
                    プロジェクトの起草
                          │
                          ▼
                    ◇スクリーニング◇ ──No EIA──→ SOPs の適用
                          │
                       EIA の必要性
   ┌ スコーピング ─ ─ ─ ─ ─│─ ─ ─ ─ ─ ─ ─ ─ ─ ─ ─ ┐
   │                      ▼                         │
   │        プロジェクトにおける代替手段の選定 ────→ a
   │                      │                         │
   │    ┌─一般参加と情報──→│                         │
   │                      │                         │
   │ 初期環境調査          ▼                         │
   │              ┌─初期環境調査─┐ ──────────────→ b
   │   A                   │                        │
   └─ ─ ─ ─ ─ ─ ─ ─ ─ ─ ─ ─│─ ─ ─ ─ ─ ─ ─ ─ ─ ─ ─ ─┘
                          ▼
                  ◇詳細な EIA の必要性◇ ──No──→ c
                          │
   ┌ 詳細な EIA ─ ─ ─ ─ ─ ─│─ ─ ─ ─ ─ ─ ─ ─ ─ ─ ─ ┐
   │                      ▼                         │
   │              ┌─詳細な EIA─┐ ────────────────→ d
   │                      │                         │
   │    ┌─一般参加と情報──→│                         │
   │                      │                         │
   │   B                  │                         │
   └─ ─ ─ ─ ─ ─ ─ ─ ─ ─ ─ ─│─ ─ ─ ─ ─ ─ ─ ─ ─ ─ ─ e
                          ▼
       環境管理プラン（EMP）および PPM を含むコスト・ベネフィット調査
                          │
                          ▼
                環境に適合したプロジェクト提案
```

a 重大な環境問題および EIA の空間的、時間的境界の認識。
b 影響を及ぼす活動および影響を受けている要素の識別。影響軽減措置の推進。代替手段の評価、類別、選定。選定された代替手段の詳細調査の必要性認定。

(図3.2つづき)

c 追加的な軽減措置を含むSOPs。環境影響報告（EIS）の作成。
d 詳細な影響評価。未解決の問題に着目。必要な予測と影響調査を実行。
e 追加的な軽減措置を含むSOPs。環境監視の促進。計画およびプロジェクト後の監視計画。影響軽減措置と監視措置を維持するための組織的取り組み。EISの作成。
A もしプロジェクトの代替案がすべて受け入れられないものであるならば、新しい代替手段を探し、再びスコーピングを行う。
B もし未解決の問題点があれば、詳細なEIAを再び行い、それらの問題点の影響軽減措置を探す。

リーニングと詳細なEIAという2段階のみ行う場合がある。また、スクリーニングを行わずにEIAが初期調査のみ、あるいは必要な場合だけ詳細なアセスメントを行うという形で実施される場合もある。

　典型的な段階的EIA実施過程として、インドネシア、マレーシア、カナダの例をこの章の最後（3.6）にあげておく。

3.4.1 スクリーニング

　スクリーニングとは、EIAを行うかどうか決定することを意味する。また、EIA実施過程のどの段階、つまりIEEか詳細なEIAか、どちらを行うべきか決定することもある。この場合には、スクリーニングの過程はスコーピングまでまたがったものであるといえる。

　スクリーニングの範囲は、一般的にはプロジェクトの場所、種類、規模の選定を含んでいる。インドなどの国の場合、プロジェクトの規模は経済的な投資の量によって決定される。EIAを行う必要のあるプロジェクトの種類および規模を定めている国もある。また、ケースバイケースでガイドラインを設けている国もある。

　最近では、環境アセスメントを必要とするものとして次のような開発活動が出現した。
■大規模な工業、生産業の工場群。
■大規模建設計画——港湾、高速道路、空港など。
■水源確保——ダム、灌漑設備など。

- ■発電所。
- ■鉱工業。
- ■有害な化学物質の製造、処理、貯蔵。
- ■地方の廃棄物処理および有害廃棄物。
- ■新しい住宅建設。
- ■拡大する林業、漁業、農業。
- ■観光用施設。
- ■軍事施設。
- ■大規模な土地改良事業。

　しかし、環境に対する影響の重要性は、プロジェクトの規模に対して軽視される傾向にある。例えば、地方に通じる道路は原生林へのアクセスを可能にし、製革所や鍛冶業により有毒化学物質が排出される可能性もある。

　いままでEIAを行う必要がなかった小規模プロジェクトについて、なんらかの量的制限を設けることは好ましいことではない。制限を設ければ、無遠慮なディベロッパーに対して望ましくない控除を与えてしまうことになる。例えば、ある国では、80室以下のホテルを建築する場合EIAは必要とされていなかった。その結果、79室のホテルが大量に建築され、潜在的な環境への影響が生じた。

　結局、プロジェクト提案がEIAを必要とするかどうかは、良識と分別にかかっているといえよう。小規模のプロジェクトでも、大規模のプロジェクトよりも環境へのマイナスの影響が大きい場合がある。したがってEIA実施に関する決定はケースバイケースで考えていく必要があろう。

3.4.1.1 スクリーニングに関する説明

　一般的にスクリーニングは、プロジェクトの種類、規模、場所を考慮して行われる。プロジェクトの種類と規模は影響の大きさを推測するのに用いられるが、そのプロジェクトの規模はプロジェクトの種類によって決まるといえる。また、プロジェクトの実施場所についての情報は、周辺環境に与える影響を評価するのに使われる。実際は、プロジェクトの種類、規模、場所を総合してスクリーニングを行っている。いくつかの異なったスクリーニングのモデルを下記にあげておく。ただ確実にいえるのは、これ

がベストであると言い切ることのできるスクリーニングのモデルはないということである。どのスクリーニングモデルを適用すべきかは、プロジェクトの内容によって異なり、また新しい情報が手に入ったり環境影響に関する評価が変化したりした場合には適時改善していくべきものなのである。

(i) プロジェクトの種類と実施場所

フィリピンでは、プロジェクトはその種類ごと、つまり重工業やインフラストラクチャー関連のものかどうか、あるいは資源を搾取するものであるかどうか、などを考慮してスクリーニングが行われる（コラム3.1／44ページ）。また、その種類に関わらず、プロジェクトの実施場所が不安定な場所であるかどうかも考慮される。それゆえ、プロジェクトの種類と実施場所は、たがいに影響することなく、スクリーニングの実施要件となる。

(ii) プロジェクトの種類と規模

インドネシアでは、スクリーニングはプロジェクトの種類と規模によって決定される。1994年3月19日の環境省法令No. KEP-11／MENLH／3／94によって、プロジェクト承認の前にEIAを必要とする開発行為の種類が定められた。（環境省法令No. KEP-14／MENLH／3／1994も参照のこと）（コラム3.2／45ページ）

(iii) 各段階にまたがったカテゴリー別スクリーニング

上の (i)(ii) のケースでは、スクリーニングはプロジェクトの種類、規模、実施場所などによって、国家レベルで制定されるものであった。金融当局も、EIAが行われるべきかどうかを決定するプロジェクトスクリーニングのためのガイドラインを作成している。アジア開発銀行 (ADB) のスクリーニングガイドラインを、コラム3.3（48ページ）に載せておく。

ADBのガイドラインでは、開発計画やプロジェクトはその種類、実施場所、周辺環境の安定性、規模、周辺環境への潜在的影響の大きさ、コストパフォーマンスの良い影響軽減措置の利用可能性などによって分別される。したがって、スクリーニングはそれ以外のEIAの各段階と、関連してくる。ADBのスクリーニング・プロセスは「EIAが

必要であるかどうか」だけでなく、「どのレベルのEIAが必要か」ということも決定するものである。

以上で述べたスクリーニングシステムはガイドラインを用いているが、そのガイドラインはプロジェクトと環境に関する詳細についてまでは含んでいない。質問および格づけによる、より高度な量的スクリーニングの詳細を、コラム3.4（50ページ）に載せておく。この方法では、プロジェクトをその環境影響ごとに高度、適度、低度に格づけする。この格づけによって、EIAが必要かどうか、もし必要ならEIAのどの段階を適用すべきかを決定することができる。

3.4.2 スコーピング

もしスクリーニングによってプロジェクトの内容を明確に把握することができなかった場合、ディベロッパーはスコーピングを行う必要が出てくる。スコーピングは、プロジェクト実施地域の環境影響を把握し、その影響を政策決定者以外の関係者が簡潔に評価するための、十分な調査および専門家による助言から成り立っている。

EIAの実施には、評価対象の範囲に明確な境界を設けることが重要である。あまりにも細かい事柄まで評価の対象にすると重要な要素や環境影響を見逃してしまうことにつながるし、評価対象を大きくしすぎると分析を適切に行うことができなくなり、時間もかかる。スコーピングとは、重要な解決すべき問題を選び、EIAを行うための責務に関して合意することでもある。

分析には、適切な地理的境界を設けることが欠かせない。例えば、多目的ダムと貯水池を建設するプロジェクトを考えてみよう（次ページの図3.3参照）。視野の狭い、経済的な問題に対象を絞った調査ではダム建設と水力発電施設のコスト、配電される電力による利点しか考慮しない場合がある。しかし、社会的見地からするとプロジェクトが周辺の自然環境に与える影響が重要となってくる。

工業プロジェクトの場合、スコーピングの対象は予定地に関するかなり合理的な要素（原材料および製品の輸送手段、従業員の宿舎、汚染や廃棄物処理など）を含むことになる。あまり現実的ではない間接的影響（社会的不安感、離れた市場での価格変動、頻繁に起こらない自然災害など）も存在するが、それらを評価する必要はない。

スコーピングはまた、プロジェクトのすべての期間（建設、操業、施設の維持管理など）

3 EIAの実施過程

図3.3 多目的ダムプロジェクト　スコーピングによって調査すべき重要な環境影響

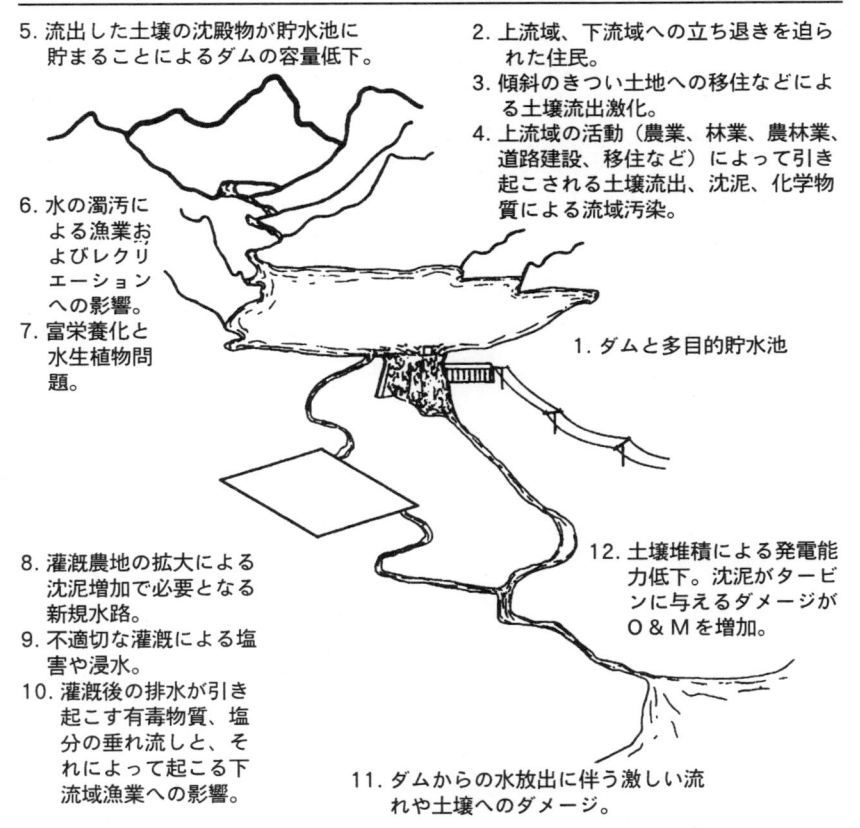

5. 流出した土壌の沈殿物が貯水池に貯まることによるダムの容量低下。

6. 水の濁汚による漁業およびレクリエーションへの影響。
7. 富栄養化と水生植物問題。

8. 灌漑農地の拡大による沈泥増加で必要となる新規水路。
9. 不適切な灌漑による塩害や浸水。
10. 灌漑後の排水が引き起こす有毒物質、塩分の垂れ流しと、それによって起こる下流域漁業への影響。

2. 上流域、下流域への立ち退きを迫られた住民。
3. 傾斜のきつい土地への移住などによる土壌流出激化。
4. 上流域の活動（農業、林業、農林業、道路建設、移住など）によって引き起こされる土壌流出、沈泥、化学物質による流域汚染。

1. ダムと多目的貯水池

12. 土壌堆積による発電能力低下。沈泥がタービンに与えるダメージがO&Mを増加。

11. ダムからの水放出に伴う激しい流れや土壌へのダメージ。

をその対象とすべきである。しかし、より重要なのは、どの程度先の将来のことまで、スコーピングの対象にすべきかということである。その正確さは時間とともに低下するが、そのプロジェクトあるいは関係施設の寿命までのあいだの影響予測を試みるべきである。不断の管理が必要な事例（有害廃棄物や放射性廃棄物など）についても考慮すべきである。施設の解体が必要な場合、将来の解体作業に関しても評価をすべきであろう。

コラム3.1 フィリピンのスクリーニング基準

フィリピンにおいて環境影響報告（EIS）が必要であると定められている開発行為
　フィリピンでは、EISは1978年6月のPD1586によって開始された。PD1586はEISの範囲を定め、またEISシステムの一環として、環境に重大な影響を及ぼすプロジェクト（ECP）や環境的に危機的状態にある地域（ECA）を定義した。PD2146はECPやECAに関する詳細を定め、EIAが扱うべきプロジェクトの種類および実施地域について一覧を作成した。

ECPおよびECAの一覧を以下に示す
環境に重大な影響を及ぼすプロジェクト（ECP）
　実施場所に関わらず、その種類によって環境に重大な影響を及ぼすと定義されEIAを必要とするプロジェクト。
- 重工業　非鉄金属工業　製鉄および鋼鉄工場　石油化学工業　精錬工場
- 資源収奪工業　大規模な採掘および精製プロジェクト　森林プロジェクト　漁業プロジェクト
- インフラストラクチャー整備プロジェクト　大規模なダムや発電所建設　大規模開拓プロジェクト　主要道路や橋梁建設

環境的に重要な地域
　環境的に重要な地域で行われるプロジェクトは、規模に関わらずそのプロジェクトに関する説明とEIAの双方を必要とする（フィリピンの「プロジェクトに関する説明」とは、一般にいうIEEとほぼ同様のものである）。

環境的に重要な地域とは
- 国立公園　水生保護区　野生動物保護区　禁猟区
- 潜在的な観光地区
- フィリピンに土着の種族（フローラおよびファウナ）居留地
- 歴史的、考古学的、科学的に重要な地域
- 文化的なコミュニティーや部族によって長年にわたり支配されている地域
- しばしば自然災害に遭遇する地域
- 勾配が急な地域
- 重要な農業地域
- 帯水層に水が浸透する地域

コラム 3.2 インドネシアにおける EIA のためのスクリーニングについて

番号	事業の種類	規模
I	**鉱業およびエネルギー分野**	
	1. 次の鉱物採取を行っている鉱業地域	≧200ha かつ／または
	・石炭	≧年間 200,000 トン
	・一次鉱石	≧年間 60,000 トン
	・二次鉱石	≧年間 100,000 トン
	・非金属鉱物　砂粒および砂利 （Golongan C）　放射性物質 などの採掘　加工　精製	≧年間 300,000 m³
	2. 電力線	≧150kV
	3. 発電所（ディーゼル・ガス・蒸気・並びにそれらを同時に行うもの）	≧100MW
	4. すべての水力発電所（小規模水力発電および直接潮流発電を除く）	
	5. 地熱発電所	≧55MW
	6. その他の発電所	≧5MW
	7. その他の発電所	
	8. 原油および天然ガス精製	
	9. 原油および天然ガスパイプライン	≧25km
II	**健康分野**	
	1. 基本的薬剤を製造するAクラス病院	
	2. クラスAまたはクラスIに相当するその他の病院	
	3. その他の病院	≧400床
	4. 専門家のいる総合病院	
	5. 基本的な薬剤を製造する調剤工場	
III	**一般建設分野**	
	1. ダム・堤防建設	高さ≧15m または 水没地域≧100ha
	2. 潅漑設備建設	干拓地≧2,000ha
	3. 湿地帯地域開発	≧5,000ha
	4. 大都市における海岸地域保護	人口≧500,000
	5. 大都市における河川改修	人口≧500,000
	6. 大都市における洪水制御	人口≧500,000

(コラム3.2つづき)

	7. 6以外の洪水制御（海岸地域・湿地帯など）	全長≧5kmまたは 全幅≧20m
	8. 有料道路・立体交差建設	全長≧25kmまたは 全幅≧50m
	9. 高速道路建設	全長≧25km
	10. 幹線道路建設または大都市圏拡大	全長≧5kmまたは 全長≧5ha
	11. 焼却を伴うゴミ処理施設	1haあたり≧800トン
	12. 管理型埋め立てを伴うゴミ処理施設	1haあたり≧800トン
	13. ゴミ投棄施設	1haあたり≧80トン
	14. 大都市における排水路を使用した下水設備	≧5km
	15. 下水処理	
	大都市における下水処理施設建設	≧50ha
	下水道建設	≧2,500ha
	16. 公共住宅建設	≧200ha
	17. 都市再開発事業	≧5ha
	18. 高層建築物建設	高さ≧60m
IV	**農業分野**	
	1. エビ　魚養殖	≧50ha
	2. 森林地帯における稲作	≧1,000ha
	3. プランテーション	≧10,000ha
	4. 換金作物農場	≧5,000ha
V	**観光業分野**	
	1. 宿泊施設	≧200室または≧5ha
	2. ゴルフ場　レクリエーション施設	
	リゾート地域	≧100ha
VI	**森林移転および植林分野**	
	1. 森林移転および再植林事業	≧3000ha
VII	**工業分野**	
	1. セメント（レンガ製造過程におけるもの）	
	2. パルプおよび製紙業	
	3. 化学肥料（人工）	
	4. 石油化学工業	
	5. 精鉄業	
	6. 精鉛業	
	7. 精銅業	

(コラム3.2つづき)

	8. アルミ製造業	
	9. 製鉄業	
	10. アルミニウムインゴット業	
	11. 金属ペレット（小球）・スポンジ製造業	
	12. 銑鉄製造業	
	13. 合金製造業	
	14. 工業不動産業	
	15. 造船業	排水量 ≧ 3,000DWT
	16. 航空機工業	（パニウェート）
	17. 合板製造業	
	18. 武器製造業	
	19. 充電池製造業	関連施設を含む
VIII	交通分野	
	1. 鉄道建設	
	2. 地下鉄建設	全長 ≧ 25km
	3. クラスⅠ Ⅱ Ⅲの港湾建設	
	4. 特殊港湾建設	
	5. 沿岸改修プロジェクト	
	6. 海岸浚渫（海岸の土砂をさらう）	≧ 25ha
	7. 港湾関連施設	≧ 100,000 ㎥
	8. 空港および関連施設	
IX	貿易分野	
	1. 貿易・ショッピングセンター	≧ 5ha または 建築面積 ≧ 10,000m2
X	防衛分野	
	1. 武器貯蔵庫建設	
	2. 海軍基地建設	クラスA、B、C
	3. 空軍基地建設	クラスA、B、Cおよび 同等施設
	4. 訓練施設建設	≧ 10,000ha
XI	原子力開発分野	
	1. 原子炉（発電炉 実験炉）の建設と稼動	≧ 100KW
	2. 原子炉以外の原子力関連施設の建設と稼動	
	放射性物質製造	年間 ≧ 50 熱量要素
	放射性廃棄物処理施設	すべての施設

(コラム3.2つづき)

	放射性物質貯蔵	≧ 1,850TBq (5,000Ci)
	放射性同位体製造	すべての施設
XII	**森林分野**	
	1. サファリパーク建設	≧ 250ha
	2. 動物園建設	≧ 100ha
	3. 森林譲渡	≧ 1,000ha
	4. サゴ椰子林譲渡	≧ 1,000ha
	5. 工業林譲渡	≧ 5,000ha
	6. 公園（国立公園　自然保護区　狩猟区域　海洋公園　野性動物保護区　生態系保護区など）設置	≧ 5,000ha
XIII	**有毒物質管理分野**	
	有毒廃棄物（B3）処理施設施設	
XIV	**複数分野にまたがる事業**	
	個別にEIAを要し、複数の監督官庁にまたがる単一事業を統合、て行われるビジネス活動	

コラム3.3 アジア開発銀行による　プロジェクトの環境影響別カテゴリー化

　アジア開発銀行環境対策局（OENV）は、プロジェクト局のスタッフと協力し、国別オペレーション・プログラム報告（COPP）やプロジェクト実施委員会（PPC）報告に掲載されているすべてのプロジェクトおよび予期される環境影響によってプログラム、セクター、財政支援などのサブ・プロジェクトに対し、環境影響別のカテゴリー化を行っている。OENVのスクリーニングに基づき、各プロジェクトは以下の3分野にわけられる。

カテゴリーA　IEEの予測によって重大な環境への影響が発生するとされたプロジェクト／EIAの実施が必要である。

カテゴリーB　環境への影響は発生するが、カテゴリーA程は重大なものではないとされたプロジェクト／EIAは必ずしも必要ではないが、IEEは要求される。

カテゴリーC　環境へのマイナスの影響がないプロジェクト／EIA、IEEともに実施する必要はない。

(コラム3.3つづき)

カテゴリー別プロジェクトの例

カテゴリーAに分類されるプロジェクトとサブ・プロジェクト
1. 森林加工業（大規模なもの）
2. 潅漑（新規水源をもとに開発した大規模なもの）
3. 河川開発
4. 大規模発電所
5. 大規模工場
6. 露天堀あるいは地中での採掘
7. 大規模な水資源貯水
8. 新規鉄道建設（環境的に不安定な地域の近隣および内部）
9. 港湾建設
10. 上水道（河川からの取水）

カテゴリーBに分類されるプロジェクトとサブ・プロジェクト
1. 機械式農業（大規模なもの）
2. 再利用エネルギー
3. 淡水養殖　海水養殖
4. 小規模なプロジェクトの更正・維持・改善
5. 小規模で有害物質を排出しない工場
6. 流域事業（管理および更正）
7. 上水道（河川からの取水を行わないもの）
8. 観光プロジェクト

カテゴリーCに分類されるプロジェクトとサブ・プロジェクト
1. 森林の調査および拡張
2. 地方の健康サービス
3. 海洋教育
4. 地質調査
5. 教育
6. 家族計画
7. 資本主義経済の開発研究
8. 警備

コラム 3.4 スクリーニングでの質問事項とプロジェクトの格づけ

プロジェクトに関するスクリーニングの質問事項

プロジェクトの性質による潜在的な影響を分類するため、12のプロジェクトスクリーニングに関する質問事項が制定された（表A）。これらの質問事項は建築物建設プロジェクトに関する主要な環境に対する影響を把握するためのものである。また、これらの質問事項は「はい」か「いいえ」「高」「中」「低」によって答えるものである。質問に対する答えを評価するために、答えの格づけ基準が適用される。

答えの格づけ基準

それぞれのプロジェクトスクリーニングに関する質問事項を評価するためにいくつかの基準が考案された。その基準では、特定の質問に対する格づけとして「高」「中」「低」（あるいは「はい」「いいえ」）が規定される。

表Bに示した格づけ基準の例は、専門家による判断が加えられ、実際の建設プロジェクトに適用されるものである。だが、表Bで示した格づけ基準を他の種類のプロジェクトに適用する場合、適宜修正する必要があろう。

プロジェクトスクリーニング基準

表Bで示した反応には、それぞれ10、5、0のスコアがつけられる。「はい」には10、「いいえ」には0点が割り当てられ、「高」「中」「低」にはそれぞれ10、5、0点が割り当てられる。

さまざまな建設プロジェクトに対して、0点から120点のスコアがつけられる。この範囲の中で、プロジェクトは以下の3レベルに分類される。

レベルⅠ	影響が少ないプロジェクト	スコア　0－60
レベルⅡ	中程度の影響が生じるプロジェクト	60－100
レベルⅢ	重大な影響が生じるプロジェクト	＞100

通常、レベルⅠのプロジェクトはEIAを行う必要はなく、標準処理慣例（SOP）の規定外となる。レベルⅡのプロジェクトはIEEが必要とされ、レベルⅢでは詳細にわたるEIAが必要である。

（このコラム内の表Aと表B参照／次ページから）

(コラム3.4つづき)

コラム3.4 表A

番号	質問事項	答え	スコア
1.	建設プロジェクトにかかる費用はどれくらいか？	高 中 低	10 5 0
2.	建設プロジェクトによって影響を受ける地域の規模はどれくらいか？	高 中 低	10 5 0
3.	建設中の大規模工業計画が存在するか？	はい いいえ	10 0
4.	水資源に関連する大規模建設事業が存在するか？	はい いいえ	10 0
5.	河川へ（量および質に関する）重大な廃棄物投棄を行うか？	はい いいえ	10 0
6.	プロジェクト実施および建設の結果、地中への固形物廃棄を行うか？	はい いいえ	10 0
7.	プロジェクト実施および建設の結果、空中への重大な排気を行うか？	はい いいえ	10 0
8.	影響を受ける人口はどれくらいいるか？	高 中 低	10 5 0
9.	プロジェクトによってその地域に固有な資源（地理的・歴史的・考古学的・文化的・環境的）が影響を受けるか？	はい いいえ	10 0
10.	建設は土壌の上で行われるか？	はい	10

（コラム3.4つづき）

11. 建設は周辺地域に対して美的公害・騒音・悪臭などをもたらすものであるか？	いいえ　0 はい　10 いいえ　0
12. 現存するコミュニティーのインフラストラクチャーは、建設中あるいはプロジェクト実施中に新しい需要に応えられるか？	いいえ　10 はい　0

コラム3.4 表B

番号	質問事項	答え
1. (a)	建設費は100万ドル未満である。	低
1. (b)	建設費は100万ドル以上2000万ドル未満である。	中
1. (c)	建設費は2000万ドル以上である。	高
2. (a)	建設により影響を受ける地域は10エーカー以下である。	低
2. (b)	建設により影響を受ける地域は10エーカー以上50エーカー未満である。	中
2. (c)	建設により影響を受ける地域は50エーカー以上である。	高
3. (a)	100万ドル以上かかる工業計画が含まれている。	はい
3. (b)	含まれていない。	いいえ
4. (a)	次にあげるもののうち、一つ以上の水資源開発計画が含まれる。ダム、5マイル以上の浚渫工事と土壌の廃棄、河川幅の5％以上を削る土手改修、沼地の干拓、20エーカー以上の河川および河口干拓、主要な河川への橋建設（幅400フィート以上）。	はい
4. (b)	含まれていない。	いいえ
5. (a)1	次にあげるもののうち、少なくとも1種類以上を河川に放棄する。アスベスト、PCB、重金属、殺虫剤、シアン化物、放射性物質、その他の有害物質。	はい
5. (a)2	以下の理由から、河川へ岩石流入又は土壌流出が起きる。不安定な土地のために堅牢な土台がない、土壌を掘って埋めるための十分な強度がない。	はい

(コラム3.4つづき)

コラム3.4 表Bつづき

番号	質問事項	答え
5. (b)	放棄しない。	いいえ
6. (a)1	次にあげるもののうち、少なくとも1種類以上の固形廃棄物を地中に放棄する。アスベスト、PCB、重金属、殺虫剤、シアン化物、放射性物質、その他の有害物質。	はい
6. (a)2	一日一人当たり2ポンド以上の固形廃棄物が出る。	はい
6. (b)	放棄しない。	いいえ
7. (a)1	コンクリート骨材工場が存在する──環境影響報告（EIS）が煤塵制御装置を特定していない。	はい
7. (a)2	輸送計画が存在する──EISが煤塵制御方法に関して特定していない。	はい
7. (a)3	道路や土地の造成を行う──EISが廃水および化学煤塵制御に関して特定していない。	はい
7. (a)4	野焼きを行う──EISが灰の処理を特定していない。	はい
7. (a)5	未舗装の道路が存在する──EISが開発地域での舗装路に関して特定していない。	はい
7. (a)6	アスファルト工場が存在する──EISが適切な煤塵制御装置を特定していない。	はい
7. (b)	それ以外。	いいえ
8. (a)	計画によって移住しなければならない人は20人未満である。	低
8. (b)	計画によって移住しなければならない人は20人以上50人未満である。	中
8. (c)	計画によって移住しなければならない人は50人以上である。	高
9. (a)1	建設予定地内に豊富な鉱物資源が存在する。	はい
9. (a)2	建設予定地内あるいは周辺地域に歴史的な場所、建築物が存在する。	はい
9. (a)3	建設予定地の周辺に考古学的に重要な場所が存在する。	はい
9. (a)4	建設予定地に希少な生物種が生育している。	はい
9. (b)	それ以外。	いいえ
10. (a)	プロジェクト予定地は、100年以上存在している氾濫原の上で行われる。	はい
10. (b)	それ以外。	いいえ

(コラム3.4つづき)

番号	質問事項	答え
11. (a)1	建設予定地におけるEISで視覚的スクリーニングが実施されない。	はい
11. (a)2	採掘場の再生が考慮されていない。もしくは、廃棄物処理場が確保されていない。	はい
11. (a)3	振動に対して許容範囲が定められていない。	はい
11. (b)	それ以外。	いいえ
12. (a)	次にあげるような計画上のコミュニティーサービスへの需要が現在の容量を上回る。上水供給、下水設備、発電、輸送手段、教育および職業施設、文化的およびレクリエーション施設、保健サービス、治安や救急サービス。	はい
12. (b)	上回らない。	いいえ

(43ページよりつづく)地理的・時間的境界に加えて、スコーピングを実施する者はプロジェクト代替案や注意すべき主要な問題に関して合意する必要がある。また、アセスメント実施期間中(初期環境調査段階など)に、その重要性、緊急性、不可逆性から新たに追加すべき対象が出てくる場合もあるだろう。

　一般的には、スコーピングは次のようなステップを踏んで行われる。
■プロジェクトの目的、必要性、内容などに関する書類をすべて検査する。
■要求される実施場所、あるいはプロジェクト実施場所に関する実地調査を行う。
■資源を利用する地元の住民や関係コミュニティーに対し、聞き取り調査を実施する。
■プロジェクトの承認、設計、用地選定に関する専門的知識、管轄権、決定権を持つ関係省庁との相談を行う。
■大学や研究所に勤務するその地域の科学者との相談を行う。
■プロジェクト予定地の行政責任者を訪問する。

　調査班はまず、スコーピングのためのミーティングを運営する必要がある。スコーピングの目的は、重要な影響に関して、調査の実施を確認することである。1万分の1スケールのプロジェクト計画地図(詳細なスケッチを含むもの)を、そのミーティング

で使用してもよい。すべての参加者によって、そのスケッチに新しく認識された事項を加え、代替案や注意すべき問題点を提案する作業をすべきである。原材料、エネルギー、人の流れもまた、スケッチに示されなければならない。環境的に不安定な地域（急傾斜地、氾濫原、湿地帯など）も含まれるだろう。そしてその後、練り直した計画地図を準備する必要がある。第一に、調査班による見解は、（プロジェクトディベロッパー、政策決定者、所轄官庁、研究施設、地域の政治リーダーや、そのほかの人々とのミーティングによって）すべての起こりうる事柄と関係者によって掲げられた注意点を含むものへと拡大される。それから調査班はEIAが注目すべき優先的影響を、その規模、地理的範囲、政策決定者への重要性、地域的な特記事項（土壌流出、絶滅危惧種の存在、歴史的遺産への距離など）にもとづいて選択する。次に、二次的な環境影響（開発活動が環境要素に対して間接的に影響を及ぼす事柄）に関して簡潔な考察を行う。

　スコーピングは、早期プロジェクト形成段階（例、実施場所選定など）に補助手段として用いられ、プロジェクトが深刻な環境影響を及ぼすかどうかについての早期警報となりうる。スコーピングは、このようにディベロッパーの利益となる活動といえよう。

　初期に導入されたEIAのフレームワークでは、スコーピングは起こりうるすべての環境影響を識別する手段であるといえる。次ページのコラム3.5では、化学肥料工場プロジェクトのスコーピングにおいて、どのように環境への影響を選定するか、例をあげておく。

3.4.3 初期環境調査（IEE）

　IEEは、スコーピングの結果をもとにさらなる調査を行う影響調査の段階である。しかし、環境影響事項を把握および分類する時点で、スコーピングとIEEとを明確にわける基準はない。コラム3.5で示した討議やその結論は、IEEの段階でも行われることがある。

　しかし、スコーピングは影響事項の把握と分析対象の範囲に重点が置かれる。一方IEEでは、必要とされる影響軽減措置を特定するための予測および調査を行うことにより、影響事項をより詳しく調査しようとする。こうして、それぞれの代替手段が評価さ

コラム 3.5　化学肥料工場建設計画のスコーピングにおける起こりうる影響事項の生成・削減・評定

　化学肥料工場建設プロジェクトの場合、スコーピングの会合においてさまざまな事項が問題となった。プロジェクト説明によって確認されたこれらの事項は、ディベロッパーにより現地住民、NGO、コンサルタント、政府の役人のグループに対して示された。またディベロッパーにより、環境影響の改善と理解のためのスコーピングの内部的会合もスタッフやコンサルタントを招いて行われた。そこで示された影響事項は次の通りである。

■5000人規模の現地住民立ち退きにつながる土地収用作業。
■臭害を伴う大気汚染の恐れ——この臭害によって、観光客がビーチから6km以内に近づかない恐れがある。
■穀物に影響を及ぼす大気汚染の恐れ。とくに硫黄酸化物や窒素酸化物は周辺のサトウキビ農場に深刻な影響を及ぼす恐れがある。
■廃液の河川放出による水質悪化——これは30km下流の漁場にも影響すると見られる。
■工場稼働時の騒音。
■工場建設による周辺地域の都市化——100-120km圏内の都市から労働者が流入してくることに対する現地住民の懸念。
■原材料や化学農薬製品の輸送に伴う交通渋滞。
■化学物質の輸送や貯蔵に伴う潜在的危険性。

　これらの影響事項に関する討論は、次のような結果となった。

(a)　もっとも重要な影響事項

■5000人規模の現地住民立ち退きにつながる土地収用作業
　　ディベロッパーは現地住民に対し、与えられる代替地を地図上で特定するよう提案された。またIEEにより、さらに詳しく再定住計画（基本調査での代替案や、再定住先の人口影響など）を調査するようにも提案された。計画されていた地区に近い2地区が、再定住に関する影響が少ないと思われるため、代替地区として指摘された。

■廃液の河川放出による水質悪化
　　この問題は、影響を受けるのが漁業関係者だけでなく、中小集落の住民や排水口の8-10km下流に位置する二つの工場をも含むため、詳しく討議された。漁業に対する影響は30kmも離れているということもあり、それほど大きなものではないと考えられた。しかし、科学者の一人が使用済触媒の排出とそれに関する河川での生態系破壊に関する長期的影響に関して懸念を表明した。計画されている汚水浄化措置はまた、長期的な環境影響をすべて取り除くのには不十分であろうとされた。技術の向上による、より高度

(コラム3.5つづき)

な浄水措置が求められた。また、パイプラインを建設して、取水口よりも下流域に排水口の代替地点を設けることも討議の対象となった。だが、NGOによってそのパイプライン自体の維持が適切に行われるかどうか不安が残るとの指摘もなされた。IEEによって漁場下流域の水質および水量に関する入手可能なデータを分析する必要があるとのこと。取水口付近の水質検査のためのデータ調査が、スコーピングの対象となった。詳細EIAあるいは包括的EIAの段階で、多元的パラメーターおよび環境的水質モデルの検討を行う必要があると表明された。

■化学物質の輸送や貯蔵に伴う潜在的危険性
　ディベロッパーは、すべての主要有害物質輸送路を検討し、その周辺の不安定要素を特定するとともに、有害物質の一覧表を作成することを求められた。工場での化学物質抑制の可能性を検討し、化学物質貯蔵の結果調査を行うことが、より詳細なアセスメントの段階では不可欠であるとされた。

(b) 中程度の影響事項
■穀物に影響を及ぼす大気汚染の恐れ
　この問題は、ディベロッパーによって厳密な排出抑制措置が提案されたために、中程度に分類された。その地域の公害対策事務所はディベロッパーに対する圧力を強めるために、より厳しい排出基準を設けるように要請された。また非常事態に備えるため、緊急時電力供給装置を設けることが提案された。その一方で、影響評価を可能にするため、穀物の種類、収穫、保全に関する基本調査を行うことがスコーピングによって勧められた。同様にIEEを行ううえでディベロッパーの調査班に農業専門家を含むことが要求された。
■工場建設による周辺地域の都市化
　スコーピングの範囲が時間的に延長されない限り、この問題に関して影響を調査することはむずかしい。この事項の妥当性を検証するためには、現在のインフラストラクチャーのレベルおよび資源（とくに水）の入手可能性を調査することが必要である
■原材料や化学農薬製品の輸送に伴う交通渋滞
　新たな鉄道ターミナル建設などの代替手段を模索する討議がなされた。新ターミナル建設によって輸送に伴う潜在的危険性を減少できる可能性がある。しかし、新ターミナル建設のための用地確保は、環境的に不安定な地域を含み短いトンネルを造ることになるため、難しいとされた。スコーピングは、そのようなサブ・プロジェクトをも対象とするように決定された。

（コラム3.5つづき）

(c) 軽微な影響事項

■臭害を伴う大気汚染の恐れ

　ディベロッパーと科学者との討議によって、この事項については、生産過程の管理によって悪臭が2km以上広がらないようにするため、完全に軽減できると結論づけられた。スコーピングでは、現在の予定地から6km以上離れている観光地にはIEEを適用する必要がないと提案された。

■工場稼働時の騒音

　調査によって、この事項は微少な影響しかもたらさないと結論された。

れる。その後、これらの代替手段が分析され、ランクづけが行われ、許可されるものと次段階の詳細なEIAに回されるものとが決定される。

　IEEは環境に対する影響の評価と明確な影響軽減措置の把握に焦点を絞っている。これは一般的に、ベースとなる情報を処理し、入手可能な二次的データを収集することによって行われる。またこの影響事項は、非公式な決断、専門家の意見、場合によってはスクリーニングの段階の数学的モデルをもとにして予測を行うことにより調査される。

　アセスメントとは、環境影響をその重要性によって格づけすることにほかならない。環境影響の重要性は、「重大」、「軽微」、あるいは「可逆的」、「不可逆的」といった付加的な言葉によって表される。重要性を評価することはまた、適切な影響軽減措置を見つけることをも意味している。推奨される影響軽減措置のレベルは、その影響の重大さにもとづいて決定される。

　もし環境影響が数量化されて表され、比較できれば（mg/m^3で表される大気中排出量、生物種の数で表される生物多様性の低下、dBで表される騒音、cmで表される地下水位変化など）、代替手段間の相違を理解しやすいだろう。

　このようにして環境影響を示すことで、影響の規模に関する情報がより完全なものとなる。だが、パーセンテージの使用法でさえ、時には間違った結論を導くものとなりうる。例えば、非常に高濃度なSO_2が集積されている土地では、わずか0.5パーセントのSO_2増加でさえ高度の排出量増加を意味することがある。

　環境影響の枠組みでは、IEEの実施は次のように表すことができよう。

　　　　　（活動）$_i$（要素）$_j$　→予測　→　（影響）$_{ji}$

→ (影響評価)　→影響軽減措置
→ (残余影響)

　IEEの実施によって、さらなる調査が必要な事柄が明らかになることがある。もし詳細なEIAが必要であれば、調査実行するに当たっての考慮事項が準備される。
　IEEは結果として、次のようなことにつながってくる。
■プロジェクト実施による、予想される環境変化についての簡潔な説明。
■環境に対する影響を避け、軽減するために実行される手段。
■提案された開発活動、あるいは活動を中止することを含めた、代替手段の調査。
■詳細なEIAが必要であれば、そのための追加的調査、法制化、その他の調整の必要性。

　代替手段は、それぞれ実行可能で、おたがいに本質的に異なったものでなくてはならない。またある代替手段が、望ましい代替手段を形成するのに使われる場合もある。IEEの段階で行われる異なった代替手段の比較によって、いくつかの疑問に答えることができよう。

a. その提案によって、環境がどのように変化するか。
　現在の環境と比較することにより、提案が環境に及ぼす影響を把握する。
b. それらの環境変化が、どれほど深刻であるか。
　環境基準と対象とを比較する。
c. 深刻な環境影響はどのように防ぐことができるか。
　提案に対しての取りうる解決策を比較し、最適な代替手段を選び、それに対する議論を提示する。

　代替手段の選定をチェックするため、次の基準を用いることができる。代替手段は、
■実行可能であること（現実性）。
■提唱者の目的に合致し、対象を狭めてしまわないこと（問題解決能力）。
■もとの計画と十分に異なっていること（区別可能性）。

3.4.4 詳細なEIA

　これまでのEIAの各段階において、スコーピングはプロジェクトによって発生する重大な環境問題を認識し、IEEはさまざまな環境影響を評価するための予備調査を実施

するものであった。加えて、法律上の規制にあわせるための明らかな影響軽減措置を識別し、より詳細にわたる調査を必要とする問題を確認した。

次の段階は、詳細な EIA である。詳細な EIA は、内容がより細かいことを含むようになるが、基本的に IEE と同様の手法を用いて実施される。詳細な EIA では、すべての重要事項が問題識別、予測、調査という公式な枠組みにもとづいてもう一度調査され、IEE の段階で取り扱われた問題もその妥当性を再調査される。また、(a) IEE による問題への理解の深まり、(b) プロジェクトの修正、(c) 提案された影響軽減措置、によって出現する新しい問題があれば、それらも認識される。

IEE は、プロジェクトやそれに付随する活動に関する新しい情報、あるいは重要な環境要素の存在へとつながっていくことがある。これにより、以前には認識できなかった事項が認識できるようになることがある。例えば、IEE は排気管から排出される通常の排気や、工場からの識別可能な排出物に焦点を当てることは可能である。しかし、貯蔵タンクへの注入およびそこからの排出、化学物質の貯蔵などに関する新たな情報を得ることができれば、一時的な排出などもチェックすることが可能となる。同様に、工場の操業を繰り返して開始、停止を回数を重ねて行うことによって、(あるいは初期の動作不良や停電によって) 緊急的、偶発的な汚染物質排出が起きてしまう可能性もある。

IEE の実施によって、プロジェクトの修正を迫られる可能性もある。これらの修正に対して、再びスコーピングを行う必要がある (EIA の繰り返しの性質に着目) が、その段階で新しい重要事項が見つかる可能性もある。

影響軽減措置は IEE の段階では独立して提案されるため、影響軽減措置自体も調査する必要が出てくる場合がある。例えば、工場からの煤塵除去を行うため、ベンチュリ管の清掃が提案される場合があるかもしれない。その場合、必要な排水や溶剤が全体的な水管理のバランスに適合しているか、またそれが全体の排水能力に収まるものか、確認する必要が出てこよう。

また、海岸地域での工場廃水処理問題の場合、海に排水口をつくることが軽減緩和措置として提案されるかもしれない。しかし、この措置を採ることによって、排水口建設時の環境影響 (海洋生態系を乱す騒音や廃材など) および操業時の環境影響 (現地漁民の航路妨害など) が出現する。影響軽減措置それ自体から派生してくるこれらの問題に対し、詳細な EIA を行う必要がある。

詳細な EIA を実行するに当たっては、重要事項の把握のためにシステムアプローチが用いられる。

詳細な EIA の次の段階は、入手可能な情報によって理解することが可能な問題と、追加的な情報および推論を必要とする問題とを区別することである。これにより、必要な調査、予測、評価、適切な影響軽減措置を認識することができる。詳細な EIA の最終段階として、影響軽減措置実施に必要な制度が、全体的な環境管理システムを補助することができるように、組み立てる。

いくつかの重要な問題が存在するが、そのすべての影響を軽減することが可能ではないし、あるいは部分的にしか理解されない、という事態も起こりうる。これらの問題は、詳細な EIA の最後に、情報公開および協議 (PIC) を通して、民間との意志疎通を図らなければならない。

次に、予測、評価、影響軽減の個々に関して、詳細を述べる。

3.4.4.1 予測

予測とは、環境影響の原因および結果、および地域環境とコミュニティーに対するその二次的、相乗的結果を科学的に特徴づける作業である。予測は「活動-要素」の関係（例、「活動」としての廃液放出と、環境「要素」としての水質）と二次的影響の見積もり（例、酸素濃度の低下による漁獲量低下）につづくものである。予測は、その手段として物理的、生物学的、社会経済的、人類学的なデータや手法を用いる。また影響を数量化するために、数学モデル、合成写真、物理学モデル、経済学モデル、実験、専門家の判断などを使用する。

不必要な費用の拡大を防ぐためにも、EIA の範囲に比例して、使用する予測方法を洗練していかなければならない。例えば、比較的少量の有害物質が大気中に放出された場合には、大気分散に関する複雑な数学モデルを使う必要はない。より単純なモデルを利用できるし、そのほうが目的に合致している。同様に、EIA の受け手である政策決定者が必要としていない調査に対して、大金をつぎ込む必要はない。

すべての予測の手法は、その性質上、なんらかの不確定性を伴うものである。それゆえ、影響を数量化しようとする試みの中で、調査班は同時に「誤差の範囲」とも呼べる予測の不確定性に関しても、数量化すべきである。

詳細なEIAの欠点として、大規模な開発計画の結果として起きると予測される社会的、文化的変化に対して、それほど注意が払われていないことがあげられる。これは、おそらく物理学者や生物学者が、文化人類学や社会学といった比較的歴史の浅い分野に対して偏見を持っていることによって起きてしまうものであろう。これは不適切な偏見であり、実際に社会文化的な影響は、地域コミュニティーの日常生活に影響を及ぼす重要なものなのである。可能であれば、社会文化的影響の考慮を物理学および生物学的変化の討議に統合し、報告書の小さな章や付録としてわけて扱うべきではない。この目的を達成するため、いくつかの方法や分析ツールが存在するが、詳細については第4章、5章で述べる。

3.4.4.2 評価

EIAが答えるべき質問「変化は問題となるか？」について答えるのが、評価である。評価は、予測されるマイナス影響が影響軽減を必要とするほど重大なものかどうかを鑑定する。この重大性に関する判断は、次の基準の一つあるいはそれ以上によって行われる。
- 法、規則、受け入れられている基準との比較。
- 関係する政策決定者との協議。
- 保護されている地域、特性、種などといった、既定の基準への照合。
- 政府の政策目標との一致。
- 地域コミュニティーや一般人の受容性。

3.4.4.3 影響軽減

もし、先の質問への答えが「はい、変化は問題となる」であった場合、EIAは次の質問に答えなければならない。「その問題に対して、なにができるか？」である。この段階で、調査班は公式に影響軽減の分析を行う。重大であると結論づけられた環境影響を、防止、縮小、矯正、相殺するためのあらゆる手段が提案される。実行可能な影響軽減措置として、次のようなものがあるだろう。
- プロジェクト実施場所、輸送ルート、実施過程、原材料、実施手段、廃棄物処理ルートと場所、技術設計などの変更。

■汚染制御、監視、段階的な実行、土地利用法、従業員トレーニング、社会サービスや公共教育の実施などの導入。
■相殺手段として、損害を受けた資源の修復、影響を受けた人に対する補償金、ほかの事項の譲歩、環境の質やコミュニティーの生活を向上させるためのプログラム実施など。

　IEE の段階で、すでに確認されている影響軽減措置も存在する。
　すべての影響軽減措置は費用がかかり、この費用についても数値化しなければならない。

3.4.4.4 評価

　詳細な EIA の最後に、プロジェクトの総費用（影響軽減措置、相殺措置、強化措置を含む）とプロジェクトによるすべての利益（法に従うことによる中断を含まない）を考慮して、修正プロジェクト案の費用効率性を確立するための評価の確認が行われる。

3.5 EIA 実施に必要な資源

　国家の持続的な経済成長を計画していくうえで EIA が重要であるということが広く知られるようになり、資源のほとんどない地域をも含む世界中で、現在では EIA が実施されるようになった。しかし、主要なプロジェクトを適切に形成できる EIA を実施するための、最低限の資源というものが存在する。
■各専門分野から構成される適切な人材。これは、熟練したマネージャー（開発活動を取りまとめ、政策決定者と意志疎通を行い、調査班に動機を与える人物）、よく訓練された専門家（環境学、村落および都市開発、経済学、廃棄物および公害制御、工程技術、土地設計、社会学、文化人類学の各分野で）、情報伝達のエキスパートが含まれる。
■その分野の権威によって合意された技術的ガイドライン。EIA の各段階、とくにスクリーニング、スコーピング、予測、評価、影響軽減を実行するためのもの。

■環境（とくにスコーピング以後に考慮される環境影響）に関する分類および評価可能な情報。
■実地調査、研究施設での実験、図書館での研究、情報処理、写真合成、調査、予測モデル作成などの実行能力。
■制度化された取り決め。プロジェクトに関する必要な情報を収集するための、政策決定者、その他の圧力団体、各分野の権威との公式な協議手順や、EIAをプロジェクトに関する政策決定過程に公式に取り込むことなどを含む。
■決められた影響軽減措置が開発プロジェクトに組み込まれているかどうかを確認するための監視および強制力の検査。

また、資金と時間もEIA実施に必要な資源である。時間に関しては、次に最近のEIA実施にかかる平均をあげておく。IEEに2～10週間、詳細なEIAに3か月～2年間である。費用に関しては、役人はよく金額や数値に関して明言するのをためらうが、ディベロッパーや投資家は、彼らが関与しているのはプロジェクト全体のコストの1パーセントにも満たないということを理解している。つまり、将来起こる可能性のある金のかかる問題を防ぎ、持続可能な開発を促進し、潜在的な環境災害を防ぎ、承認や指示を得るためには、このコストは比較的少額であるといえる。

3.6 各国のEIA実施過程の概要

現在EIAを実施している国は数多くあるが、EIAの準備および実施に関して同じプロセスを適用している国はない。しかし、環境管理手法としてのEIAの有効性は、多くの場合それぞれの国の政治、経済哲学によって影響されるだろう。適切なEIAの方法論などといった関連事項に関しては多くの研究がなされてきたが、EIAの理想的アプローチといったものは現在、存在していない。

本質的な目標や、手続き上の要件などといった問題は、先進国と発展途上国のあいだに大きな違いはない。EIAの分野では、なぜ先進国のEIAの経験が発展途上国によって活かされないのかという疑問に関して、多くの専門家が理由をあげてきた。

■環境考慮と経済開発の衝突。
■完全なEIAを実施するには費用がかかりすぎる。
■潜在的な環境影響を把握し予測するためのデータが、適切なレベルで手に入らない。
■包括的EIAを実施するための専門技術が手に入らない。
■EIAは第一世界の国で発達した技術であり、それゆえにEIAを第三世界の国々に移転することを困難にする文化的価値観を含んでいる。

明らかに、これらの理由は先進国に対しても当てはまる。しかし、プロジェクトや計画にもっとも適切なEIAの方法論は、その他の国で採用されている「ものまね」アプローチではなく、ケースバイケースで考えられたものなのである。発展途上国で行われているEIAの多くは、先進国で行われているEIAよりも質的に劣っているわけではない。異なったアプローチなのだ。

先進国および発展途上国からEIA実施過程の例を選んできた。これは、さまざまな国の開発プロジェクトにかける優先度を示す断面図を提供しようとする試みである。

3.6.1 インドネシアにおけるEIA

AMDAL（Analysis Mengenai Dampak Lingkungan）として知られるインドネシア独自のEIAの特徴は、IEEがないことである。スクリーニングのあとに、直接詳細なEIAが行われる。これは、膨大な時間を節約することを意味している。インドネシアでは、システムが成熟しているため、影響評価を行わずに厳格に定義された標準処理慣例（SOP）にもとづいて実施されるプロジェクトがある。

AMDALのプロセスは、持続的発展原則を定めたインドネシアの環境基本法である法律1982年第四号のもとで発布された、政令1986年第29号（PP29／1986）に規定されている。1986年の政令は1993年に廃止され、代わりにPP51／1993が発布された。つづいて環境大臣によるガイドラインKep-10／MENLH／3／1994～Kep-15／MENLH／3／1994およびKepala BAPEDAL Kep-056／1994が公布された。

AMDALの実施に際しもっとも重要な関係者は、次の通りである。
■政府——監督官庁、地方政府、環境影響管理庁（Badan Pengendalian Dampak Lingkungan: BAPEDAL）。
■ビジネスおよび開発活動の支持者——公的、私的セクターを含む。

■AMDAL の公文書を検査し、決定する AMDAL 委員会。
■AMDAL の公文書を準備するコンサルタント、技術スタッフ、委員会。
■コミュニティーの代表者や NGO を含む、一般人。

3.6.1.1 AMDAL 実施に関する責任

　AMDAL 実施に関する全体的な責任は、BAPEDAL が負っている。BAPEDAL は、実施の指導および監視を行う。

　現在、一般的な環境管理実施およびその具体的手法としての AMDAL 実施の監督権は、中央省庁、中央レベルのその他の政府機関、27 の地方政府に割り当てられている。

　AMDAL に関する法律（PP51／1993）によって、各省庁、政府機関、地方政府に AMDAL 委員会を設けることが規定されている。その委員会の仕事として、AMDAL に関する必要な書類を評価することがあげられる。また、その委員会の構成メンバーおよび委員会内での手順などは、BAPEDAL によって基準が定められている。

　委員会を補助するために、各省庁、政府機関内でそれらのスタッフから成る「テクニカルチーム」が結成されることもある。

3.6.1.2 スクリーニング：AMDAL を必要とするプロジェクトの決定

　AMDAL は、環境に重大な影響を与える可能性が高いビジネス活動やプロジェクトをその対象としている。したがって、危険な工程を伴う大規模プロジェクトや有害物質を製造するもの、特別な保護を必要とする地区（自然保護区域や環境的に不安定な地域）の近くで行われるプロジェクトなどが対象となってくる。

　BAPEDAL は、どのビジネスや開発活動が AMDAL を必要とするか決定するための基準を特定する権限を持っている。これらの基準は KepMen11／1994 によって特定されているが、詳細に関しては、45 ページのコラム 3.2 を参照してほしい。また、特別なケースでの基準の適用は、BAPEDAL に決定が委ねられている。

　1993 年の AMDAL プロセスの見直しにより、3 種類の AMDAL プロセスに関する特別規定が設けられた。

(i) 複数の領域にまたがるプロジェクトのための AMDAL「 Kegiatan Terpadu／Multisektoral」。（複数の省庁や政府機関が異なる事項に関して責任を持つ。パル

プ、製紙、植林の統合事業など)。このようなプロジェクトは、各中央省庁内のAMDAL委員会ではなく、BAPEDAL内のAMDAL委員会によって取り扱われる。
(ii) 特別区域内(工業地域、観光開発地域、輸出入特別保税地域など)で行われるプロジェクトのための「AMDAL Kawasan」。これらの区域で行われるすべてのプロジェクトは、個々にAMDALが必要とされるのではなく、一括したグループとしてAMDALが実施される。
(iii) 地域的な影響評価のための「AMDAL Regional」。これは地域的な開発区域を対象とし、その区域内での複数の開発行為による累積影響を評価する。この種類のAMDALの実施指針は現在作成中である。

3.6.1.3 AMDALの実施手順

次ページの図3.4はAMDAL実施の際の一般的な流れを示したものである。プロジェクトの提案者に最初に接するのは、国家あるいは地方レベルでの監督官庁であり、次の三者を含む。
a. 中央省庁。
b. それ以外の政府機関。
c. 投資調整委員会(BKPM)。

さまざまな政府機関の内部で作成された開発プロジェクトは、内部で処理され、関連する委員会に直接委ねられる。例えば、公共事業省(PU)によって取り扱われる灌漑プロジェクト、道路建設プロジェクトなどがある。また、海外投資や国内投資、政府の認可を必要としない私的なプロジェクトも、それらの分野の監督権を持つ政府機関のもとで行われる。

海外、国内投資および政府の認可を必要とする、その他の私的プロジェクト(設備の免税輸入など)はBKPMの管轄である。BKPMの環境部門は、KepMen 11/1994で定められたBAPEDALの基準を用いてプロジェクトのスクリーニングを実施し、プロジェクト発案者を次段階へと進めるために適切な政府機関へと導く役割を担っている。

各省庁のAMDAL委員会は、提案されたビジネスや開発活動を調査し、AMDALの実施条件を決定する。(規模が小さい、環境的に不安定な土地ではない、環境影響を最小化する技術が存在するなどの理由で)AMDALの対象とならないビジネスや開発活

図3.4 インドネシアのAMDALの実施過程

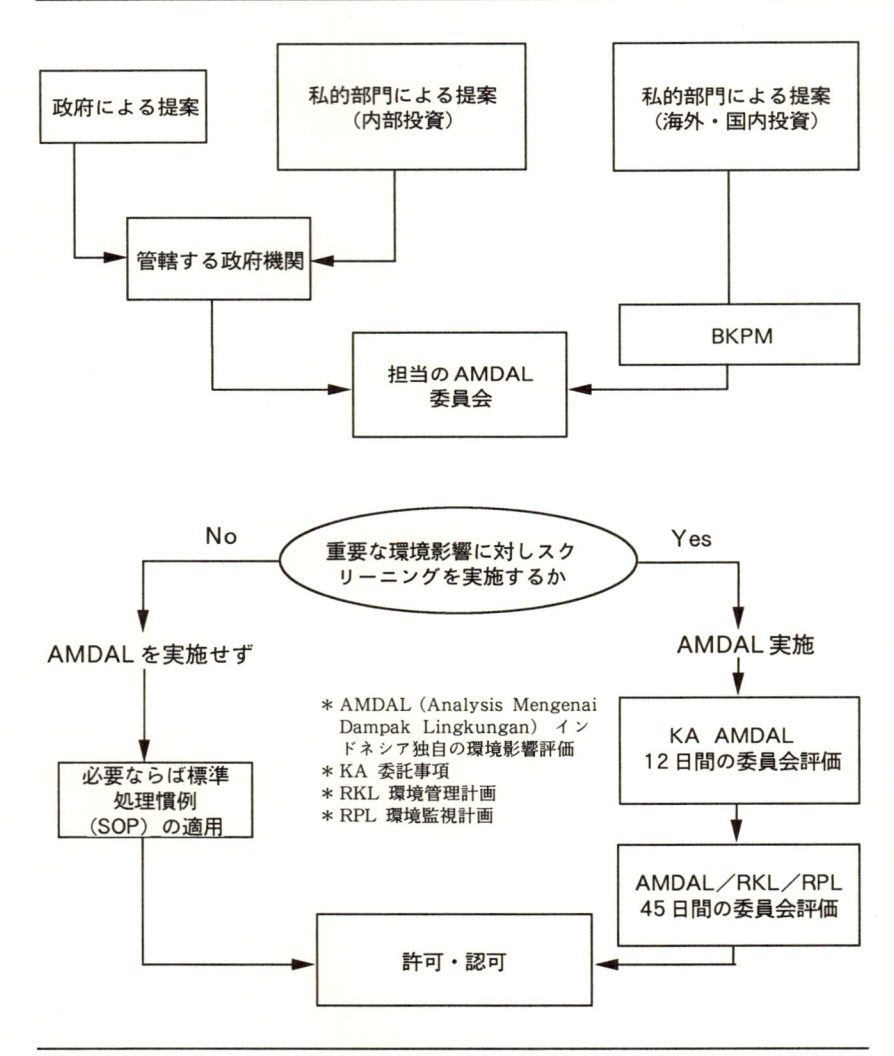

```
政府による提案       私的部門による提案        私的部門による提案
                    （内部投資）              （海外・国内投資）
        ↓               ↓                       ↓
       管轄する政府機関 ←──────────           BKPM
                    ↓                           ↓
                担当のAMDAL委員会 ←─────────────┘
```

```
                  重要な環境影響に対しスク
          No ←── リーニングを実施するか ──→ Yes
          ↓                                 ↓
    AMDALを実施せず                      AMDAL実施
          ↓                                 ↓
    必要ならば標準                      KA AMDAL
    処理慣例                          12日間の委員会評価
    （SOP）の適用                          ↓
          ↓                          AMDAL／RKL／RPL
          ↓                          45日間の委員会評価
          └──────→ 許可・認可 ←──────────┘
```

* AMDAL (Analysis Mengenai Dampak Lingkungan) インドネシア独自の環境影響評価
* KA 委託事項
* RKL 環境管理計画
* RPL 環境監視計画

出典 AMDAL, A Guide to Environmental Impact Assessments in Indonesia, BAPEDAL with EMDI, 1994.

動も、環境への悪影響を最小限に抑えるような方法で実施されなければならない。これは、監督省庁、政府機関、地方政府によって定められる標準処理慣例（SOP［インドネシアでは、UKL あるいは UPL として知られている］）に則して行われる。BAPEDAL は、省庁や政府機関が UKL や UPL を準備するための一般的ガイドラインを示している。それによると、それぞれの分野での環境管理を行うことに対しては各監督省庁が責任を負い、AMDAL それ自身の責任の一部ではないと考えられている。

　AMDAL 実施を必要とするビジネスや開発活動は、まず考慮事項（AMDAL の場合、委託事項［KA］として知られる）を決定しなければならない。KA は、実施すべき調査の範囲を示すが、それはあるプロジェクトにおいて重大な事項であると予測されるもののみである。また、KA は調査で用いるべきデータ収集法や分析方法についても規定する。KA は委員会に提出され、委員会はそれを受けて 12 日間で評価し、決定をくだす。通常、委員会は KA について討議し、追加や変更を勧めるためにプロジェクト発案者との協議を行う。

　その後、プロジェクト発案者は KA に定められたとおりに調査を実行し、EIA 報告書（インドネシアの場合、ANDAL という）にあるとおりに影響評価を行わなければならない。ANDAL は、提案されたプロジェクトの潜在的影響について、詳細にわたって検討したものである。同時に、プロジェクト発案者は環境管理計画（RKL）と環境監視計画（RPL）を準備する。RKL は、予測されている重大な環境影響を減少させ、取り除くために実行する必要がある環境管理技術を明確に述べたものである。これは、環境基準や補償計画にもとづいた、設計変更、建設および操業手順、用地復旧活動などを含んでいる。RPL は監視についての技術的な詳細について定めたものであり、環境管理手法が実行され、環境への悪影響を軽減させるのに効果的であることを確かめるために実行されなければならないものである。ANDAL、RKL、RPL の報告書はすべて委員会に提出され、委員会は 45 日間でその評価を行う。

　委員会は任意でその報告書を承認するか、存在する争点についてプロジェクト発案者とのさらなる調査や協議を行う。また委員会は、付随する影響が許容範囲を超えている場合、または発案者がプロジェクトを改変したり破棄した場合には、計画されているビジネス活動や開発行為を却下することもできる。調査を行ったプロジェクトの国家レベルでの最終的な決定は、省庁の長や政府機関の長が中央 AMDAL 委員会の助言

にもとづいて行う。地方レベルでのプロジェクトの場合、最終的な決定は地方の長が地域の AMDAL 委員会の助言にもとづいて行う。

3.6.1.4 許可・認可

　許可・認可は、AMDAL によってつくられた環境影響軽減措置や監視要件にプロジェクト発案者が従わない場合に、法的拘束力を持たせる手段となる。必要条件を満たすために AMDAL 委員会に書類が提出されたら、委員会はそのプロジェクトが承認されたか、特別な条件が必要かを関係する許認可機関の責任者に伝え、その後に必要な許可・認可が行われる。現在インドネシアには特定の環境許可・認可は存在しないが、環境に関する要件は各省庁による環境以外の投資、場所、活動、騒音などの許認可に含まれるといえる。

　PP51／1993 の第三項によれば、工業施設に対する最終的な操業許可（Izin Usaba Tetap）は、RKL および RPL の実施後でなければ出されることはない。これは、例えば廃棄物処理装置が実際に動いているかなどということを確認する意図で決定されたものだ。

3.6.1.5 AMDAL への一般人の参加

　AMDAL に関する法律は、省庁や政府機関が AMDAL を必要とするビジネスや開発活動を一般に公開する必要があることを定めている。すべての AMDAL 関連の資料は一般に公開される。また、一般人は AMDAL 委員会に対し、委員会がビジネスや開発活動に関してなんらかの決定をくだす前に、口頭および書類で意見を述べることができる。

　AMDAL 報告書の準備方法に関するガイドラインも、一般市民の関与を奨励するものとなっている。

3.6.2 マレーシアにおける EIA 実施手法と要件

　マレーシアで採用されている EIA の実施手法は、おもに 3 段階からなっている。72 ページの図 3.5 に示した EIA の実施手法について、以下に述べることとする。このマ

3 EIAの実施過程

レーシアのEIA実施手法の特徴は、プロジェクトサイクルにEIAを組み込むことにある。

予備評価は、潜在的な環境影響の初期評価と関連している。予備評価は、通常、開発活動を進めていくための予備調査以前に行われる。プロジェクトの選択肢がこの段階で明らかにされ、重大な環境影響が認知される。準備された予備報告書が環境省（DOE）内部の技術委員会によって内部的に検査される。だが省内に専門家がいない場合、その他の省庁や非政府機関からの補助を求めることがある。

詳細評価は、事前評価によって重大な環境影響が予測されたプロジェクトに対して実施される。理想的にはこの評価はプロジェクト事前調査の段階で行われるべきで、詳細なEIAの報告書はプロジェクト実施に関する関係省庁の承認を行う前に、環境の性質に関する総監に提出され、承認されなければならない。詳細評価は、総監によって召集された臨時委員会が指定する特定の考慮事項にもとづいて実施される。

EIAの報告書は、事前評価に関してはDOEが内部で、詳細評価に関しては臨時審査委員会が審査する。そして、報告書の内容に対する勧告が、プロジェクトの意志決定に活かされるよう、関連のプロジェクト承認機関に対して行われる。通常の事前評価報告書審査に要する期間は1か月、詳細評価報告書審査に要する期間は2か月である。また、DOEは審査委員会のメンバーとなるように依頼することができる各専門家のリストを持っている。専門家の選定は、審査すべき環境影響の分野による。

図3.5に示したEIAの実施手順のその他の特徴を以下に述べる。

承認機関とは、プロジェクトを進めるべきかどうかを決定する政府機関のことである。その政府機関には、次にあげるものを含む。
1. 連邦政府が行うプロジェクトのための国家開発計画委員会。
2. 地域開発機関。
3. 地方政府が行うプロジェクトのための計画委員会。
4. 工業プロジェクトのための貿易産業省あるいはMIDA。

EIA報告書の審査によって生じた勧告は、関連プロジェクト承認機関へと送られる。詳細なEIAの審査期間が終了したら、詳細評価の審査報告書が審査委員会によって出される。この報告書の内容は、次のようなものである。
■詳細評価報告書に関する意見。

図3.5 マレーシアのEIA実施過程

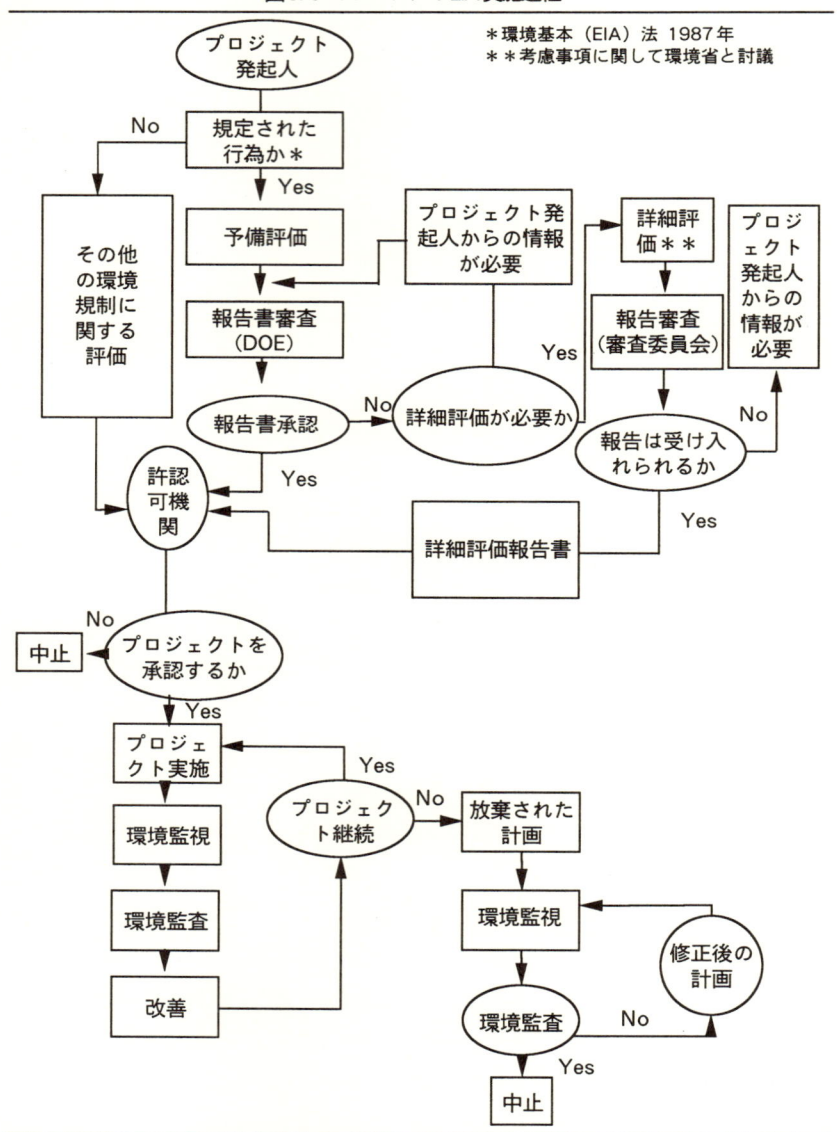

＊環境基本（EIA）法　1987年
＊＊考慮事項に関して環境省と討議

```
プロジェクト発起人
    ↓
規定された行為か＊ ──No──→ その他の環境規制に関する評価 ──→ 許認可機関
    │Yes
    ↓
予備評価 ←── プロジェクト発起人からの情報が必要
    ↓                    ↑Yes
報告書審査（DOE）
    ↓
報告書承認 ──No──→ 詳細評価が必要か ──Yes──→ 詳細評価＊＊
    │Yes                                        ↓
    ↓                                       報告審査（審査委員会）
許認可機関 ←──────────────────────────── 報告は受け入れられるか ──No──→ プロジェクト発起人からの情報が必要
    ↓                                           │Yes
    │           詳細評価報告書 ─────────────────┘
    ↓
プロジェクトを承認するか ──No──→ 中止
    │Yes
    ↓
プロジェクト実施 ←── Yes ── プロジェクト継続 ──No──→ 放棄された計画
    ↓                              ↑                    ↓
環境監視                            │                環境監視 ←──┐
    ↓                              │                    ↓       │
環境監査                            │                環境監査 ──No──→ 修正後の計画
    ↓                              │                    │Yes
改善 ───────────────────────────────┘                  中止
```

出典　EIA Procedure and Requirements in Malaysia, Dept. of Environment, Ministry of Science, Technology and the Environment, Malaysia, 1993.

3 EIAの実施過程

図3.6 マレーシアの総合プロジェクト計画構想

時間 →

技術的・経済的プロジェクト計画：
- 報告書：プロジェクトの創生
- 報告書：事前予備調査 / プロジェクトの再承認
- 報告書：予備調査 / プロジェクトの再承認
- プロジェクトの実施（設計・運用・維持・建設）

環境プロジェクト計画：
- EIA選定
- 予備評価
- 詳細評価
- 審査
- 環境監視および環境監査

報告書 報告書

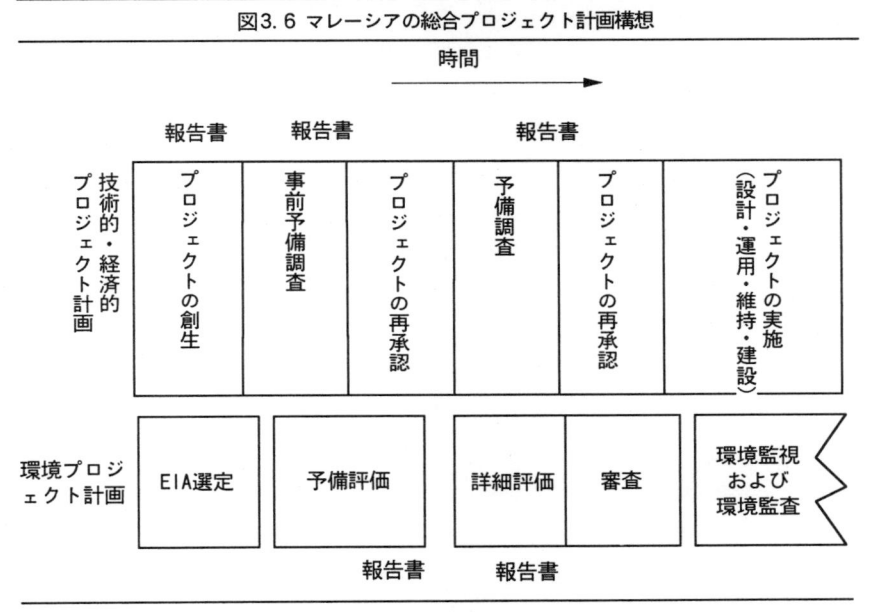

出典 EIA Procedure and Requirements in Malaysia, Dept. of Environment, Ministry of Science, Technology and the Environment, Malaysia, 1993

■プロジェクト発案者およびプロジェクト承認に関連する機関に対する勧告。
■環境監視および環境監査に関する勧告。

3.6.2.1 総合プロジェクト計画構想

　マレーシアのEIA実施手順は、図3.6で示した総合プロジェクト計画構想に沿って作成される。この概念の特徴として、次のようなことがあげられる。
1. プロジェクトの創生段階で、EIAの実施についても決定する。
2. もしプロジェクトに予備評価が必要ならば、プロジェクトの事前予備調査と平行して行う。
3. 同様に、もし詳細評価が必要ならば、プロジェクトの事前調査の一部として実施する。

4. 予備評価および詳細評価の報告書は、事前予備調査および予備調査の報告書と同時に、プロジェクトに関する最終決定の前に審査される。
5. プロジェクト実施段階での環境監視を行う。

　プロジェクトの遅延やプロジェクト計画を改善するため、この構想を実施することが推奨されている。

3.6.2.2 EIAはどのように実施され、承認されるか

(i) 組織的構造

　次ページの図3.7は、EIAの実施および承認手続きに関する組織構造を表したものである。組織構造を準備するのは、環境の質に関する総合ディレクター（DG）である。DGは、EIA報告書の承認あるいは却下に関して責任がある。またDGの補助として、影響防止部門のディレクター、評価部門の長、EIA報告書処理デスクオフィサーもともに働く。影響防止部門のディレクターは、EIAに関する技術委員会の進行も行う。EIA技術委員会は予備評価報告書を審査するために設けられる内部委員会である。予備評価報告書を受けて、デスクオフィサーがEIA技術委員会で使用する審査書類を準備する。その後、EIA技術委員会が予備評価報告書を受け入れられるか否かについて、環境の質に関してDGに勧告を行う。また、委員会はDGに対して、プロジェクト発案者が詳細EIAを行うように勧告する。

　EIA審査委員会のおもな仕事は、詳細なEIAの報告書を批判的に審査し、関連するプロジェクト承認機関に対して勧告を行うことである。詳細なEIA審査委員会は、特定のプロジェクトに対して適時創設される。委員会は、関連事項に関する独立したメンバーを、大学やNGOといったさまざまな機関から集めて構成される。また、詳細なEIAの報告書はすべての環境省事務所のほか、民間からの意見を求めるために公共図書館および大学図書館にも掲示する。EIAの報告書は、マスメディアを通して広く一般人に対して公開されている。

　EIAセクションは、EIA報告書処理デスクオフィサーと環境管理オフィサーの補助によって成り立っている。デスクオフィサーは、環境技術、農業技術、化学技術、土木工学、電気工学、機械工学、環境科学、生物学、化学、環境研究、物理学、経済学、社会学、生態学といったさまざまな分野に精通している。

3 EIAの実施過程

図3.7 マレーシアにおけるEIA報告書の処理および承認を行うための組織構造

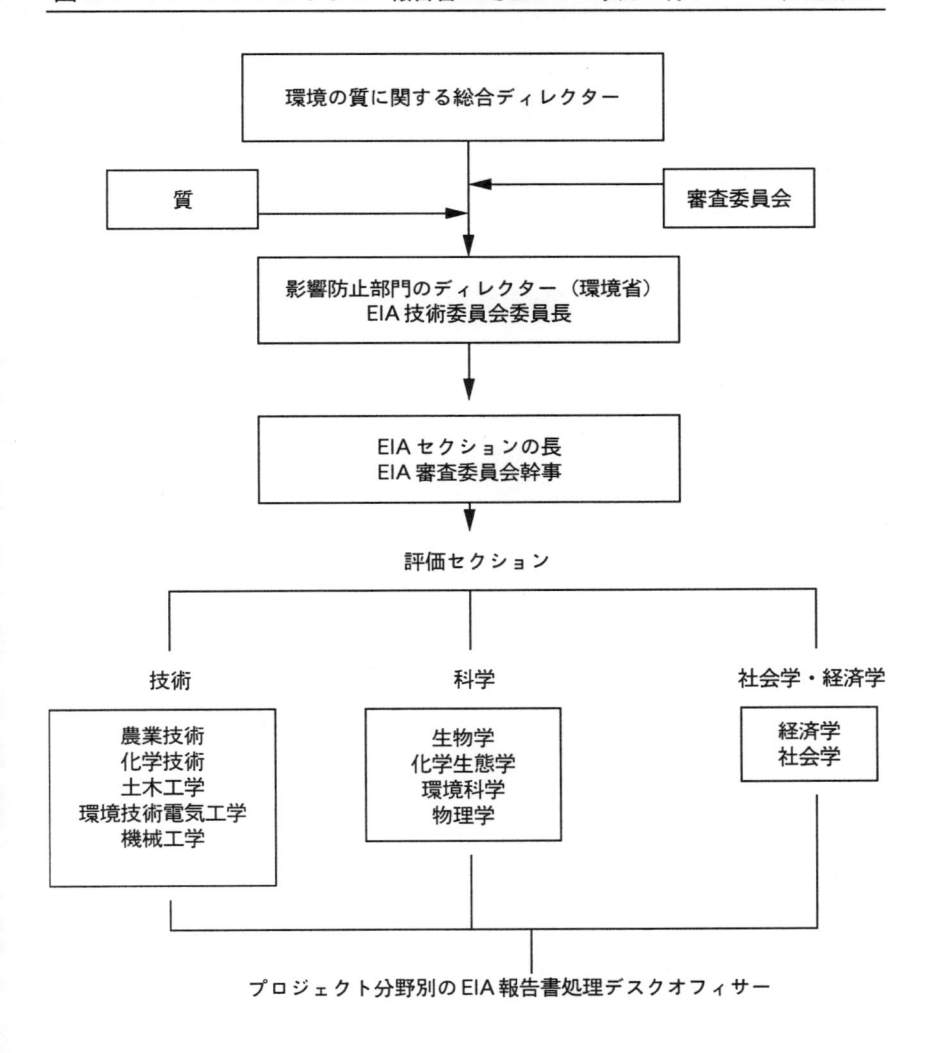

```
                    ┌─────────────────────────┐
                    │ 環境の質に関する総合ディレクター │
                    └─────────────────────────┘
                              ↑ ↓
    ┌─────┐                   │         ┌──────────┐
    │  質  │ ────────────────→│←──────  │ 審査委員会 │
    └─────┘                   │         └──────────┘
                              ↓
                ┌─────────────────────────────┐
                │ 影響防止部門のディレクター(環境省) │
                │      EIA技術委員会委員長       │
                └─────────────────────────────┘
                              ↓
                ┌─────────────────────────────┐
                │        EIAセクションの長       │
                │       EIA審査委員会幹事        │
                └─────────────────────────────┘
                              ↓
                         評価セクション
         ┌────────────────────┼────────────────────┐
         │                    │                    │
        技術                  科学             社会学・経済学
  ┌──────────────┐      ┌──────────┐         ┌─────────┐
  │ 農業技術      │      │ 生物学    │         │ 経済学   │
  │ 化学技術      │      │ 化学生態学 │         │ 社会学   │
  │ 土木工学      │      │ 環境科学  │         └─────────┘
  │ 環境技術電気工学│      │ 物理学    │
  │ 機械工学      │      └──────────┘
  └──────────────┘
         └────────────────────┼────────────────────┘
                              ↓
           プロジェクト分野別のEIA報告書処理デスクオフィサー
```

出典 EIA Procedure and Requirements in Malaysia, Dept. of Environment, Ministry of Science, Technology and the Environment, Malaysia, 1993.

(ii) EIA の対象となる行為

　環境の質に関する決議（1974年制定、1985年改正）の第三4項Aにもとづき1987年に発効した「環境の質およびEIAに関する法律」によって、EIAの対象となる行為が定められている。その中で、農業、空港、排水と灌漑、土地改良、漁業、林業、住宅建設、工場、インフラストラクチャー、港湾、鉱業、石油業、発電、採石、鉄道、交通、リゾートとレクリエーション開発、廃棄物処理、水道に関連する20項目が制定されている。

　これら20項目に関連する多くの行為が、プロジェクトの（予定地の）規模や容量によって区分されているが、一方でそれ以外の行為は数量では区分されていない。したがって、プロジェクト発起人やプロジェクト承認機関がそのプロジェクトについてEIAの対象となるか否かをすぐに決定できるように、三つの簡単なチェックリストが準備されている。

(a) 容量による行為区分。
(b) プロジェクトの規模による行為区分。
(c) 数量では区分できない行為。

(iii) （プロジェクト計画サイクル内の）EIA報告書の提出時期によるプロジェクトの分類

　プロジェクト計画および設計プロセスに環境問題を組み込むため、環境省に承認を求めるためのEIA報告書の提出時期は、重要な問題である。それは、プロジェクト計画サイクル全体を混乱させるものであってはならない。プロジェクト発起人は、環境変化やプロジェクト修正に関する勧告を組み入れられるようにするために、プロジェクト創生期間のできるだけ早い時期にEIA報告書を提出するべきである。一方、プロジェクト計画サイクルの終盤でEIA報告書を提出すると、EIAの実効性が薄れ、環境コストの増加やプロジェクトの遅延を招くことになる。

　プロジェクト発案者を適切に監督するため、EIA報告書の分類システムは表3.1に表したような提出時期による区分でつくられている。プロジェクト計画サイクルに対応したEIA報告書の提出時期は、九つに分類される。この九つの分類は、「高度に卓越」から「失格」までにわけられている。加えて、各プロジェクトの計画段階ごとに、対応

表3.1 報告書提出時期によるEIA報告書の分類（プロジェクト計画サイクル）

プロジェクト計画サイクル	報告書の分類	EIA事項	環境プランニングサイクル	プロジェクト承認
プロジェクト創生期間	0	プロジェクトは環境的に適切なものか？	環境に適応するプロジェクトの調査	独自の承認と覚え書
技術選定および許可	1	用いられる技術は進んだクリーンなものか？	環境に適応した技術の評価	ビジネス処理、技術移転、許可に関する合意
事前予備調査／用地決定	2	選定された用地は環境的に安定しているか？	基礎調査と予備評価報告書の提出	DOE（環境省）の許可
予備調査／プロジェクト設計	3	プロジェクトの設計は必要な汚染管理措置や環境影響軽減措置を備えているか？	費用便益（コスト・ベネフィット）分析と詳細EIA報告書の提出	DOE総合ディレクターによるEIA報告書の承認（関係省庁による許可、使用機材承認、地方政府による土地保護や所有権変更などの前に）
契約	4	契約書に十分な環境配慮や保護手段が盛り込まれているか？	汚染管理およびその他の環境影響軽減措置の計画提出	
詳細設計	5	設計はすべての要求を満たしているか？		予算承認
入札	6	入札価格に環境管理と環境影響軽減措置の予算が含まれているか？		書面による許可
建設	7	建設過程は適切に監督されているか？	環境監視	土地利用、資源、安全措置、健康、環境、地方政府による承認

(表3.1 つづき)

プロジェクト 計画サイクル	報告書 の分類	EIA事項	環境プランニング サイクル	プロジェクト承認
コミッショニング	8	プロジェクトはすべての基準を満たしているか？	監視およびプロジェクト監査	安全措置、健康、環境、地方政府による証明
操業と維持	9	プロジェクトの操業・維持期間中も基準を満たしているか？	資源および環境監視	関連政府機関による承認
プロジェクト放棄	X	終了後も重大な環境影響が存在するか？	環境監視の継続	

分類方 1－高功績　2－功績　3－高信用　4－信用　5－簡素な信用　6－低信用
7－低通過　8－かろうじての通過　9－失敗

する環境事項とプロジェクト承認要件が分類されている。例えば、プロジェクト創生段階または技術選定段階に提出されたEIA報告書はクラス1と分類され、「高度に卓越」と認識されるが、プロジェクト建設段階あるいは依頼段階で提出された報告書はクラス8と分類され、「可」となる。

　プロジェクト創生時期のはじめにEIA報告書が提出されれば、プロジェクトプランナーは環境問題を徹底的に研究し、プロジェクト実施前にそれらの解決策を見つけだすことができるようになる。有害な環境影響が認識された場合、環境的に受け入れられる代替手段を見つけるべきである。これは、受け入れられる解決策が見つかるまで繰り返される。

(iv) 協議

　プロジェクト発案者はEIA報告書の提出前に環境省（DOE）にプロジェクト概要について通知し、協議しなければならない旨の公式規定は存在しないが、実際上ではそうなっている。DOEやほかの関係省庁は、とくにEIA報告書でもっとも重要な事項である環境の質や地域の問題に関するデータなどの、有益な情報を持っていることがある。

あるプロジェクトがEIAを必要とするかどうかDOEに諮問された場合、プロジェクト承認機関がすぐにそのことを潜在的なプロジェクト発起人に対してアドバイスできれば、それは関係者全員に対して有益であろう。これを行うことにより、報告書提出時期をより明確にしていくことができる。

3.6.3 カナダにおけるEIA

これまで述べてきたEIAの実施過程は、発展途上国のものであった。しかし、先進国における実施過程を詳しく見てみることも、EIA実施の経験の長さやプロセスの成熟度を考えると有効であろう。したがって、カナダで実施されているEIAの実施過程について、ここで述べることにする。

カナダは、開発プランニングのツールとして、1974年にEIAを導入した。これは米国がEIAを導入したすぐ後のことである。しかし、当時EIAは法的根拠を持つものではなかった。環境アセスメント調査プロセス（EARP）法が1974年に発効した。このEIAプロセスは1977年と1984年に強化され、同時にEARPガイドラインが発効した。このガイドラインに沿って、カナダのEARPは実行されている（次ページの図3.8）。

このガイドラインを簡潔に述べると、次のようなものであるといえる。
■責任分担、書類利用、指示の方法。
■義務。
■省庁、発起人、委員会の創設。
■初期評価の種類、技術手法、必要な情報、影響の定義、形態の考慮。
■一般人との討議。
■影響の基準（規模、危険性、普及度など）選定、問題事項、影響軽減措置、監視およびフォローアップの選定。
■公開委員会へ照会する必要がある行為。
■環境大臣への報告書に含む必要のある情報。

このプロセスは数段階にわかれていて、連邦政府が決定権を持つ仕事に対して適用される。カナダの法律では、EIA実施が要求されるプロジェクトは、強制調査リストと除外リスト二つのうちどちらかに分類される。私的セクターのプロジェクトや開発行為は、連邦政府の資金や連邦直轄地が含まれなければ、環境アセスメントの対象とはな

図3.8　カナダにおける環境アセスメント審査プロセス

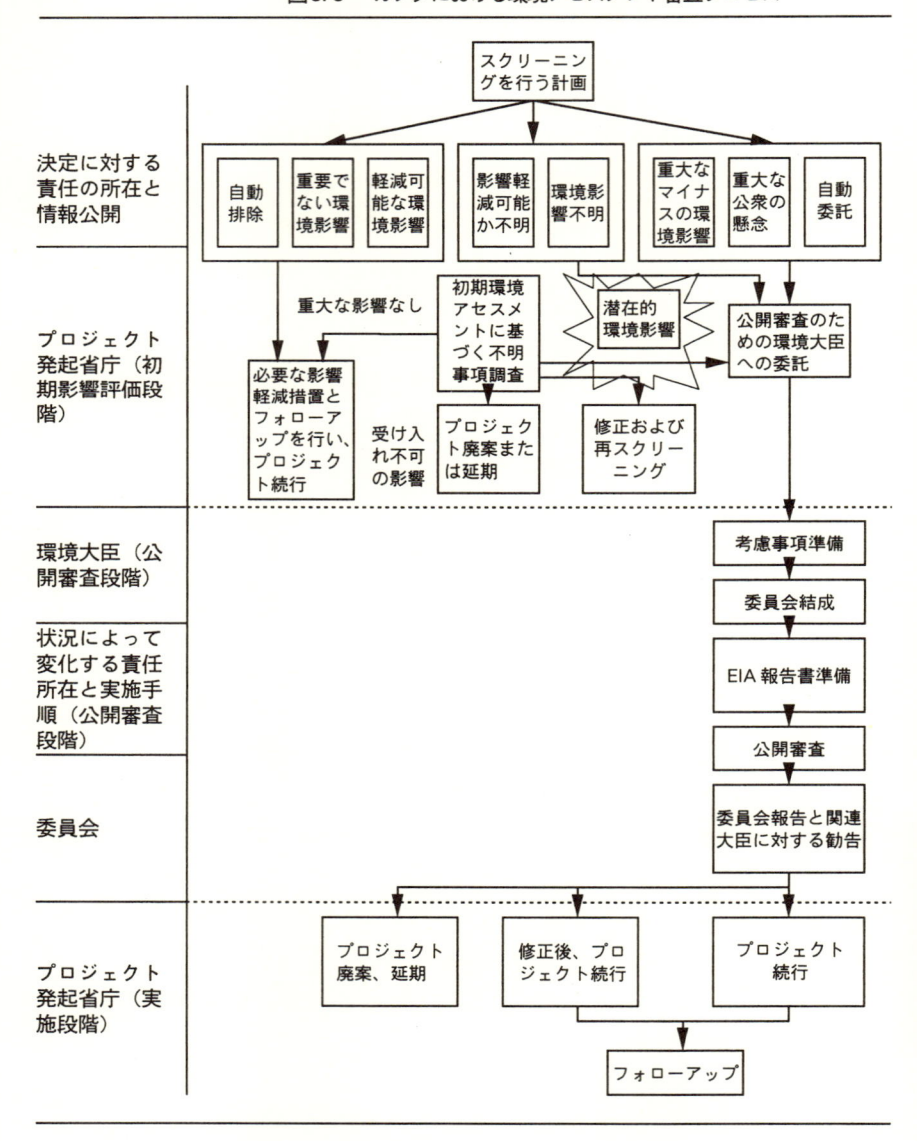

決定に対する責任の所在と情報公開	スクリーニングを行う計画 → 自動排除／重要でない環境影響／軽減可能な環境影響／影響軽減可能か不明／環境影響不明／重大なマイナスの環境影響／重大な公衆の懸念／自動委託
プロジェクト発起省庁（初期影響評価段階）	重大な影響なし → 必要な影響軽減措置とフォローアップを行い、プロジェクト続行／初期環境アセスメントに基づく不明事項調査／受け入れ不可の影響 → プロジェクト廃案または延期／潜在的環境影響 → 修正および再スクリーニング／公開審査のための環境大臣への委託
環境大臣（公開審査段階）	考慮事項準備
状況によって変化する責任所在と実施手順（公開審査段階）	委員会結成／EIA報告書準備／公開審査
委員会	委員会報告と関連大臣に対する勧告
プロジェクト発起省庁（実施段階）	プロジェクト廃案、延期／修正後、プロジェクト続行／プロジェクト続行 → フォローアップ

らない。プロジェクトを承認するか却下するかの最終的な決定権は、環境大臣が持つ。また、EARPは、カナダ国際開発庁（CIDA）のような他国に対して援助を実施する連邦機関にも適用されるが、その結果を公表するかどうかは援助受け入れ国の裁量に任されている。

環境アセスメント実施の責任および権限は、プロジェクトを提案し、主導する政府省庁にある。しかし、環境省環境アセスメント審査オフィスが全体的なプロセスを監視することから、環境省もそのプロセスに入り込むことができる。

3.6.3.1 実施過程

カナダ連邦政府のEIA実施手順には、主として二つの側面——初期評価と公開審査——がある。カナダのEIA実施過程における、もっとも特筆すべき点は、スコーピングおよび詳細なEIA実施段階における多数の民間人の参加であろう。プロジェクトに関連するすべての書類は公開される。EIAの範囲は、考慮事項（TOR）およびスコーピング段階での民間からの意見によって決定される。

初期評価（IA）は、プロジェクトによって生ずるであろう潜在的な環境影響と直接関係する社会的影響を決定するスクリーニング・プロセスのことである。IAは、プロジェクト計画の初期段階に、そのプロジェクトを発案した省庁によって実施される。IAの結果は文面化され、そのすべてが連邦環境アセスメント審査オフィス（FEARO）で一般に公開される。プロジェクトを次段階へ進めるためには、初期評価によって重大な環境影響を緩和、回避すると認識された行為を計画に含めなければならない。

IAの実施後、潜在的な環境影響によって区分された4種類の行為（図3.8参照）が実行可能となる。もし潜在的な環境へのダメージがない場合、または環境影響が実施可能な手段によって緩和可能な場合、プロジェクトは実施に移される。

もし重大な環境へのマイナス影響が見つかった場合、または一般市民の懸念が大きい場合、プロジェクトを発起した省庁の大臣は環境大臣に対して独立委員会の審査を要請しなければならない。環境へのマイナス影響が識別できない場合には、プロジェクト発起省庁は詳細な調査を実施し、初期環境アセスメントを行い、その結果を受けてプロジェクトが委員会審査を必要とするかどうかを決定しなければならない。初期評価で見つかった潜在的な環境へのマイナス影響が受け入れ不可能な場合、プロジェク

ト発起省庁はプロジェクトの修正、再評価あるいは破棄をしなくてはならない。

　重大な環境影響が存在するとされたプロジェクトは、環境影響および社会的影響に関する詳細な調査を伴う公開委員会の審査対象となる。この審査は環境大臣によって召集され、おもに政府とは無関係の人物で構成される独立した臨時委員会によって行われる。この委員会での考慮事項として一般的な社会――経済評価や技術評価などがあるが、この委員会の最大の責務はプロジェクト、その範囲、および公衆の視点から見た、マイナスの環境影響を調査することである。

　カナダにおけるEIAの第二の側面である公開審査（PR）は、協議に中立性を付与し、最終的に政府事業の調整や実施を改善するという意味で、重要なものである。開発プロジェクトに一般人が参加することにより、環境的、社会経済的な関心事項を開発に関する意志決定に盛り込むことができるようになる。

参考文献

1. Macdonald, M. *What's The Difference: A Comparison of EA in Industrial and Developing Countries; Environmental Assessment and Development*, ed. R. Goodland and V. Edmundson, A World Bank IAIA Symposium (1994), Washington DC, pp 29-34.
2. Reynolds, P. J. "Canada's Environmental Assessment Procedure for a Water-Related Development", in *Environmental Impact Assessment for Developing Countries,* ed. A. K. Biswas and S. B. C. Agarwala, Butterworth-Heinemann, Oxford, 1992.

4 EIA実施手法

4.1 はじめに

　通常、EIAの手法には、データ収集および分析、一連の報告書準備、（誰がなにをいつ行うかという）手順が含まれるとされている。EIAに不可欠なスコーピング、初期環境調査（IEE）、詳細EIAなども大抵含まれるとされるが、これらのEIAの技術にはさまざまな種類がある。

　環境を構成する相互作用システムの複雑性や、影響を及ぼすかもしれない行為の無限の多様性を考えた場合、一つの実施手法が上記のすべての基準に対して適応できるとは考えられない。また、すべての実施手法の汎用性は、それに伴う行政的、経済的制約とバランスが取れたものでなくてはならない。

　EIAには、単一の推奨手法などは存在しない。したがって重要なのは、体系的に考える能力である。
■環境と技術的変化の相互作用を理解する。
■実用的な方法で、開発マネージャーのニーズを満たす。
■EIAを準備する基礎的なプロセスに従う。

　EIAの実施手法とツールとの区別は、注意して行わなければならない。EIAを実施するうえで普通に使用される基礎的な手法として、チェックリスト、マトリックス、ネットワーク、オーバーレイの四つがあげられる。EIAのツールは、これらの基礎的手法を実施するのを補助するものである。よく使われるツールとして、予測モデル、地理情報システム、エキスパートシステムなどがある。これらのツールは、EIA以外の目的でも用いられることがある。

一般的に、EIAの実施段階によって異なるが、最良の結果を得るために複数の手法とツールが用いられる。さらに包括的フローチャートの形でこれらの手法やツールを用いるうえでのアドバイスが表わされている（図4.1／次ページ）。

4.2 チェックリスト

　チェックリストは、可能性のあるすべての関係および影響、つまりそこから特定の課題への対処法が出てくる事柄を、覚えておくのに役立つ。
　EIAのマニュアルに載っているような包括的なチェックリストを用いることによって、ある地域における重要な要素が見えてくるということも起こりうる。アジア開発銀行（ADB）によるガイドラインと世界銀行の資料は、調査を奨励する、このよい例である。
　チェックリストは、開発プロジェクトが環境に対するマイナスの影響を起こしうるか否かを判断するために作成される。そのようなプロジェクトでは、すべてのマイナス影響を、プラスの影響をも考慮しながら詳細にわたって評価しなければならない。これは、EIAの次の段階で行うものである。
　チェックリストは、鍵となる人々がプロジェクトを評価する際に、なにに注意を払えばよいのかを理解する手助けとなる。また、チェックリストは、プロジェクトの環境面に対する認識を高める役割も果たすだろう。
　チェックリストは、記述的なものと数量規模に着目したものにわけることができる。

4.2.1 記述的チェックリスト

　記述的チェックリストの目的は、重要な問題を認識し、スコーピングを行うためのリストを提供することである。
　もっとも単純な形のチェックリストとして、プロジェクト特有の問題をあげたものがある。86ページのコラム4.1に、ノルウェイ開発協力事業団（NORAD）が工業プロ

4 EIA 実施手法

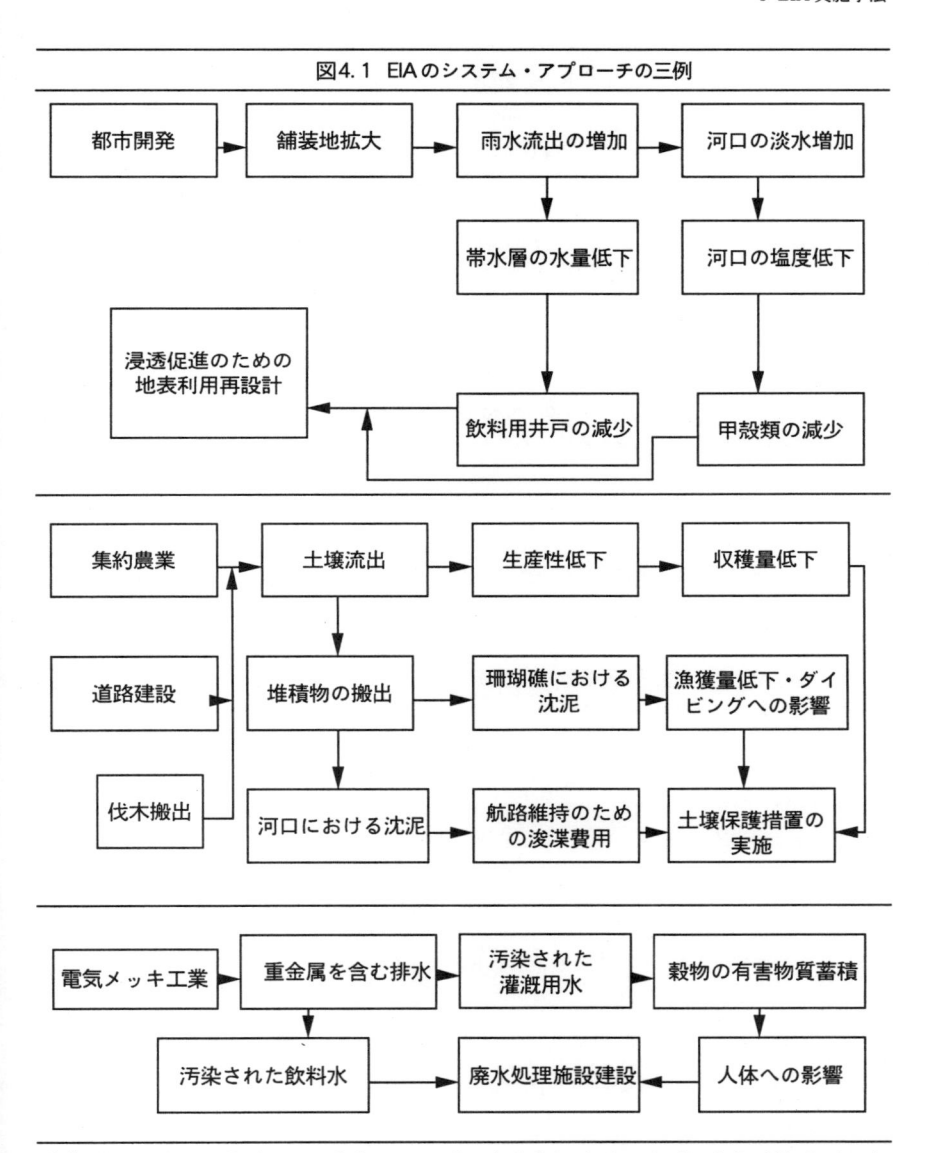

図4.1 EIAのシステム・アプローチの三例

都市開発 → 舗装地拡大 → 雨水流出の増加 → 河口の淡水増加
雨水流出の増加 → 帯水層の水量低下
河口の淡水増加 → 河口の塩度低下
帯水層の水量低下 → 飲料用井戸の減少
河口の塩度低下 → 甲殻類の減少
飲料用井戸の減少 → 浸透促進のための地表利用再設計
甲殻類の減少 → 飲料用井戸の減少

集約農業 → 土壌流出 → 生産性低下 → 収穫量低下
道路建設 → 堆積物の搬出 → 珊瑚礁における沈泥 → 漁獲量低下・ダイビングへの影響
伐木搬出 → 河口における沈泥 → 航路維持のための浚渫費用 → 土壌保護措置の実施
収穫量低下 → 土壌保護措置の実施
土壌保護措置の実施 → 土壌流出

電気メッキ工業 → 重金属を含む排水 → 汚染された灌漑用水 → 穀物の有害物質蓄積
重金属を含む排水 → 汚染された飲料水
穀物の有害物質蓄積 → 人体への影響
汚染された飲料水 → 廃水処理施設建設 ← 人体への影響

出典　How to Assess Environmental Impacts on Tropical Islands for the South Pacific Regional Environment Programme by R. A. Carpenter, J. E. Maragos. Published by the Environment and Policy Institute, East-West Center, Hawaii, 1989.

> **コラム 4.1 工業プロジェクトの初期スクリーニングで使用するチェックリスト（NORAD）**
>
> 　環境影響は、しばしば原因および結果の連鎖として出現する。もし連鎖の最初の部分が明らかになれば、続いて起こる影響も明らかになるだろう。それぞれのチェックリストの質問数を減らすために、ほとんどの質問事項は連鎖の最初の部分に関連したものとなっている。
>
> **工業プロジェクト**
>
> 　このチェックリストは、天然資源の大量消費や汚染拡大を引き起こすすべての工業プロジェクトが対象である。火力発電所もこのカテゴリーに含まれる。もし下記の基準を一つでも満たした場合、またはいいえと答えるのに十分な根拠がない場合、プロジェクトはより詳細なアセスメントに回される。
> 　プロジェクトは、
> 1. 重大な水質、大気、土壌汚染を引き起こすか。
> 2. 廃棄物処理問題を引き起こすか。
> 3. 動植物保護区域やとくに不安定な生態系に影響を及ぼすか。
> 4. 汚染に敏感な歴史的遺産や自然遺産に影響を及ぼすか。
> 5. 地域住民や自然環境に深刻な結果を引き起こすような事故の危険性があるか。
> 6. 例えば資源などに関して、地域住民の生活スタイルを変える可能性があるか。
> 7. 現状の土地利用や土地の所有権などに関する衝突を生じるか。
> 8. プロジェクトによる直接の影響以外に、地域住民の資源利用を妨害したり変化させたりする可能性があるか。

ジェクトを評価する際のチェックリストの例をあげておく。イエスかノーによって答えることのできる質問事項には、注意を払っておかなければならない。このような質問は、思考することを妨げ、評価に対する間違った認識を生み出す可能性がある。質問は、「AによってBが起きたのか？」といった単純なものではなく、「どの程度」、「どのような状況で」、「どのような方法で」、といった具体的なものにすべきである。しかし、イエスかノーで答えられる質問でも、プロジェクトのスクリーニングを行うための出発点としては、役に立つ。

チェックリストはまた、対象となる問題事項にもとづいて発展させることも可能である。そのような問題事項は、プロジェクトや環境の重要性・関連性を識別するために、後に格づけされる。重要であると見なされた問題事項は、影響軽減措置や保護措置、監視措置などをつくっていくためにEIAの次段階で「活動」および「問題の要素」に分解される。次ページのコラム4.2は、エネルギー開発プロジェクトのために発展させた、問題事項にもとづくチェックリストである。問題事項にもとづくチェックリストは、スコーピングおよび初期環境調査（IEE）を実施するうえで役に立つ。

また、記述的チェックリストはプロジェクトの各段階における影響を網羅し、評価者が影響軽減措置を識別するための雛形を提供する。ここでも、チェックリストはスコーピングおよびIEEの目的で使用される。89ページのコラム4.3は、ADBが漁業および養殖業プロジェクトのために作成した詳細なチェックリストである。

4.2.2 数量規模にもとづくチェックリスト

数量規模にもとづくチェックリストは、次のような目的で使用される。
■環境問題間の重要度の違いについて認識する。
■環境要素の問題から発生する影響に関して、評価し集計する。
■代替手段間の量的比較を可能にする。

このように、量的規模にもとづくチェックリストの使用は、IEEを補完するものである。文字として表された動的規模にもとづくチェックリストとして、（アメリカのバテル・コロンバス研究所によって開発された）環境評価システム（EES）がある。EESは水資源開発プロジェクトを評価するため、1973年に開発された。環境の特性に関しては、通常このような単位で測られることがなかったため、プロジェクトの環境影響を数量で表し、代替手段を選ぶのはむずかしい。EESはこの問題を、すべてのパラメーターを似たような単位に変換することで、解決しようとしている。

EESはEIAを四つの大きなカテゴリーに分類している。エコロジー、環境汚染、美的景観、人間の利益である。これらのカテゴリーは18の環境要素に分類され、そこからさらに78の環境パラメーターへと分解される。それぞれのパラメーターに、デルフォイ法を用いて価値機能が付与される。デルフォイ法とは、パラメーターの安定性や規模を、それに対応する環境影響単位（EIU）へと変換するものである。複数の環境要

コラム4.2 エネルギー開発プロジェクトに関する環境的に重要な問題事項

■水生生物の生態、養殖業、漁業、レクリエーション、家庭用水／工業用水、灌漑、配水などに悪影響を及ぼす土地収用。
■水生生物の生態、水質、養殖業、家庭用水／工業用水、レクリエーションに、化学物質蓄積、(沿岸植物撤去、堤防、擁壁建設などによる)海岸線変更や沈泥などの悪影響を及ぼす設備や輸送路の建設。
■SO_2、NO_x、TSP(第三燐酸ナトリウム)の大気への放出による影響。
■爆破、穿孔(せんこう)作業による騒音と飛石。
■石炭輸送のための船舶交通量増加。
■蒸気機関、ガスタービン、家畜用冷却塔から発生する騒音。
■地域コミュニティーに労働者が移住することによって生じる社会問題。
■輸送路維持のための除草剤使用による、地表および地下水汚染。
■輸送路建設による農地分断。
■SO_2排出による農業への影響。
■輸送路建設による森林伐採。
■エネルギープロジェクトで使用される道路からの不法伐木輸送。
■輸送路が動植物の多様性に与える影響。
■廃熱が水生生物の生態系に与える影響。
■建設廃材の不法投棄。
■航路確保用の浚渫(しゅんせつ)が水生生物の生態系に与える影響。
■整地作業の影響。
■緊急時や災害時(森林火災や地震など)における発電所の対応。
■河川の生態系に影響を及ぼすダムや貯水池の建設、水質、水生生物の生態、漁業や養殖業などの水産資源、家庭用水／工業用水、配水、地域の水量などに重要な影響を及ぼす可能性。
■水生、陸生生物の生態、漁業、航路、レクリエーション、家庭用水／工業用水に影響を及ぼす可能性のある、流量および貯水量制御。
■貯水池における病原媒介虫の発生。
■発電所の冷却用水の廃水が生態系に与える影響。
■燃料貯蔵が従業員や地域コミュニティーの安全に対して及ぼす影響。
■燃料輸送に伴う事故の危険性。
■土壌中に廃棄したヘドロの影響。
■地下水および表層水の利用が水の供給や地域の生態系に対して及ぼす影響。
■発電所で発生した汚水処理。

4 EIA 実施手法

コラム4.3 漁業および養殖業プロジェクトに関連する環境影響のチェックリスト

漁業プロジェクト（魚類の捕獲）と養殖業（魚類の飼育）は、しばしば天然資源への影響、経済開発、生活の質といったものと相反する環境影響を引き起こす。

A 用地選定に関わる環境問題（代替地を選択することにより、影響を回避あるいは縮小可能なもの）。

1. その土地（水路）を利用する他の活動との衝突――観光やレクリエーション、航路によってその水域が使用される可能性があり、また埋め立てによって農地となる可能性もある。
2. 深刻な汚染危機――プロジェクト用地は、汚染排出施設（精油工場など）よりも上流に位置すべきである。少量の排出物が、全体の漁業。養殖業（F／A）にとっては大きなダメージとなる可能性もある。もし汚染危機が存在するならば、F／A計画は注意深く排出管理を実施すべきである。
3. 市場から離れていれば、冷凍庫が必要となる。
4. 養殖業には、安定した淡水の供給が必要である。プロジェクトの経済性の基本となる、通年の供給が不可欠。またダムや貯水池の放水を行う場合、乾燥期の水利用に影響を及ぼす可能性がある。もし水を灌漑用水から取水すれば、用水のＯ＆Ｍプランは水を安定して供給できるようなもの（用水の清掃および修理期間をのぞく）でなくてはならない。
5. 養殖には、餌を輸入するコストがかかる。
6. 水質および水量――プロジェクトの要求を満たす水質（WQ）は、F／A事業の基本となる。漁業者にとって、汚染物質の流入や上流のダムや河川開発、嵐のための海水逆流などによる地域の水質変化が問題となる。
7. ハリケーンや台風による危機――設備は、これらのことを想定して設計されたものでなくてはならない（例をあげると、マニラ近郊のラグナ湖の養殖設備は、この問題を最小化するように設計された）。
8. 熟練者を含む、労働力確保の問題。
9. 地域の土壌――養殖プロジェクトにおいては、地域の土壌でつくった土手が施設の構造的な持続性に適合しない場合があり、漏水を起こす可能性がある。さらに、そのような土壌は水質に悪影響を及ぼす可能性もある。6の項参照。
10. 再定住。
11. 稚魚のストック問題。

（コラム4.3つづき）

12. 周辺の開発問題――とくに、F/Aの水域における影響。プロジェクトが食糧の宝庫として依存しているマングローブの破壊などを含む。
13. 埋め立てによる被害――上流による土壌流出が、F/Aの操業に必要な水量を減少させる恐れがある。
14. 施設進入者の警備――外部者、内部者による施設進入は、プロジェクトの経済性を破壊するおそれがある。事業全体を操業に適した規模のいくつかのセクションに分割し、単一家族による管理を行うなどの措置がある。

B　不適切な設計によって引き起こされる環境問題

1. Aの1から12――Aの1から12で述べた不適切な設計は、Aの状況下と同様の問題を引き起こす。プロジェクトの実施場所に起因する避けることのできない悪影響を最小化し、あるいは相殺するために、専門的技術が必要とされる。
2. 非現実的なO&Mの仮定――O&Mの質に関する非現実的な仮定は、プロジェクトの経済性を無効にし、Aで述べたようなさまざまな形で環境に対する深刻な悪影響となって出現してくる。
3. 特殊な建築基準の無視――計画と仕様書の慣例を修正し、それらに環境保護に関するパラメーターを組み込み、建築段階での環境監視を実施できるようにしなければならない。それには建設終了後における、プロジェクトの実際の環境影響に関する定期的なチェックが必要である。
4. 商品の市場性――F/Aプロジェクトにとって重要なのは、商品の市場が存在し、意図した消費者に好まれる種類の商品が栽培できるかどうかということである。
5. 仲買人の問題――F/A事業を保護するうえで出てくる社会経済的な問題の一つが、操業時に仲買人の役割、つまり魚を漁師から買って卸すことを行う移民の出現である。なんの管理もなければ、このような慣行によって漁師の収入は不公正で受け入れられないレベルまで下がってしまう可能性がある。
6. 浚渫および穿孔――これらの行為は、貴重な環境を破壊しないように注意深く計画されなければならない。
7. 疾病――養殖業を計画する場合、魚類の疾病には注意しなければならない。疾病が発生すると、劇的に漁獲量が減ってしまう。魚類の疾病予防および実施可能な管理手法の観点から、適切な魚種の選択を行わなければならない。
8. 社会経済問題――5に加え、地域の労働確保に留意しなければならない。とくに、移民ではなく、プロジェクトによって移住を強いられた人、プロジェクト実施によって収入が減る可能性のある近隣の漁業従事者の仕事を確保することが重要である（新しい

（コラム4.3つづき）

永住者となるため）。
9. 下流域の水質——養殖プロジェクト（特に、特殊な飼育技術などを用いた生産性の高いもの）からの排水は、下流域のWQおよび有益な河川利用のために、（せきとめて）浄化しなければならない場合もある。
10. 新種の問題——養殖によってその地域に新種を導入する場合、その地域に現存する種への影響を調査し、注意深く行わなければならない。
11. 許可制度——漁業従事者の漁業権を保護し、金融面での補助を行い、違法な漁法を防ぎ、仲買人（5の項参照）を管理し、市場に基づいてコストをカバーする適切な料金システムを構築するために、適切な法的管理システムの整備が必要である。
12. 漁村の衛生問題——プロジェクト近隣漁村における適切な計画、行政（11の項参照）、ガイダンスなどを行い、F／Aに必要な水質を悪化させ住民の健康を損なうような衛生面での問題を起こさないようにしなければならない。

C　施設建設と関連する環境問題

F／Aプロジェクト実行に当たって一般的にあげられる施設建設と関連する環境問題として次のようなものがある　(1) 環境的に不安定な地区での浚渫および穿孔　(2) 環境的に不安定な土地や近隣のレクリエーション施設に拡散あるいは浸透してしまう、汚泥の廃棄　(3) 航路への汚泥廃棄を含む、航路妨害。

D　操業段階での環境問題

1. O＆Mの実行能力——多くの発展途上国で問題となっているのが、設計によって指定されたO＆Mが現実的かつ適切であり、費用効果的であっても、それを実行できないということである。
2. 監視措置——もう一つの問題として、プロジェクトの建設終了後に、予備調査やEIAで指定した継続的な定期監視を実行していないことがある。したがって、設計やO＆Mの不適切性を発見することができない。環境保護のために必要な手段を策定し、実行するためにはそのようなフィードバックが必要である。

E　環境の調査基準

以下は、すべての大規模インフラストラクチャーおよび地域開発プロジェクトに適用す

（コラム4.3つづき）

> べき、環境保護主義者による関心事項である。
> 1. プロジェクトは、貴重でかけがえのない自然に対して、復興不能な損害の原因となるか。
> 2. プロジェクトは、長期的経済利益ではなく短期的経済利益の観点から、乏しい資源の使用を増大させるか。
> 3. プロジェクトは、絶滅の危機にある種に対して、有害であるか。
> 4. プロジェクトは、地方から都市への不適当な流入を増加させるか。
> 5. プロジェクトは、国のエネルギー——外国為替の状況を悪化させるか。富裕層と貧困層の収入格差が拡大することに起因する、国の社会経済的な不均衡が生じるか。

出典　アジア開発銀行

（87ページよりつづく）素やカテゴリーにまたがる環境影響単位（EIU）を正確に集計するため、それぞれのパラメーターは、パラメーター重要度ユニット（PIU）によって重要度が付与される。PIUは、このようにして集計を目的とした数量を提供する。環境評価システム（EES）の結果は、プロジェクトを考慮した場合とそうでない場合の、EIUのすべての数値を含んだものとなる。

　次にあげるのは下流域の漁業に関する評価の例である。
　水——酸素増加、温度、流量、魚類、土地生産力。
　土地——土手の状況、堆積物、汚染源。
　水生生物のための資源、浅瀬——水たまり、深さ、広さ、流速、水底の有機体。
　これらの差異が、環境影響の一つの尺度となる。
　EESの実施は、3段階から成る。第一段階では、パラメーターの評価をEIUへと変換する。この評価システムでは、環境の質は次のような方法で定義される。すなわち、0を非常に悪い、1を非常に良いとして、0から1のあいだの数値として表すのである。各段階のパラメーターの評価を環境の質へと関連づけるこの価値機能の使用によって、パラメーターの評価をEIUへと変換することができる。
　第二段階は、パラメーターの測りわけである。EESで用いられた各パラメーターは、環境全体の一部を表しているにすぎない。したがって、各パラメーターを環境システムの一部分としてみなす必要がある。EESのパラメーターの比較重要性を反映させる

ため、PIU1000ポイントがパラメーター間に割り振られる。社会心理学的技法とデルフォイ法を用いて、価値判断を行う。この段階は、分類されたものの比較およびフィードバックから成立している。

第三段階では、プロジェクトを実施しなかった場合と実施した場合の、将来の環境状態の予測を評価する。前者は現在の環境の状況を部分修正して表したものであり、後者は計画されている開発行為を行った場合の環境状況を予測したものである。これら二者間のEIUの相違点は、環境への悪影響（EIUの減少）および有益な影響（EIUの増加）によって構成される。

4.2.3 チェックリストの利点

■チェックリストは、特定の行為によって発生するすべての関係および影響を規定する。
■チェックリストは、プロジェクトを評価する際に責任ある地位の人々がなにを調査すればよいのか、理解する助けとなる。
■チェックリストはプロジェクトの環境配慮を高める可能性がある。
■環境影響の数量化は、量的規模手法を用いることによって可能となる。

4.2.4 チェックリストの限界

■記述的チェックリストはプロジェクトの各段階をほとんど網羅しているといえる。しかし、規模や影響の度合いにもとづく量的な情報は含んでいない。
■もう一つ重要な欠点として、チェックリスト法が環境を区分する方法としてあげられる。環境システムは相互に関連する各要素の複雑な網で構成されている。しかし、この事実は量的規模にもとづくチェックリストでは考慮されていない。したがって、チェックリストは注意深く使用する必要がある。チェックリストの量的側面は代替手段間の比較に用いられるだろうが、比較するのに量的なものが必要な場合にのみ、使用すべきである。
■チェックリスト法の最大の欠点は、それぞれの行為と、これら行為によって影響を受

ける環境要素とを結びつけることができない点にある。

4.3 マトリックス

　マトリックスは行為と環境要素を結びつけるもので、それぞれが交わった枠で起こりうる環境影響を表示するのに使用される。この「マトリックス」という言葉自体に数学的な含蓄はなく、ただ表現の方法を示しているだけである。

　マトリックスは、各開発行為と各環境要素を体系的に示し合わせることにより、影響を識別するのに用いられる。もし特定の開発行為が環境要素に影響を与えると考えられる場合、その行為と環境要素が交わる枠内に印をつける。マトリックスによる評価では、より注意を払う必要があってマトリックスを行わなければ見逃してしまうような潜在的環境影響を、体系的に認識できる。このように、マトリックスは基本的なチェックリストを拡張したものであるといえる。

　通常用いられるマトリックスには、次の3種類がある。
■記述的マトリックス。
■象徴的マトリックス。
■規模・数的マトリックス。

4.3.1 記述的マトリックス

　記述的マトリックスでは、短い叙述が用いられる。プロジェクトの各段階ごと、すなわち用地選定、建設、操業、(もし必要ならば) 終了の各段階で、それぞれの行為に対応するさまざまな影響が定義され、それに関する短い叙述が表されている。これらの環境影響は、規模や量的なものを含まない。次ページの表4.1は、採石場に関する記述的マトリックスである。

4.3.2 象徴的マトリックス

　マトリックスに関してもっとも特筆すべきなのは、影響評価者、政策決定者と公衆と

表 4.1 採石場のための環境マトリックス

段階	開発行為	社会的	物理的	生物学的
計画	承認、地域計画、環境影響報告（EIS）の予定表。	法、規則、住民参加、雇用、土地の価値、代替地、正当化、危険性と懸念、文化的・歴史的問題。	実施地までのアクセス。	調整地における地下水面への影響。
技術	設計採石プランの設計、環境要素の分析、評価の選択。	風景への影響。	採石場の設計、回復計画。	排水設備の設計（河川の水質保全のための沈殿物対策を含む）。
建設	道路整備、排水設備、砕石工場、エネルギー供給、交通、洪水対策、汚泥、下水、従業員施設。	文化的・歴史的問題、安全性、騒音、振動、家畜への影響。	廃棄物の放棄、持続性、不愉快さ、土地形成による騒音、爆破、穿孔。	沈殿、表層水の汚染。
操業	砕石物の過積載、穿孔、爆破、発掘、圧搾、荷積み、交通、環境手法の評価と調整。	風景、家畜、騒音、振動、煤塵、排気、安全性、危険性、従業員施設、労働環境。	風景への影響。	進歩的な復元計画、沈殿、表層水の汚染。
終了	工場撤去、安定性チェック、表土交換、工場用地の遮蔽、維持。	安全性、風景の回復。		沈殿物対策の維持および監視。

のコミュニケーションを改善した点である。象徴的マトリックスでは、影響に関する理解を深めるために記号が使われる。

　環境影響は、「重要」や「重大」といった言葉で表されることが多い。このような主観的、質的な言葉は、文化的価値観や特定の状況下での価値観に依存して理解されるために、取り扱いがむずかしい。数量データが手に入ったとしても、それらはある基準に対して用いられるため、多くの人にとって受け入れられないものである場合もある。しかし、影響を分類し、影響評価を行ううえで有効なガイドも存在する。

プロジェクトにより発生する環境影響の重要性を評価する場合、考慮すべきいくつかの要素がある。それらの要素は相互に関連したものであり、個別に検討すべきではない。例えば、ある特定の環境影響に対しては、ある要素がその他の要素よりも重要であるかもしれない。しかし重要性を決定するのは、すべての要素の結合体なのである。

　象徴的マトリックスの例として、省略記号や等級の利用があげられる。例えば、短期にはS、長期にはL、重大な影響には10、軽微な影響には1といった具合である。この方法により、象徴的マトリックスを記述的、数的スケールの組み合わせにすることができる。しかし、影響の格づけや分類を行うための有用なガイドがいくつかある。下記はそのリストである。

■影響の徴候
　プラスかマイナスか。残念なことに、これは単純に表せない。

■規模
　これは、それぞれの潜在的環境影響の起こりうる程度を表すものと定義できる。環境影響は、復元可能か。もし可能ならば、影響を受けた地域の復元速度や適応速度はどれくらいか。これらの質問に対する答えはむずかしく、また主観的なものになるであろう。規模は、放出する資源、使用する影響軽減措置、周辺環境の同化能力などに依存してくる。

■変更の種類：復元可能か否か
　復元不可能とは、将来における選択肢を失うことを意味する。種の絶滅、深刻な土壌流出、生育環境の破壊などは復元不可能な変化の例である。地下水の汚染なども、流れが遅いことから復元不可能となることも多い。実際には、農地の都市化は、一度開始されると復元不可能である。

■影響の大勢
　これは、例えばいくつかの川が交わって起きる累積的な影響といった、最終的な影響の程度であると定義できる。それぞれ個別ではそれほど重要ではなく規模の小さい影響でも、それが多数集まれば広範囲に及ぶ影響となりうる。累積影響がどれくらいのものであるかを決定するのは、ある行為による影響からの距離である。道路建設による漁獲量の減少は、近隣地域の漁業従事者の生活にも影響を及ぼすことがあり、それはプロジェクトが終了した数か月後、あるいは数年後までつづくかもしれ

ない。
■期間と頻度
　期間と頻度の重要性は、次の質問によって表すことができよう。その行為は、長期にわたるものか、あるいは短期的か、それとも散発的か。もしその行為が断続的なものであるならば、活動していない期間中に修復できるものか？
■危険性
　これは、深刻な環境影響が起こる可能性であると定義できる。危険性を正しく評価するためには、プロジェクトによって活動と影響を受ける地区について、よく知り、理解しなくてはいけない。
■重要性
　これは、現状の環境要素に付与される価値であると定義できる。例えば、ローカルコミュニティーの住民は水浴びのために川を少し広げたり、漁のため湿地を少し広げたりすることを望むかもしれない。だが、影響を受ける要素は地区、地域、あるいは国家レベルでより重要なものである可能性がある。
■影響軽減可能性
　問題には解決策が存在するか。道路建設によって起きる問題、河川改修によって生じる土壌流出問題などを、既存の技術で解決できるかどうか。
■理解
　例えば、道路が河川を横断し、評価者がその河川の利用程度（魚類の産卵、移動、漁、河川を使った交通など）に関して知らない場合、環境影響は不明として区分される。同様に、その河川を横断する形態（徒歩、橋、フェリー、人工歩道）もまだ計画されていないなら、その横断方法に関する環境影響もまた、不明となる。
　重要性を評価する場合、さまざまな学問分野にわたる専門家を含む、少なくとも二つのグループによるディスカッションを行うことが有効である。
　代替手段間の比較を行ううえでもっとも頻繁に用いられるのが、＋、0、−を使ってそれぞれの代替手段が各環境分野に与える影響を表すマトリックスである。これは、複数の代替手段間の相違を簡単に表すことができる。
・各代替手段による影響は、参考となるもの（通常は、現状）との比較を通して評価される。

- 各代替手段が、環境目標に対してどれほど貢献しているかを示す。
- 各代替手段を、望ましい手段と比較する。

  程度が高い場合、＋＋および－－を使用する。

  どの場合でも、記号の重要性を適切に定義することが重要となってくる。必要ならば、十分な情報を見る者に提供するため、参照事項を加えるべきである。（表4.2）

表4.2 「なぜ提案されている計画が土壌の状態を改善するのか」
に関するプラス／マイナスマトリックスの例

	現状	提案されている行為	代替プロセス	環境的にもっとも好ましい場合
空気	0	－	－	0
土壌	0	＋	＋	＋
地表水	0	－	0	0
廃棄物	0	＋	＋	＋
騒音	0	－	－	－
安全性	0	（－）	（－）	（－）
自然	0	0	0	0
エネルギー	0	－	0	＋
費用	0	－	－	－

凡例　－現状と比較して悪化／＋改善／０ 変化なし／（－）重要ではない悪化

4.3.3 規模・数的マトリックス

4.3.3.1 単純な数的マトリックス

単純な数的マトリックスは、影響の度合いを示し、比較を行うために必要な事柄を見

るのに有効である。表4.3は、初期環境調査（IEE）レベルでの代替手段を評価するために使用される、単純な数的マトリックスの例である。

表4.3 単純な数的マトリックス

	空気中の鉛量 (ng／m³)	NOₓ排出量 (ng／m³)	近隣での騒音レベル (dB（A）)	有害物質排出量 tons／year
代替手段1	0.8	35	55	2674
代替手段2	0.7	20	50	2350
現状	1.0	80	43	－
2005年の予測値	1.2	110	45	－
環境基準	1.5	100	55	－

　数的スコアには、数字、序数、区間などを用いた基準が使用される。レオポルド（1971）は、影響の属性——重大性と重要性——を評価するため、1から10までの数を用いた。フィッチャーとデイビスは環境に対するプラスの影響とマイナスの影響を評価するため、－5から＋5までの数を用いた。またロスは、複数の基準を用いたマトリックスをつくろうと試みている（詳細は数学的マトリックスの項で述べる）。

　また、各影響事項に関するマトリックスを複数使用する方法もある。例えば、影響の規模に関してのみ表したマトリックスと、影響の特性などに関して表したマトリックスといった具合である。重要なセルに注意を向けるため、色をつけたり濃淡をつけたりすることも可能であろう。複数のマトリックスを使用することによって発生する明らかな不利な点を補うために、視点の改善とともにコミュニケーション手段の改善も、そのようなプレゼンテーションに用いるべきである。

　EIAの結果を一覧できるようにするため、グラフ、地図、ダイアグラム、そのほか絵などを用いて代替手段を示すことができよう。個々のマトリックスでも、色や濃淡を

つけることが可能である（表4.4）。

　色を使うことによる利点は、実際の情報をマトリックスにつけ加えることができる点である。例えば、緑の濃淡はプラスの影響を示し、赤の濃淡はマイナスの影響を示すなどがある。これにより、どの環境要素に問題があり、どの代替手段がもっとも好ましいのか簡単に識別できる。

表4.4　色を使用したマトリックス

目的	指標	ルート1	ルート2	ルート3
車道の長さ制限	車道の長さ	293.7	297.7	293.7
インフラストラクチャーの拡大制限	新規車道の長さ	7	10	7
自然保護	生態圏の分断	はい	いいえ	部分的に軽減可能

4.3.3.2 規模マトリックス

　量的規模にもとづくマトリックスは、通常、重要性と重大性という二つの影響事項を評価するために、1から10の数字を用いる。もっとも有名な数的マトリックスは、1970年代前半にアメリカ地質調査所のルナ・レオポルド博士が発明した「レオポルド・マトリックス」である。すべての開発行為がマトリックスの上端に並べられ、影響を受けるであろうすべての環境要素が横に並べられる。レオポルド・マトリックスは、規模と重要性に関して数字で格づけをし、代替地や代替技術を探すための完全なマトリックスを比較検討するというものである。レオポルド・マトリックスの原型では、各影響の重要性および規模を1から10までの数で格づけする。重要性とは環境に対する影響の重大さ、規模とはその物質的大きさを表している。レオポルド・マトリックスは簡単

図4.2　採石場の場所別比較マトリックス

評価基準	代替採石場				
	フレイサー	マースデン	ペンローズ	ティムズ	ガーナー
実用面					
交通の便	■	●	◆	◆	◆
容量	■	◆	◆	◆	■
サービス	◆	■	◆	◆	◆
所有権	■	■	■	●	■
安全性	◆	■	◆	■	■
現在の入手可能性	◆	◆	◆	■	■
経済面					
接続駅の必要性	はい	はい	いいえ	いいえ	いいえ
現存のインフラ利用	◆	■	●	◆	◆
道路状況	△	●	●	■	■
遮蔽物	■	■	■	■	■
操業コスト	□	■	□	□	□
環境面					
距離	◆	◆	●	■	◆
水	■	■	■	◆	■
地形	◆	◆	■	◆	■
可視性	◆	◆	◆	◆	◆
保護価値	◆	■	◆	◆	◆
交通路	◆	■	◆	■	◆

◆要求を満たす　●満たさない　■部分的に満たす　□情報なし　△関係なし

出典　Module on Selected Topics in Environmental Management. UNESCO Series of Learning Materials in Engineering Science, UNESCO, 1993.

に使用できるため、すべてのEIA手法の中でもっとも広く使われているものであろう。前ページの図4.2は、代替手段の比較に用いられるレオポルド・マトリックスの一部である。

規模マトリックスのもう一つのアプローチとして、影響軽減措置を含む場合と含まない場合の環境影響マトリックスがある（Biswas and Agarwal, 1992）。これは、マトリックスを利用して環境影響を要約するために、一般に使われている手法である。まず、予測される影響を、次の例のように、その深刻さによってランクづけをして順番に並べる。

深刻さ	影響スコア
影響なし	0
無視して良い程度	1
小（軽微あるいは短期）	2
中	3
大（不可逆的あるいは長期）	4
深刻（永久につづくもの）	5

正符号はプラスの影響、負符号はマイナスの影響を示している。

それぞれの（予測される影響レベルとは独立した）環境要素に、専門家の意見や合意（デルフォイ）システムにもとづいて重大さが付加される。それぞれの影響のスコアは、深刻さおよび重大性の所産として計算される。これらのスコアは、特定の環境要素に対するプロジェクトの正味の影響として、あるいはあるプロジェクトが環境全体に及ぼす正味の影響として、列、行で合計が計算される。

この方法では、プロジェクトの代替手段を体系的に比較することが可能で、取りうる影響軽減手段を探すこともできる。また、個々のセルのスコアに表された数値で、もっとも重要な影響を把握することも可能である。また、この手法によって、環境要素に対するマイナスの影響も識別することができる。そのような場合、影響軽減措置やプロジェクト代替手段を通して考えなければならない（次ページの表4.5と104ページの表4.6）。

表 4.5 影響軽減措置を含まない環境影響マトリックス

環境パラメーター	重要度	採掘前の段階				影響を及ぼす行為 操業段階							影響スコア
		A	B	C	D	E	F	G	H	I	J	K	
空気	100	-1				-2		-2			-1		-700
水源	75		-1										-225
水質	100					-1	-1	-1		-1			-500
騒音と振動	75	-1	-1	-1	1	-2	-2	-1		-1			-450
土地利用	150	-3	-1		1	-2		-1			-1		-900
森林・植物	150	-4			1			-1					-450
野生生物	50	-2			1	-1					-1		-150
人間の居住	75	-1	1		1				1				75
健康	100				1	-3							-100
インフラとサービス	50									2	1	1	250
雇用	50	1	1			2				1		2	250
観光・考古学遺跡	20												0
合計	1000	-1350	-275	-75	525	-1000	-275	-525	75	-25	-175	200	-2900

正数はプラスの影響　負数はマイナスの影響を表している
A. 用地取得および造成／B. 建設／C. 機械および採鉱設備立ちあげ／D. グリーンベルト作成／E. CIPを含む採鉱／F. 排水／G. 固形廃棄物廃棄／H. 住宅供給／I. 上下水道、電気など供給／J. 交通／K. 医療

表4.6 影響軽減措置を含む環境影響マトリックス

環境パラメータ	重要度	影響を及ぼす行為													影響スコア
		採掘前の段階				操業段階								
		A	B	C	D	E	F	G	H	I	J	K	L	
空気	100	−1	−1		1	−1		−1			−1		1	−300
水源	75		−1				−1							−225
水質	100						−1	−1					1	−100
騒音と振動	75	−1	−1	−1	1	−1		−1			−1			−375
土地利用	150	−3	−1		1	−1		1					2	−150
森林・植物	150	−4			1								4	150
野生生物	50	−2			1	−1					−1		1	−100
人間の居住	75	−1	1		1	−1			1					75
健康	100											1		100
インフラとサービス	50									2		2		250
雇用	50	1	1			2				1				250
観光・考古学遺跡	25													0
合計	1000	−1350	−275	−75	625	−375	−175	−125	75	75	−175	200	1150	−425

正数はプラスの影響 負数はマイナスの影響を表している
A. 用地取得および造成／B. 建設／C. 機械および採鉱設備立ちあげ／D. グリーンベルト作成／E. CIPを含む採鉱／F. 排水／G. 固形廃棄物廃棄／H. 住宅供給／I. 上下水道, 電気など供給／J. 交通／K. 医療／L. 土地開拓

4.3.4 要素連関マトリックス

　ロスによって開発された要素連関マトリックス（CIM）は、カナダ・ブリティッシュコロンビア州のナナイモ河口における木材積み替え所選定の際のEIAにおいて初めて使用された。そのプロジェクトでは、選考対象となっていた土地が独特の特徴を持っていたため、プロジェクト全体の環境影響を測るために、二次影響を調査することが必要であった。

　CIMでは、全体の環境が縦横の軸に沿って、環境要素のリストとして表される。環境要素間の依存関係が存在する場合、該当するセルに「1」がマークされる。マトリックスを用いることによって、（すべての従属に関して）第nレベルまでの相互依存性を決定できる。

　上記のカナダのCIMは21の環境要素を用いて、120の第一レベルの依存関係が認識された。このマトリックスの操作は、第五レベルの依存関係が識別されるまでつづけられた。さらに、このプロセスから得られた情報によって、最小連関マトリックスを得ることができた。もとのCIMのすべてのセルが、二つの環境要素間の（接点間の）最短距離を示す整数値を含むようにつくられた。同様に、各プロジェクト代替手段による（第一レベルの）影響を0から3までの数字でスコア化した分断マトリックスも作成された。

　最初に識別された依存性が明確であれば、（数学的手法によって引き出された）最小連関マトリックスの値はかなりの数にのぼる。マトリックス増加のプロセスは複雑なものではないが、かなりの量となってしまい、通常はコンピューターが必要になる。最小連関マトリックスは二つの要素間の連関性の存在や距離を示すことができるが、これらの連関性の構造を明らかにはできないのである。

　要素連関分析の結果は、木材積み替え所プロジェクトの全体的なアセスメントにそのまま使用することはできない。実際、ナナイモ河口プロジェクトの影響評価報告書では、要素連関・最小連関・分断マトリックスの結果は、ほとんど使用されなかった。

　CIMは、クラークとビセット（1981）によって再び検討されたが、肯定的な意見は、ほとんど出てこなかった。しかし最小連関マトリックスは、プロジェクトによって影響を受けると思われる複雑な環境システムの構造をわかりやすく説明するのに有効で

あろう。

4.3.5 マトリックス・アプローチの利点

■マトリックスを用いたプレゼンテーションは、チェックリストよりもわかりやすい。実際にマトリックスを用いて、プロジェクトや環境に関する総合的な分析結果について発表することができる。

■マトリックスによって、環境影響の性質を、主観的にではあるが推測できる。影響を段階づけることができ、後の研究、検証、検討へとつながっていく。またマトリックスは、予測される影響を緩和するための影響軽減措置に関して、優先順位をつけることも可能にする。

■多数の主要な環境影響に関する、明解な一覧を作成できる。

■マトリックスは一般的だが明解であり、これによって環境要素と主要な影響に関して、包括的に考えることができる。

■マトリックスにより、設計の早期段階で、プロジェクトの全体像を描くことができる。

■マトリックスを展開することにより、多くの環境影響の特性に関する情報を含み、アセスメントを行うための前提条件を明らかにすることができる。

■特別な資源、材料などを必要としない。

4.3.6 マトリックス・アプローチの限界

マトリックスは先に述べたような利点を持つが、注記すべき限界も存在する。

■影響を数量化してスコアをつけない限り、複数のプロジェクト代替手段間の比較を行うのはむずかしい。

■マトリックス内の多数のスコアを測定するのは、簡単なことではない。またマトリックスを自主的に運用する能力は、主観的な価値判断に依存している。

■マトリックスにおいて環境影響を識別する段階で、評価と同様に主観的な価値判断が入り込む可能性がある。

■数量化を行う機会がほとんどない。しかし、もし予測／評価手法が別に用いられるならば、さらに細かいマトリックスを作成することも可能である。

■マトリックスを作成している段階で、より重大な環境影響がそこに入っていないことが明らかになることがある。

例えば、ある環境要素からほかの環境要素へと影響が広がり、その影響がプロジェクトの活動と直接結びつかない場合などが考えられる。火力発電所を建設した場合、廃熱が大気の状況を変え、変化した大気状況がさらに穀物の生育、人体の健康、近隣の自然に影響することが考えられる。また、河口近辺で水を使用するプロジェクトは、海に流れ込む淡水の流れを変えて、河口付近の塩分濃度に影響するかもしれない。河口付近の塩分濃度の変化はそこに住む生物の生態に影響し、ひいては海洋生態系や漁業従事者の収入にも関係してくる。これらの例は、われわれの環境影響に対する根本的な理解に対し、疑問を投げかけてくるものである。つまり、n番目の環境要素に対する影響は、同時に起きる、あるいは連続して起きる関連要素の変化によって、自らも変化するのである。

環境影響をより正確に理解することにより、次のようなことが可能になる。
■二次的な影響を考えた場合、プロジェクトによる行為は連鎖するといえる。つまり、もしあるプロジェクト活動が特定の環境要素を変化させるならば、その行為とは関係なく、変化した環境要素がそれにつながった要素に影響を及ぼす。例えば（なんらかの活動により）河川の水温が上昇すれば、そこに住む魚の生態は影響を受けるといったことである。
■影響は直接起きるものばかりではない。ある要素が介在してくれば、とくに時間の面で、理解の遅延が起こりうる。影響が遅れて起きるということは、その影響の規模が小さくなるということではない。むしろ、「生体内での濃縮」が起きたり環境が壊れやすいもの（マングローブ林の生態系など）であったりした場合、規模が大きくなることもありうる。
■マトリックスは、環境要素間の相互作用を含むように発展させる必要がある。これは、隣り合ったマトリックスを作成することなどにより技術的には可能であるが、複数の要素や影響がある場合には複雑になりすぎる。そこで相互作用をわかりやすい形で提示するためのプレゼンテーション方法が必要となる。後に述べるネットワークプレゼンテーションは、これに適しているといえよう。

■インフラストラクチャーやその他の空間的に広範にわたるプロジェクトに関してマトリックスを作成するのはむずかしい。例えば火力発電所では、排気が大気の質へ与える影響は、対象地区がその風下にあるかどうかによって異なる。もし対象地区（あるいは周辺環境の一部）が丘の背後にあれば、発電所からの排気は届かないであろう。貯水池の上流あるいは下流域での影響を考えた場合にも、同様のことがいえる。つまり、マトリックスによって表した環境影響はこのような点を考慮していない均質的なものであって、ほとんどの場合には、そのまま適用することはむずかしい。したがってあるプロジェクトのために、空間的に起こりうる特別な状況を考慮した、一つ以上（大抵は5か6）のマトリックスを作成する必要がある。しかし、これは伝達手段としてふさわしくなく、また技術的にもむずかしくなってしまう。そこで、影響評価手法とともに地理情報システム（GIS）を用いることが有効となる。

4.4 ネットワーク

　重要な二次元的連関を調査するために、ネットワークと呼ばれる方向ダイアグラムを使うことができる。ネットワークは、EIAの分野では広く議論されているが、マトリックスや単純チェックリストのように広範にわたって使用されているわけではない。ネットワークは、第一次影響によって生じる第二次・第三次・さらにその後の影響を考えるために開発された。ここではプロジェクトの実施に直接関係する生物物理学的、社会経済的な環境影響を一次的影響と呼ぶ。また、開発活動によって発生したが、その活動と直接関係するものではない生物物理学的・社会経済的な影響を二次的影響とする。マトリックスでは、特定の活動-要素の枠内で、一次的影響のみを明確に表すことができた。

　次ページの図4.3は、干潟の浚渫（マリーナ建設プロジェクトを想定したもの）によって生じる二次的影響を象徴的に表したものである。長方形で示した上部の列は、さまざまな依存関係（二列目の長方形で表す）にある環境要素を表している。干潟の浚渫によって生じたすべての環境要素に対する一次的影響が、原因と結果の連鎖（三列

4 EIA 実施手法

図4.3 河口付近の干潟浚渫によって生じる二次的影響
二次的影響の環境要素 それらのあいだの相互依存および原因と結果

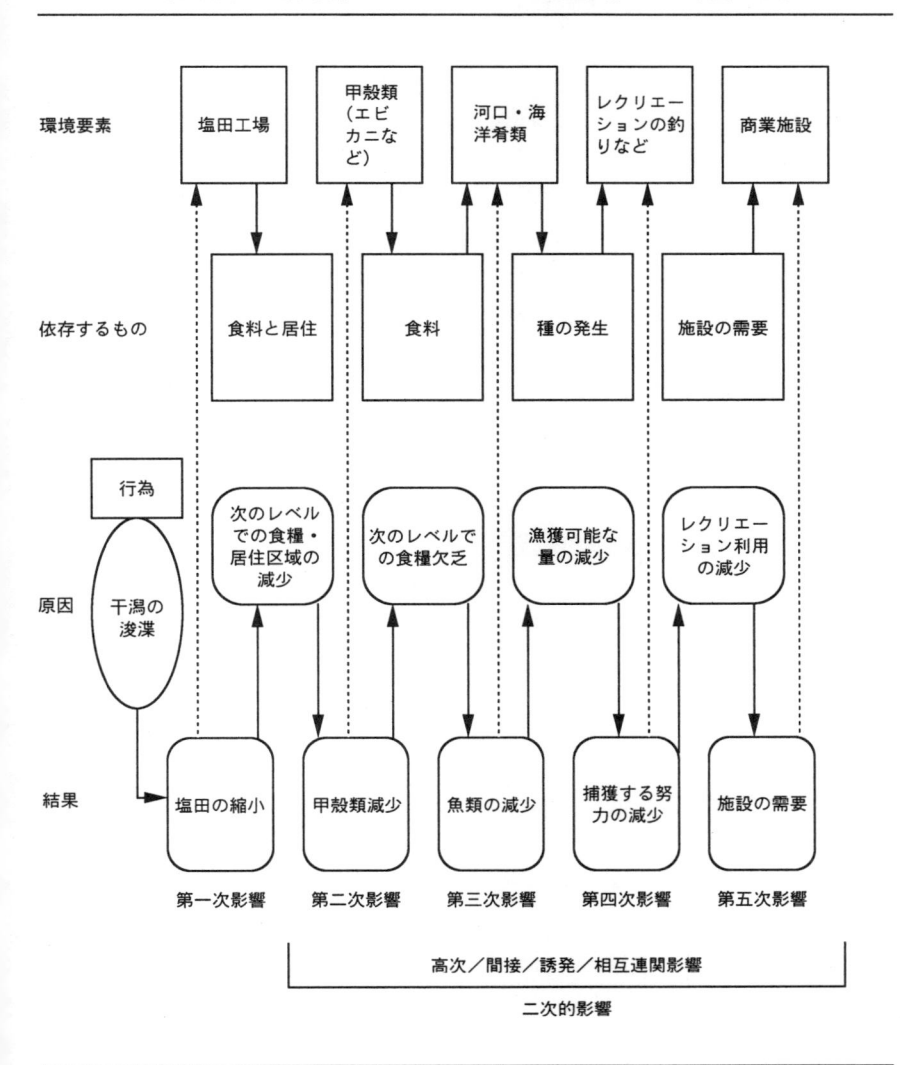

環境要素: 塩田工場 / 甲殻類（エビカニなど）/ 河口・海洋肴類 / レクリエーションの釣りなど / 商業施設

依存するもの: 食料と居住 / 食料 / 種の発生 / 施設の需要

原因: 干潟の浚渫 / 次のレベルでの食糧・居住区域の減少 / 次のレベルでの食糧欠乏 / 漁獲可能な量の減少 / レクリエーション利用の減少

結果: 塩田の縮小 / 甲殻類減少 / 魚類の減少 / 捕獲する努力の減少 / 施設の需要

第一次影響　第二次影響　第三次影響　第四次影響　第五次影響

高次／間接／誘発／相互連関影響

二次的影響

出典 J. B. Shopley, M. Sowman, R. J. Fuggle, Environmental Management. 31, pp. 197–213, 1990.

> **コラム 4.4 二次的影響の例 灌漑プロジェクトにおける農薬使用**
>
> ■農薬、殺虫剤、除草剤などの過度の使用および永続的使用は、土壌を汚染する。
> ■農薬によって汚染された土壌は、地下に浸透して地下水を汚染する。
> ■汚染された地下水は、人体に摂取され、健康に影響する。
> ■汚染された土壌は、農作物の生産高を減らす。
> ■汚染された土壌は、そこから流出することによって、地表水を汚染する。
> ■汚染された地表水は、有害物質の蓄積によって水生生物の生態系に影響する。
> ■汚染された地表水は、漁獲高を減らす。
> ■農薬、殺虫剤、除草剤などの使用は、自然界の捕食者を殺すことにつながる。これら捕食者は害虫を食べるため、穀物生産には欠かせない。したがって、農薬によって自然界の捕食者を殺すことは、害虫を増加させ、穀物生産高を減らすことへとつながる。
> ■農薬、殺虫剤、除草剤などの使用は、それらが土壌に蓄積されることによって、穀物に影響を及ぼす。

目と四列目）として示してある。ここでは、社会経済システムの商業施設が塩田に対して第四次の依存関係を持つことに注意すべきである。また同様に、干潟の浚渫は、商業施設に対して第五次の影響を及ぼす。

これまで多くの研究者が二次的影響を表すのに違う単語を用いてきたが、ほとんどは先に述べた定義と同義である。しかし、ジェインとアーバン（1975）は、先の二次的影響を表すのに「高位の影響」、誘発された行為の結果として生じた影響に「間接的」、「二次的」という単語を用いている。

コラム4.4は、灌漑プロジェクトにおける農薬使用によって生じる第二次影響のチェックリストである。

ソレンセンによって開発されたネットワークの技法は、おそらく二次的影響を調査するための、もっともよく知られたアプローチであろう。ネットワークアプローチの目的は、簡単に理解できる形でプロジェクトとその最終的な影響との関係を提示することである。ネットワークは、第二次、第三次と進むにつれて複雑性が増す。そのため、ソレンセンのネットワークは対象が第三次以内の影響に限られている。次ページの図4.4は、カリフォルニアの海岸線におけるさまざまな形の土地利用法に関して、起こりうる結果をソレンセンのネットワークで示したものである。居住地開発に関する

4 EIA 実施手法

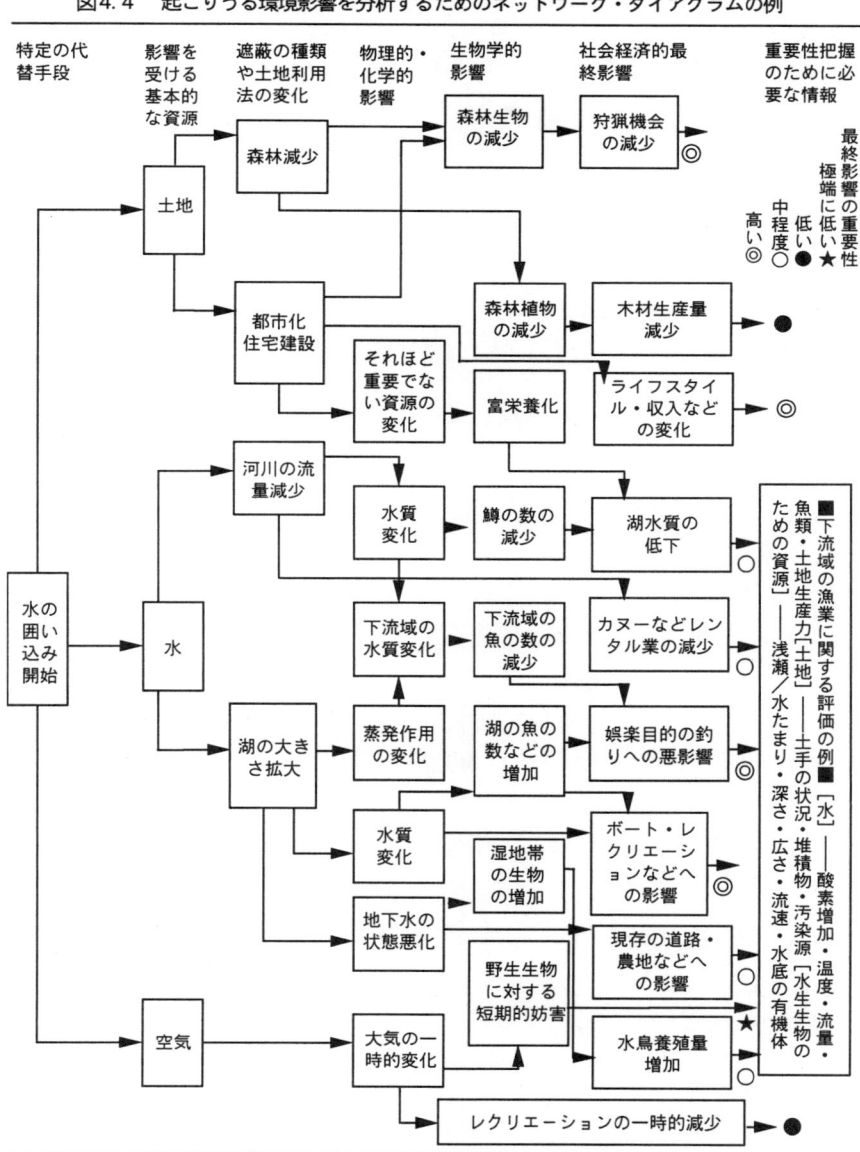

図4.4 起こりうる環境影響を分析するためのネットワーク・ダイアグラムの例

| 特定の代替手段 | 影響を受ける基本的な資源 | 遮蔽の種類や土地利用法の変化 | 物理的・化学的影響 | 生物学的影響 | 社会経済的最終影響 | 重要性把握のために必要な情報 |

最終影響の重要性
極端に低い ★
低い ●
中程度 ○
高い ◎

下流域の漁業に関する評価の例 ■［水］──酸素増加・温度・流量・魚類・土地生産力［土地］──土手の状況・堆積物・汚染源［水生生物のための資源］──浅瀬／水たまり・深さ・広さ・流速・水底の有機体

（特定の代替手段）水の囲い込み開始 →
 ・土地 → 森林減少 → 森林生物の減少 → 狩猟機会の減少 ◎
 ・土地 → 都市化住宅建設 → 森林植物の減少 → 木材生産量減少 ●
  → それほど重要でない資源の変化 → 富栄養化 → ライフスタイル・収入などの変化 ◎
 ・水 → 河川の流量減少 → 水質変化 → 鱒の数の減少 → 湖水質の低下 ○
  → 下流域の水質変化 → 下流域の魚の数の減少 → カヌーなどレンタル業の減少
 ・水 → 湖の大きさ拡大 → 蒸発作用の変化 → 湖の魚の数などの増加 → 娯楽目的の釣りへの悪影響
  → 水質変化 → 湿地帯の生物の増加 → ボート・レクリエーションなどへの影響 ◎
  → 地下水の状態悪化 → 現存の道路・農地などへの影響 ○
 ・空気 → 大気の一時的変化 → 野生生物に対する短期的妨害 → 水鳥養殖量増加 ★ ○
  → レクリエーションの一時的減少 ●

出典 Guidelines for Environmental Impact Assessment in Developing Assistance, FINNIDA, 1989.

三つの環境要素が四つの一次的影響と関係していて、それぞれの一次的影響に関する原因-結果の連関が描かれている。またこのダイアグラムは、実現可能な影響軽減措置に関しても留意している。一般にこの種類のネットワークは、必要となるデータのリストおよび一時的な影響の重要性を含んでいる。

ネットワークを、数学的モデルへと変換する方法が存在する。これらの方法では、各々の関係に関して数量的シミュレーションを行う。この数量的シミュレーションのモデルとして有名なのが、GSIMとKSIMである。GSIMでは、もっとも単純な形で関係を表現する。例えば「もしAが増加すれば、Bは減少する(増加する、影響を受けないなど)」という形のものである。一方KSIMでは、関係に関してその規模を特定する。「もしAが2倍になれば、Bは25パーセント減少する」というものである。

4.4.1 ネットワークの利点

■ マトリックスでは、特定の活動-要素の枠組みの中の一次的影響しか示すことができない。しかし、ネットワークを用いれば、二つの枠組みの中で二次的影響を調査することができる。

■ より数量的な判断を仰ぐために、ネットワークはシミュレーションを用いて数学的モデルに変換することが可能である。

4.4.2 ネットワークの限界

■ ネットワーク手法の最大の限界は、環境影響が数量的にスコア化されないため、プロジェクト代替手段間の比較がむずかしいことである。

■ 環境影響を空間的に考えることが不可能である。

4.5 オーバーレイ

影響評価におけるオーバーレイアプローチは、大規模な地理的枠組みの中で環境影響を認識し、予測し、重要度をつけ、伝達するために、数種類の透過シートを用いて行

う。このアプローチは、高速道路用地の選定、海岸地域の開発計画評価などを行う場合に用いられる。

マクハーグのオーバーレイは、いくつかの空間的環境パラメーター(土壌流出の可能性や、レクリエーション価値など)を記した透過地図を用いる。地図は、環境パラメーターと計画されているプロジェクトとの適応性を、三段階の濃淡をつけることによって示す。すべての透過地図を重ね合わせることにより、ある地域に影響する社会的コストの全体像を描いた合成地図を作成する。影響の度合いを測るため、複数のプロジェクト代替地を最終版の地図に載せることができる。この分析の有効性は、選択したパラメーターの種類および数に深く関係してくる。また、合成した地図を見やすいものとするために、一つの地図内の環境パラメーターの数は約10までと制限されている(マン、1979)。パラメーターを示した地図はわかりやすい形でデータを載せることができるが、二次的影響を反映させることはできない。また、地図製作が非常に重要で、オーバーレイが有効かどうかは地図の出来次第となっている。

この手法では、それぞれの地理的区分の予測される影響をまとめ、もっとも影響が少ない場所を探すのに、コンピューターを簡単に使用することができる。また、道路、パイプライン、線路などのルートを選定するためのコンピューター手法も存在する。コンピューターはさまざまな手法に柔軟に適応でき、評価者が計画内容の変更を提案した場合にも対応できる利点がある。

オーバーレイは、質的・量的データを両方取り扱うことができる。オーバーレイアプローチの弱点は、これがそれほど総合的なものではなく、すべての潜在的な環境影響を考慮するための機能を備えていない点にある。オーバーレイを用いる場合、それが総合的なものとなるかどうかは評価者にかかっている。また、同時に扱うことのできる透過地図の数が制限されているため、このアプローチは限定的であるともいえる。さらに、起きる可能性が少ない重大な影響は、まったく考慮されない。だが、熟練した評価者ならば、脚注や補助地図を用いてそれらを示すことができるかもしれない。

参考文献

A. K. Biswas and S. B. C. Agarwala, *Environmental Impact Assessment for*

Developing Countries, Butterworth-Heinemann, Oxford, 1992.

B. C. Clark, K. Chapman, R. Bisset, P. Wathern and M. Barret, *A Manual for the Assessment of Major Development Proposals,* HMSO, London, 1981.

R. K. Jain and L. V. Urban, *A Review and Analysis of Environmental Impact Assessment Methodologies,* Technical Report E-69, Construction Engineering Research Laboratory, Champaign, June 1975.

L. B. Leopold *et al., A Procedure for Evaluating Environmental Impact,* US Geological Survey Circular 645, Highway Research Board, Washington DC, 1971.

R. E. Munn, ed., *Environmental Impact Assessment,* SCOPE 5, Wiley, Chichester, 1979.

5 EIAのツール

5.1 影響予測

　EIAの本質は、提案されている開発行為を実施した場合としていない場合の将来の環境状況に関して、予測をすることである。また、二種類の予測される状況と、現状との比較も行う。予測とは、開発行為によって生じる環境変化の内容および程度を決定するプロセスのことである。異なる影響を予測するための手法には、次のような「種類」がある。物理モデル、実験法、数学モデルである。

　環境を表すためにつくられた実証的な規模モデルである物理モデルは、図・写真・フィルム・三次元モデルなどを用いて環境を表現する視覚的モデルと、風洞や波洞などのような動的モデルとがある。

　実験法には実地的なものと研究的なものがある。実地的実験法では、実験はプロジェクト予定地で行われ、研究的実験法では実験は研究室につくられた擬似環境の中で行われる。

　原因と結果の関係が数学式で表される数学モデルには、経験モデル（ブラックボックス）と「内部説明」モデルがある。経験モデルでは入力と出力の関係が、環境を観察することによってわかる統計分析によって表される。内部説明モデルでは、環境内で起きている出来事のメカニズムを数学的関係によって表している。このような数学モデルは、単純な公式だけを用いたものから、コンピューターを必要とするような複雑なものまで、さまざまな種類が存在する。

　ケーススタディーによってわかったことだが、とくに環境保護局（EPA）で用いられる方法は、シンプルなものが多い。これには次のようなものがある。

- 状況の変化が少なく、単一の汚染源しかない場合の、ガウス煙分散モデル。大気汚染の分析に用いる。
- 貯水地域と熱帯雨林に関する、単純な流水量・浸透量モデル。
- 水質に関する、単純な希薄・分散モデル。
- 影響受容者（人、植物、生育環境など）に対する直接で主要な影響に関する、単純な一覧表アプローチ。

　これらの方法は、手動あるいは簡単なコンピューターを使って、実施される。これらの方法を使って得られた予測は、対象となる問題や状況にもよるが、ほぼ正確である。

　イギリスの会社、エンバイロンメンタル・リソース・リミテッドは、EIAに用いられる予測手段を評価するための研究を行った。この研究は、140のEIAと環境プランニング調査をカバーし、36種類の環境影響に関する910の予測がその対象となった。その中で25パーセントが数学、物理、経験モデル法を用い、15パーセントが（人数、生息地域などの）被影響要素に関する一覧表アプローチなどの単純な方法を用いている。残りはこのような公式の方法を用いないものであった。

　より複雑な予測モデルがEIAで用いられない理由として、そのようなモデルを用いるためには、データ入力、分析などに投入できる時間および人員が足りないこと、単純な予測モデルと比較してその労力に対する予測の質がそれほど高くないことなどがあげられよう。

　EIAでそれほど使用していない方法としては、次のようなものがある。
- 大気、水、音響効果に関する動的物理モデル（風洞、水力モデルなど）。
- 実地および研究室での実験（追跡実験、生物検定など）。
- 特定の場所に関する数学モデル。

　これらの手法は、特定の行為や環境に関する限られた性質を分析するもので、一般的な仮定としては成立しないものが多い。また、複雑な影響源をも考慮しなければならないものである。そのため、（類似した研究対象に関するモデルが存在しなければ）これらの方法を適用するために膨大な量のデータ入力や、そのための資源が必要となる。一般的に、この方法によって環境影響に関するより詳細な情報を得ることができるが、それらは必ずしも精密であるとはいえない。

5.1.1 予測のためのツールの適用

EIA を実施するに当たり、異なった目的のために異なったレベルの予測手法が用いられることが多い。

まず、単純な予測手法は、次のような場合に用いられる。(i) おおよその予測しか必要としない初期スクリーニングおよび（スコーピングを行う場合などの）「はっきりしている」代替手段の比較、(ii) 開発行為に関する情報がまだほとんどない、初期開発段階でのプロジェクト代替手段の評価、(iii) 影響を受ける環境に関しての情報がほとんどない段階での制作およびプランニング活動の評価、(iv) 将来の状況に関する情報がそれほどなくても実行可能な、単純な関係にもとづいた長期的予測などである。

中程度の予測手法は、用地選定や代替設計案決定、適切な影響軽減措置の確定などを行う場合の、より詳細な予測に用いられる。

また、自然環境およびそれに対する影響の規模に関して詳細な情報を必要とするような、重大で不可逆的環境影響を及ぼす可能性のある行為に関しては、より複雑な予測手法が用いられる。

これ以外にも、影響予測の目的で、「公式手法」以外のアプローチが存在する。

5.1.2 非公式モデリング

数学、物理、経験的手法を用いた現実世界のシミュレーションでは、公式に環境システムをモデル化できない場合が存在する。環境システムを適切に表すことのできる方法がない場合や、そのような方法が存在しても、その成果に比べて必要とする資源が多すぎる場合などである。このような場合、専門家のアドバイスや歴史的、科学的根拠から引き出された経験にもとづく、非公式なアプローチが用いられる。

影響を予測するために用いられる非公式なアプローチとして、アドホックモデルというものが存在する。このモデルは、体系的な数学手法を多少用いるが、言葉によってしか言い表すことのできない概念的な関係をも含んだものである。このような言葉によるモデルは、実際の証拠や環境がある影響に対してどのように反応するかという直感的理解にもとづいている。

専門家が影響予測を行う場合、影響の規模がどれくらいのものになるか、彼らの知識

や経験にもとづいて見積もることを求められる。その場合、専門家はほかの開発プロジェクトでの経験をもとに評価するか、暗黙のうちに公式な手法を用いて評価を行う。

また、専門家がくだした評価に関して、理論的根拠を明解に述べることができる場合がある一方、影響が起きるメカニズムが理論的にわかっていない場合に経験的観察によって評価をくだす場合もある。

5.1.2.1 非公式モデリングへのアプローチ

もっとも非公式な環境影響予測手法として、「ワンマン予測」というのがある。これは、一人の専門家が、起こるであろう影響に関して自らの見解を述べるものである。これを始まりとして、以下のような方法で予測に公式性が付与されていく。

■ワンマン予測を行った専門家に対して、関連事項の口頭でのプレゼンテーションと数学的説明をさせ、また歴史的、科学的根拠を示させる。
■他の専門家や専門家グループに、ワンマン予測に対する意見を聞き、全体の結論をくだしてもらう。
■専門家グループに、起こる可能性のある影響に関して意見を仰ぐ。
■専門家に集まってもらい、合意形成（デルフォイ法など）のための公式枠組みをつくってもらう。そこで起こる可能性のある影響に関して彼らに意見をまとめてもらう。

別のプロジェクト実施地で行われている似たような活動から直接推定できる影響に関しては、類似性による予測が行われる。現在操業しているプロジェクトからわかる影響を、提案されているプロジェクトとの状況の違いを考慮して訂正する。この予測法の場合、公式な手法と重なる部分があり、プロジェクト比較の結果を分析して、経験モデルを開発していくことができよう。

もし計画されている開発行為が現状に対して量的に追加されるものであるならば、影響の数的相関関係によって予測を行うことができる。例えば、リゾートホテルが客室を二倍に増やした場合、汚水の量も二倍になるだろう。しかし、もし汚水がすでに処理施設の最大処理量に近ければ、水質の汚染は2倍以上になる可能性がある。影響の動向や相関関係は、直線的で継続的な場合もあり、そうでない場合もある。したがって、影響を推定する場合は注意して行わなければならない。

計画しているプロジェクトに、影響の規模は異なるが内容が似ている既存のプロジ

ェクトが存在する場合、補完法を用いることができる。補完法は、相関関係に関する前提が正しければ、前述の類似性による予測よりも精度が高い。当然、既存のプロジェクトと新規プロジェクトの類似性が高ければ、影響予測の精度は高くなる。実際の経験にもとづいた予測方法は、直接観察することなしに予測を行う場合によく使われる。

影響を既存の基準をもとにして受け入れられるものかどうか判断する場合、比較法が使われる。このアプローチは、被影響体保護のために環境保護基準が定められているような、直接の影響に関して用いられる。例えば、大気汚染が健康に被害を及ぼす場合には、大気汚染度を公衆の健康保護基準と照らし合わせて、影響評価を行う。

これらの非公式の予測アプローチは環境影響を適切に評価・解釈するために、しばしば公式の手法とともに用いられる。

5.1.3 物理モデル

環境を、規模を縮小してシミュレーションを行うのが物理モデルである。物理モデルには二次元と三次元のものがある。開発行為の実施前と実施後の環境の視覚的イメージを、スケッチ、写真、ビデオ、3Dモデルなどを用いて表現する。これらは、視覚的な環境における行為の影響を表すことができる。

動的物理モデルでは、環境内で起きている影響プロセスを、縮小してシミュレートする。そのモデルで開発行為（物質の放出や地形の変化など）をシミュレートする時、その結果として起きる変化を、モデル内で観察、計測できる。動的物理モデルでは、大気、水、騒音などの影響に関して、直接的シミュレーションや類推によって予測を行う。直接的なシミュレーションは、風洞・波洞などの設備を用いて実施される。類推モデルでは、ある環境媒体や資源に関して、他の媒体を用いてシミュレートする（例、水流をシミュレートするために水を媒体として用いる）。

モデルが環境内で起きている現象や物理的プロセスを正確に表現するためには、それらの規模ごとに異なる条件を考慮しなければならない。ふつうは、同時にこれらの条件をすべて考慮に入れることは不可能である。したがって、ほとんどのモデルは規模によって生じる誤差を最小限にした妥協したものであるといえる。また、この規模の違いによる問題を解決するために二つ以上のモデルを作成することが必要な場合もある。

多くの場合、モデリングは予測に必要な条件を満たした既存の設備を用いて行われ

る。そのような設備は、公的・私的な調査機関で手に入る。しかし、特別な設備を新しく建設することもありうる。

5.1.4 数学モデル

数学モデルは、環境システム内の作用を変数同士の数学的表現によって表すものである。一般には、アウトプット変数（X）が、一つ以上のインプット変数（A, B, C,….）の関数として表される。

$$X = f(A, B, C, ….)$$

このモデルは現実の環境に関する重要な属性を表しているが、構造が単純で構築、変更、操作がしやすい。

変数の数と変数間関係の特性は、システムの複雑さによって決まる。数学モデルは、変数の数を最小限にし、変数間関係を可能な限り単純に保つことを目的としているが、一方で環境システムを正確に、しかも使用可能な程度に保たなければならない。

エコシステムの構造とそこで起きている事態のプロセスを把握できたら以下のような環境システムを表現するために次ページのコラム5.1のようなモデルを使用することができる。

■土壌流出に関する公式を用い、雨量、傾斜地、土壌構造、植物生育範囲、土壌管理手法などのデータから土壌の状態を予測する。

■水量は、雨量、蒸発量、流出量、浸透量、河川などの貯水量などのバランスによる公式で表される。

■塩分濃度は、塩分量、土壌の移動、沈殿、植物による取込み、土壌からしみ出る量などを換算して説明できる。

■生態系やそのコミュニティーの増加および減少を、ライフサイクル、捕食者と被捕食者の関係、食物連鎖、生物に影響を及ぼすその他の要因などのデータから、生物数のダイナミクスによって説明する。

次の単純な数式は、排気地点での大気の質を予測するガウスの煙分散式である。

$$c = \frac{Q\exp[-1/h^2]}{\mu \sigma_y \sigma_z 2\sigma^2}$$

ここでは、cは風上xメートル地点における地表での濃度（$\mu g/m^3$）、Qは排気の割

5 EIAのツール

コラム5.1 単純な数学モデル

数学モデルは、次のように表すことができる。

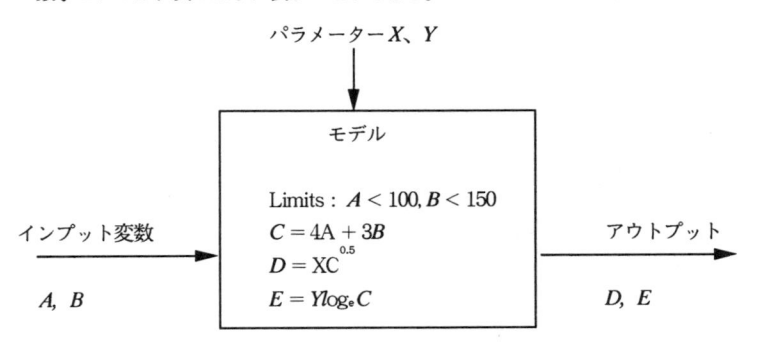

```
                    パラメーターX、Y
                          │
                          ▼
                  ┌───────────────────┐
                  │      モデル       │
                  │                   │
インプット変数  ──▶│ Limits: A<100,B<150│──▶ アウトプット
                  │ C = 4A + 3B       │
                  │ D = XC^0.5        │
   A, B           │ E = Y log_e C     │       D, E
                  └───────────────────┘
```

数学モデルの例

このモデルは、変数A、Bに限度を設ける二つのルールと、三つの数式から成っている。インプットには二種類あって、システムへの外部入力を示すA、Bと、システムへの内部入力を示すパラメーターX、Yである。X、Yに関しては、このモデルをデータに合わせるために変更することが可能である。

Cは中間変数で、アウトプットされるものではない。DとEはこの数式を使用するものが求めるアウトプットである。この数式はコンピューターを使用すれば、簡単に多くの変数A、Bに関して計算し、またモデルに合うようにパラメーターを変えることができる。

ある場合について考えてみよう。Aを70、Bを100とする。Dは25でEは11であると観察された。これらの数値を上記のモデルに当てはめるために、XとYを変える必要がある。これらのパラメーターが単純な乗数で、代数によって答えを求めることができるため、XとYを求める作業は簡単である。Xは1.038、Yは1.729となる。より複雑なモデルでは、パラメーターを求めるために試行錯誤し、最適化されたテクニックを用いて計算する。

合（μg/s)、hは排気の高さ（煙突＋煙の高さ）(m)、σ_yとσ_zは排気の高さ、周辺地表の状況、大気の安定性などからxを求めるための水平および垂直方向の分散係数を表している。

この数式の形は、パラメーターを作成することによって定義されるが、パラメーター

はそれを適用しようとしている環境状況によって変わってくる。例えば上の数式での分散係数は、大気の安定性、周辺地域の地表の状況、排気の高さによって定義される。これらの係数を求めるための公式は、多くの研究者によって、異なった排気状況ごと、あるいは異なった気象、地形状況ごとに作成されてきた。

5.1.5 モデルの作成手順

モデルの作成は、限られた資源を活用するために最適化された、体系的な手法で実施される。まず、空間、時間、サブシステムなどの側面から問題を定義することを最初に行い、その後、それにもっとも適したモデルを選び、状況に合うように改変する。モデルの決定を行う前に、入手可能なデータ、資源、どれくらいのアセスメントが要求されているかなどを調べなければならない。そうすることによって、それが複雑なものであっても単純なものであっても、適切なモデルを選ぶことができるようになる。

データを調査したら、測定を行う。これは、モデルや実際の観察によって予測される値を一致させることによってなされる。測定を行うためには、さまざまな数値補正や最適化手法が用いられる。

目盛り定めをした後は、モデルの実証を行う。これは、変化している状況に対してそのモデルがまだ有効であるかを確認するものである。実証のため、新しいデータが収集される。もし現状にそのモデルが合わなくなっていたら、ほかのモデルが選定され、目盛り定めと実証が繰り返される。

これらが終了した後に、モデルは実際に適用される。まず、プロジェクト実施前の現状に対してモデルを適用する。次に、プロジェクトの実施によるパラメーターをモデルに加え、プロジェクト実施後の環境の質を予測する。二つの予測を想定によって、プロジェクトの環境影響が構成されている。

感受性調査は、すべてのモデル手法にとって重要な要素である。感受性調査を実施することにより、モデル作成者がパラメーターやインプットデータの相対的な重要性を認識することができる。

5.1.6 感受性調査

環境モデル、費用便益（コスト・ベネフィット）調査など、どのような評価法であって

も、異なる程度の不明確性を持つインプットの要素が存在する。これらは、どの程度であれ評価結果に影響を及ぼす。評価法はコラム5.1で示したようなインプットとアウトプットの関係であると考えることができ、通常インプットは「もっとも確実性の高い」値である。ここで、インプットの変化に対するアウトプットの反応を感受性と呼ぶ。

例として、コラム5.1のモデルについて考えてみよう。このモデルの要素は、インプット（A,B）とアウトプット（D,E）である。もしパラメーターが$X=1.1$、$Y=1.9$であれば、インプットが$A=75$、$B=102$、アウトプットが$D=27.1$、$E=12.2$となる。

次に、インプットAが誤差±40％、Bが±25％の範囲で変動する場合を考えてみよう。その場合、Aは45から105、Bは76.5から127.5の値を取る。その最大値および最小値を用いて計算すると、結果は次のようになる。AとBの最小値を用いた場合、$D=22.3$（$d-18\%$）、$E=11.4$（-7%）である。最大値を用いた場合（$A<100$なので、105ではなく100を用いる）、$D=30.8$（$+14\%$）、$E=12.7$（$+4\%$）となる。これを見るとアウトプットは、25％の範囲で変化するインプットよりも変化が少ないことがわかる。これは、D、Eを求めるためにルートやログを用いていることによる。それ以外では、インプットの変化はより大きなものとしてアウトプットされ、感受性の高い反応を示す。

感受性調査は、各々の要素の影響度やそれらが調査結果に及ぼす変化の度合いを決定するための、単純だが有用なテクニックである。数式のインプットの値を変えることによって、新しい外部影響に対するシステムの反応をテストすることができる。

コラム5.1の煙の分散式について見てみると、(i) 汚染源からの距離によってことなる大気中の汚染物質の蓄積に関してはxの値を変えることによって（すなわちyとzの値も変化させることにより）計算でき、(ii) 煙突の高さを変えることによって変化する汚染物質蓄積はh、(iii) 排気割合による変化はQを変えることによって求められる。

5.1.7 確率モデル

コラム5.1のモデルは、インプットAとB、アウトプットDとEに関する確率モデルとしても使うことができる。例えば、AとBのもっとも確率の高い値は75と102である。それを、Aに関してはN (75, 15) というように表すことができる。これは、Aが平均値として75を取り、標準偏差として15を取るということを意味している。同様

に、Bに関してはN (102, 25) と表すことができる。

　残念なことに、このような分析的な数式をコラム5.1にそのまま適用することはできない。これはAが100未満、Bが150未満であるという制限に加え、DとEを定義するためにルートおよびログを必要とするためである。しかし、モンテカルロ分析という方法を用いることによって、確率を求めることができる（次ページのコラム5.2）。これは、インプットの取りうる値の分布からさまざまな値を求めるために、無作為の数字を用いるものである。

　確率モデルでは、可能性のあるインプット・セットから、アウトプット・セットを計算する。この計算が、コンピューターを用いて数千、数万回繰り返される。この数多くのアウトプットが統計的なサンプルとして扱われ、平均値、標準偏差、確実性を求めるために分析される。起こりうるインプットの値A、Bを求めるために、無作為の数値を使うのである。これによって、10セットのアウトプットD、Eを求めることができ、そこから平均値と標準偏差が求められる（表5.1）。

表5.1 平均値と標準偏差を求めるための無作為抽出数

セットNo.	インプットA	インプットB	アウトプットD	アウトプットE
1	82	79	26.1	12.0
2	62	107	26.1	12.1
3	74	93	26.4	12.1
4	70	95	26.1	12.0
5	79	101	27.4	12.2
6	67	121	27.6	12.1
7	65	117	27.2	12.2
8	70	92	25.9	12.0
9	88	105	28.4	12.4
10	73	85	25.0	12.0
平均値			26.7	12.1
標準偏差			0.9	0.13

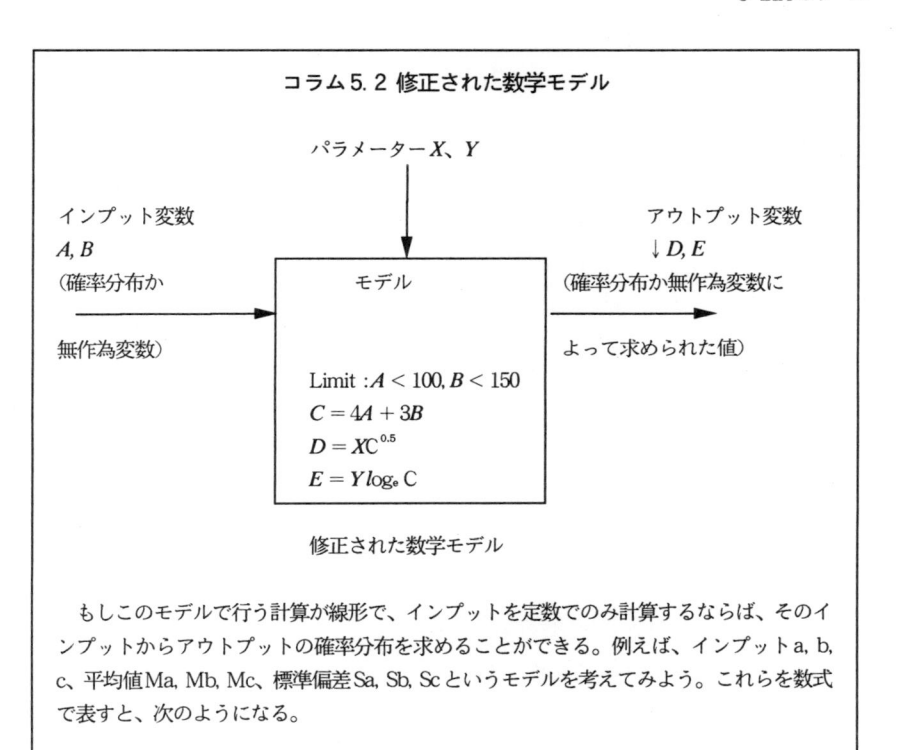

コラム5.2 修正された数学モデル

```
インプット変数              パラメーターX、Y              アウトプット変数
A, B                            ↓                        ↓ D, E
(確率分布か            →   モデル   →            (確率分布か無作為変数に
無作為変数)                                          よって求められた値)

                    Limit : A < 100, B < 150
                    C = 4A + 3B
                    D = XC^{0.5}
                    E = Y log_e C
```

修正された数学モデル

もしこのモデルで行う計算が線形で、インプットを定数でのみ計算するならば、そのインプットからアウトプットの確率分布を求めることができる。例えば、インプットa, b, c、平均値Ma, Mb, Mc、標準偏差Sa, Sb, Scというモデルを考えてみよう。これらを数式で表すと、次のようになる。

$g = P_a \cdot a + P_b \cdot b + P_c \cdot c$ (P_a, P_b, P_cは数値、アウトプットgは平均値)

$Mg = P_a \cdot M_a + P_b \cdot M_b + P_c \cdot M_c$ で、標準偏差は

$$S_a = \sqrt{(P_a^2 \cdot S_a^2 + P_b^2 \cdot S_b^2 + P_c^2 \cdot S_c^2)}$$

この方法では効率的に起こりうるアウトプットを求め、統計的にその値を分析できる。さらに、変数の限界や非線形の関係をも取り入れることができる。

インプットが普通に提供されない場合でも、線形プロセスのためのアウトプットの分布を計算することが可能である。また、アウトプットの標準偏差を知ることによって、平均値だけではわからない情報をも手に入れることができる。分析者は、この方法を用いることによって確実性の限界を定義し、失敗した場合の結果に関してより深く

知ることができる。

5.1.8 予測モデルを選択するときに留意すべき点

さまざまなレベルで用いられるモデルの選定作業は、必要な情報の質にかかっている。高度に洗練されたモデルは、同時にかなり複雑なものであるといえる。これは、不確定なパラメーターが増えることを意味している。パラメーター予測の際のエラーはモデル全体に影響し、精密でないモデルをつくることになってしまう。

手に入る資源が限られているとき、異なった影響に対する情報のニーズはどれくらいか、また限られている資源をどのように分配するかに関して、決定をくださなければならない。もし特別にデザインされた方法が存在するのなら、資源の使用を減らすことができるだろう。

5.1.9 予測のむずかしさ

予測の対象が複雑で継続的な変化が起きているときは、予測を行うのはむずかしい。また、予算や時間も予測を行う制限となりうる。また、予測が複雑で政策決定者にとって明確なものではないこともある。特定の変化を予測するのに使用される方法には範囲があり、変化の複雑性によってその中からどれを用いるか決められる。

5.1.10 EIAの監査

簡潔にいうと、EIAは開発プロジェクトの環境影響を分析、評価し、その管理に関する提案――なにが起こりそうで、それに対してなにができるか――を行うためのものである。監査の目的は、このプロセスにフィードバックを含ませ、EIAが環境管理の有効なツールとなるかどうか見つけだすことにある。監査で考えるべき質問としては、プロジェクト案に対して実施したEIAは、環境的により良い決断を導き出したか？

同様の質問は次のようなものがある。
■プロジェクトに起因する重要な影響は、適切に認識されたか。
■技術的に適切な影響軽減措置が認識されたか。
■これらの活動が、政策決定者に対して勧告されたか。
■影響軽減措置は、勧告通りに実施されたか。

トムリンソンとアトキンソンは近年、監査用語の標準化を推し進めるために7種類のEIA監査に関して定義を提案した。その監査の主要なものとして、プロジェクト後の評価を目的とする次のものをあげておく。
- ■実施監査。プロジェクト提案者の影響軽減措置などに対する協力の度合いをチェックするもので、おもに実践レベルの「警察的」手段として行われる。
- ■プロジェクト影響監査。プロジェクト実施の結果生じた環境影響を調査する。加えて、似たようなプロジェクトへのフィードバックも行い、知識が欠けている分野を明らかにする。
- ■予測技術監査。実際の結果と予測された影響を比較し、環境影響予測法の正確さを測る。
- ■EIA実施手順監査。できるだけ多くのほかの監査方法(プロジェクト前の評価に関連する監査を含む)を用いて、マクロレベルでEIAの実施手順を検討する。

一般的には、全体的なEIA監査の枠組みの中で、予測技術監査がもっともよく使用される。

5.1.10.1 EIAの予測結果を監査する

ビセットは、イギリス国内の四つのプロジェクトで行われた791の影響予測を調査し、この中で77の予測だけが監査され、その中の57のみが正確に行われていることを発見した。

またヘンダーソンは、カナダの二つのプロジェクトで行われた122の予測を調査した。この中で、42の予測はモニタリングのデータがないことから監査が行われず、10の予測はあまりにも漠然としているか、プロジェクトそのものに変更が加えられたために監査が行われなかった。残りの70の予測に関する監査は、54が正しく行われ、13が部分的に正しく行われるか不明のどちらかで、残り三つは明らかに不適切なものであった。

もっとも広範囲にわたる環境影響監査は、カルヘインによって行われた。カルヘインは、29のEIAから239の影響予測を調査し、1974年から78年にアメリカで行われた複数のセクターにまたがる典型的なEIAを作成した。これらのプロジェクトの内容は、原則として農業、林業、インフラストラクチャー整備、廃棄物処理、ウラン精製などであった。これらのEIAに関する影響予測のほとんどは不正確で、きちんと定量化

されたものは25パーセント以下であった。また完全に不適切なものはごくわずかであったが、予測が正しいものは30パーセント以下であった。

　最近では、バックレイがオーストラリア全土で181の影響予測に関して監査を行った。その監査によると、オーストラリアのEIAで行われている、正しく数量化された批判的で検査可能な予測は40～50パーセントであった。予測よりも激しい環境影響が起きたものは33パーセントで、予測通りか予測よりも環境影響が小さかったもの（全体の54パーセント）よりも少なかった。次ページの表5.2は、バックレイの研究の特筆すべき点をあげたものである。

5.1.10.2 予測技術監査を実施するうえでの問題点

　さまざまな理由により、影響予測を監査できない場合がある。もし予測公式に当てはめようとしていた出来事や状況が実際に起こらなかったら、予測は監査不可能になる。

　予測精度は、監査する際にいくつかのカテゴリーにわけられる。ベイリーとホッブズは、「もっとも精度が高い」というカテゴリーを作成すれば予測監査の実施に役立つことを発見した。このカテゴリーを用いれば、複雑な予測に関する全体的な成否を評価することができ、「精度が高い」という言葉が適切ではない程度に予測手法が変化しているが、それでもまだ監査可能である状況にも対処できる。

　EIAの監査を実施するうえで問題となってくることには、次のようなものがある。

■EIAの報告書に、テストが可能な予測がほとんど含まれていない場合がある。ただ問題となる事項のみが書かれた報告書を提出。あるいは、比較的軽微な影響に関してのみ言及しているか、重大な影響でもその大きさだけ述べている。

■監視された環境パラメーターが、予測対象と対応していない。

■管理技術の不足により、予測を監査することができない。例えば、予測をある一地点に関して行ったが、監視データが他の地点から集められている。あるいは（とりわけ汚染物質蓄積に関する）予測がある一時期について行われているが、監視データが他の時期に集められたものである（分、日、月のかわりに時間、週、年平均のデータを用いるなど）。

■監視データが予測監査を統計的に行うのには適切なものではない。サンプル数の不

5 EIAのツール

足、不明なデータが多い、不適切に手を加えられている、監視対象のパラメーターに影響を及ぼす要素に関して不適切な情報しか含んでいないなど。一般的に環境監視プログラムは、影響予測を監査するためではなく、環境基準にしたがっているか確認するために行われるものである。
■開発プロジェクトが、コンセプト、設計、実施に関して、本質的に改変されることがある。
■ほとんどの監視データは実施機関によって収集、提供されるが、彼らにとって有利な

表5.2 オーストラリアの予測監査の結果(一部)

要素/パラメーター	開発プロジェクトの種類	予測される影響	実際の影響	精度
周辺の大気の質 SO_2	発電所	年平均 $[SO_2]$ < $60mg\ m^{-3}$	< $5mg\ m^{-3}$	正確 8%少ない
		24時間平均 $[SO_2]$ < $260mg\ m^{-3}$	< $40mg\ m^{-3}$	正確 15%少ない
	発電所	最大年平均値= $-1.3mg\ m^{-3}$	最大年平均値= $-2mg\ m^{-3}$	不正確 65%多い
	発電所	最大年平均値= $5.0mg\ m^{-3}$	最大年平均値= $12.4mg\ m^{-3}$	不正確 40%多い
	発電所	20km圏内の年平均値= $0.65mg\ m^{-3}$	11.5km圏内の年平均値= $0.25mg\ m^{-3}$	不正確 38%少ない
	発電所	20km圏内の年平均値= $1.3mg\ m^{-3}$	最大の年平均値= $6.33mg$	不正確 20%多い
	発電所	三分間の最大平均値= $930mg\ m^{-3}$	三分間の最大平均値= $1524mg\ m^{-3}$	不正確 61%多い
	発電所	三分間の最大平均値= $430mg\ m^{-3}$	三分間の最大平均値= $679mg\ m^{-3}$	不正確 63%多い
周辺の大気の質 NO_x	発電所	$[NO_x] - 0.7 \times [SO_2]$	$0.85 \times$	不正確 82%多い

情報しか引き出せない可能性がある。

　これらの点から、例えばインドのような発展途上国では、「監査可能」な環境予測は、実際に行われた数よりもかなり少ないものになるだろうということがわかる。提出されたEIA報告書や、プロジェクトディベロッパーによって回付されたプロジェクト実施後の監視報告書などは、このような理由から、予測の正確さを測るための十分な根拠とはならないのである。

5.1.11 予測の正確さと決定・決議

　最近の研究では、「予測技術監査」という言葉はあまり用いられないのだが、これは予測の正確さを監査することに焦点が当てられている。これらの研究では、科学的・技術的側面を重視する。ほとんどの研究者は環境パラメーターを評価・予測するときの精度に関心を持っており、彼らの多くが予測精度の改善こそがEIAにとってもっとも重要であると考えている。

　研究者には、監査を容易にする方法で予測の報告が書かれるべき、すなわち修正可能な仮説として表されるべきだと考えている者もいる。加えて、報告書には（i）影響に対するさまざまな課題、（ii）影響の規模、範囲、時間の尺度、（iii）影響が起きる可能性とその重要性、（iv）予測の確実性を盛り込むべきである。

　また、EIAの予測および評価は、それが数量的に表されたときにのみ受け入れられるものとなり、また改善されると一般に認識されている（それは、インドも例外ではない）。そのため、スコアリング（レーティング）やランキングといったアセスメント法とともに、数学モデル（大気分散モデル、水質モデルにおける危険性評価のための結果モデリングなど）の適用が増加してきた。

　数学モデルを適用する際には、そのケースごとにデータが必要である。もし実際のデータが手に入らないのであれば、仮定のデータを作成しなければならない。例えば大気分散モデルならば、ケースごとのデータが手に入らない大気安定性に関する仮定が作成される。また、プロジェクト提案者によって提出された排気データは、正確なものとして取り扱われる。

　すべてのモデルそれ自体には不完全性の問題があり、モデルによる予測を完全なものとして扱うべきではない。例えば、十分なデータにもとづいた、良くできた大気分散

5 EIAのツール

モデルでも、60パーセントの範囲で変動する。また、ほとんどの水質モデルでは、排水地点から x、y、z という三方向に排出された汚染物質の存在を探すためのものである。結果モデルでは、化学的な煙を実際の空気とは関係のないものとして取り扱うが、実際には煙と空気は混ざり合う。

EIAで通常使われる数学モデルは、周辺における濃度を計るもので、専門家の意見やガイドライン（基準）、評価モデルを適用できるような、直接影響を予測するものではない。さらに、社会経済影響や健康影響といった問題に関するモデルは存在しない。このような制約にも関わらず、EIA報告書は数学モデル使用に関するセクションを含み、監視委員会のメンバーは数学モデルで使用された数式や係数をチェックするのに多くの時間を費やしている。データベースが強調されて構築されることは珍しいことではなく、例えばモデルによって（自然保護区域がある）3km風下の地点で8時間あたり5から100 $\mu g/m^3$ のあいだで硫黄酸化物蓄積量があると予測されている場合、実際の報告では50 $\mu g/m^3$ あるいは70 $\mu g/m^3$ とされることもある。数学モデルを十分適切に用いている例は、ほとんどないといっても過言ではない。

しかし、正確さを求めるのはいいことだが、そのような努力が時として実際使用するには範囲が狭すぎる予測へと結びついてしまうことがあることを覚えておくべきである。また、予測に対して高度な正確さを求めることが、時として非合理的となることもある。さらに実際にそれを使用する場合にどれほどの精度が求められているのか、心に留めておくべきである。以上のことを理解していれば、例え精度のそれほど高くない予測であっても影響に対する適切な管理を実施することができるのである。

実際に政策決定を行う場合にあまりにも厳格な予測をしようとすることは、ほとんどのケースで適切ではないことが言われている。明らかに、予測が可能でしかもそれが正確であれば、好ましい。しかし、発展途上国ではほとんどの場合、まさに「量より質」という考え方が当てはまるのである。

監査とは、「影響の種類、規模、範囲、期間を正しく表しているか」という科学的な評価と比べて、「適切な管理手法を提案するものであるか」といった、むしろ実用的な評価であるといえる。監査プログラムでは、これら両方のアプローチを含み、統合させるようにすべきである。言い換えれば、EIAの個々の段階がいかにうまく機能しているかを示すことだけではなく、EIAの実際の管理にどれほど役立っているかに注目すべ

きである。実用レベルでは、EIA全体よりもその個々の段階がより効率的であることは起こりえない。もし予測が適切に扱われないのならば、影響の99パーセントを正確に予測することになんの意味があろうか？

5.2 地勢情報システム

　地理情報システム（GIS）は、空間的なデータを収集、保存、修正、伝達、操作、提示するためのコンピューターを用いたシステムである。GISは、影響の識別および評価のための効果的なEIAツールであるといえる。

　GISのデータベースは、地勢ユニットあるいはセルに分割される。それぞれのセルに関するデータは、政治的、地理的、地質的、生物的な特徴か、これらを組み合わせた特徴を持っている。それからそれぞれのセル内の属性や表として、環境、社会的な統計が加味される。GISを用いることによって、データを提携の地図フォーマットに準じて提示し、説明することができる。提案されているプロジェクトと現存の環境の特徴を、地図上にオーバーレイさせ、属性を示すことができるが、これによって潜在的な環境影響を簡単に、視覚的に説明することが可能となる。また、ほかの空間表示プログラム（コンピューターを用いた描画システムなど）、ほかのGISプログラム、表計算やデータベースなどのデータを直接使用するGISデータベースに取り込むこともできる。反対に、使用しているGISデータベース上のデータをほかの空間プログラム、表計算、データベースのファイルへと移すことも可能である。

5.2.1 データのオーバーレイと分析

　初期の環境プランニング手法（マクハーグ、1969）では、環境データをミラーシートに視覚的に表示したオーバーレイが用いられた。ミラーシートとは、環境的な制限がある地域を決定するための、さまざまな組み合わせが書かれているシートのことである。制限地域はオーバーレイされたミラーシートに着けられた色の濃淡の度合いによる、視覚的な説明によって決まる。ある特定の地域の制限の程度は、人の手による測定

や計算によって求めることができた。GISは、このシステムをさまざまな方法で改善したものである。属性が書かれた図は、ミラーシートではなくコンピューターのデータとして保存される。いつでも、さまざまな図をコンピューターで組み合わせ、取り除き、無視することができる。制限がある地域や複数の制限事項の程度も、コンピューターで求めることが可能である。さらに、制限事項に数字を組み合わせることによって、数学的に影響を計算することもできる。GISの結果も、特定の開発行為を妨げるであろう制限事項を示すために、数字を使った表や色、濃淡を使ったグラフとして表示できる。

5.2.2 地点影響予測

影響は、さまざまな開発計画をオーバーレイすることによって予測できる。それぞれの生態系、建設によって影響を受ける土地利用の種類、その他の開発行為などごとに、各地点の影響を計算できる。またそれぞれの空中、直線、地点ごとの影響を計算することができる。例えば、建設プロジェクトによって影響を受ける地域は生態系データベースにもとづいて識別され、それからGISプログラムを用いてそれぞれの地域内での資源の大きさを計算することが可能である。

5.2.3 広域影響予測

GISを用いる際に緩衝材を使用すれば、周辺環境に広がる影響の範囲を反映した広域影響を計算することができる。例えば、特定の地域内での大規模な狩猟は、道路の1km圏内の動物の生息数にすぐに影響するかもしれない。その道路の両脇1kmに緩衝帯を設けることによって、狩猟の対象となる動物が危険に直面する区域を計算することができる。ハクトウワシやシマフクロウなどの種は、巣の近くでの人間の活動によって影響を受けやすい。巣の近くに円形の緩衝帯を設けることによって、潜在的な影響や制限地区を把握することができる。また社会学的にも、開発プロジェクトの騒音、大気汚染、地価変動などの範囲を緩衝帯を用いることによって識別することができる。

5.2.4 主要輸送通路分析

主要輸送通路分析は、ナイアガラ渓谷やカナダ・オンタリオ州南部の主要採金地区であるオークリッジモレインなどの地域で、重要な開発プランニングの概念となってき

ている。GISは、現存する、保護が必要な主要輸送通路（縦走地形）を決定し、またこれらの主要輸送通路間の結合可能性や価値を把握するのに用いられてきた。これは、高度に発展した地域にとって非常に重要なことである。なぜなら、広大な生息地帯を必要とする多くの種は、そのような主要輸送通路に頼って生きているからだ。このような典型的な主要輸送通路の例を図5.1（次ページ）にあげておく。

5.2.5 累積影響評価と環境アセスメント監査

　環境に関するデータや開発に関するデータをコンピューターに蓄積できるようになったことにより、累積影響評価（CEA）と環境アセスメント監査を手軽に実施することが可能となった。一度GISのデータが保存されればそれらをほかのプロジェクト分析に用いることができ、また簡単にそのデータを更新することもできる。同様に新しい開発計画を以前のプロジェクトと比較してオーバーレイを行うことができ、累積影響の評価も可能となる。さらに、これらのデータを一か所にまとめておけば、ほかのプロジェクトのEIAを行う際に同じデータを再び収集する必要がなくなる。このようなデータ・センターの例として、米国魚類野生生物庁は、アメリカ全土の湿原に関するGISデータをインターネットで公開している。

5.2.6 動向分析

　GISはまた、長期影響予測の精度をあげるためにも用いられる。影響は、現在の環境のもとで予測される。また、もととなるデータも適時更新される。GISはその適用可能範囲が広いことから影響評価法の発達に寄与してきた。これらの特徴は、次のような能力として反映されている。
■大量の多元的データを蓄積する。
■環境要素間の複雑な相互依存性を識別する。
■長期間にわたる変化を評価する。
■体系的に更新が行われ、複数のプロジェクトに用いられる。
■複数の数学モデルのためのデータセットとなる。
■二次元データだけではなく、三次元データも保存、操作できる。
■技術者だけでなく、一般人にも情報を伝える。

5 EIAのツール

GISに関するより詳しい情報については、次ページのコラム5.3と137ページのコラム5.4を参照のこと。

図5.1 主要輸送通路選定のための環境アセスメント手法

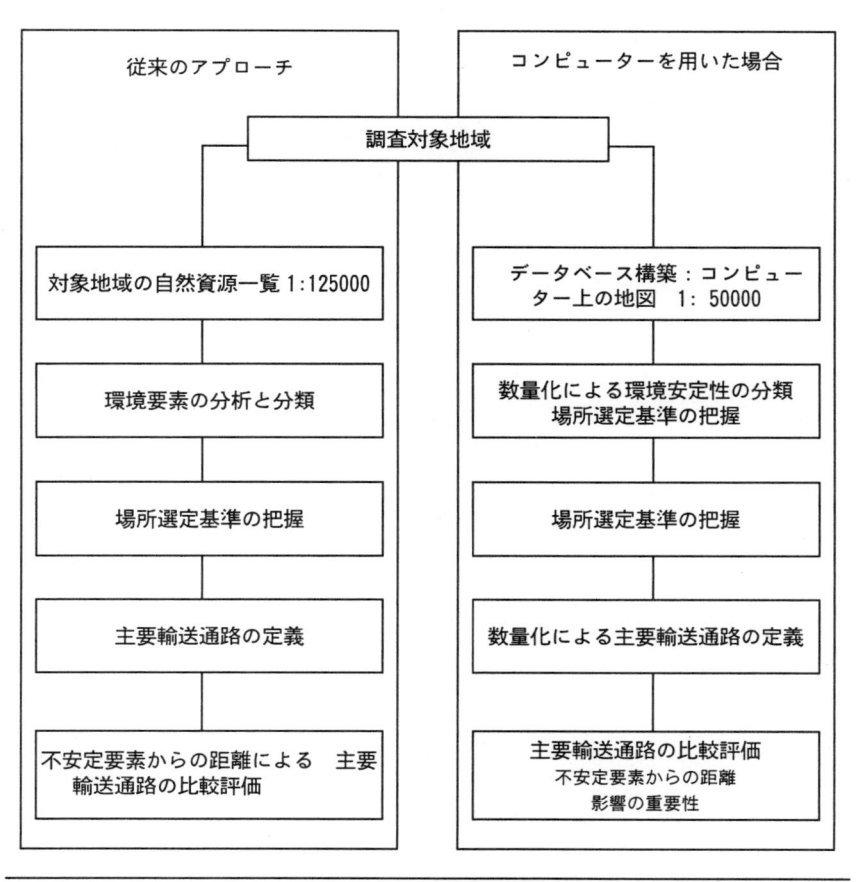

```
                    調査対象地域
           ┌────────────┴────────────┐
      従来のアプローチ          コンピューターを用いた場合
           │                          │
  対象地域の自然資源一覧        データベース構築：コンピュー
       1:125000                ター上の地図  1:50000
           │                          │
   環境要素の分析と分類         数量化による環境安定性の分類
                                 場所選定基準の把握
           │                          │
     場所選定基準の把握            場所選定基準の把握
           │                          │
    主要輸送通路の定義         数量化による主要輸送通路の定義
           │                          │
 不安定要素からの距離による      主要輸送通路の比較評価
  主要輸送通路の比較評価         不安定要素からの距離
                                  影響の重要性
```

出典 Environmental Assessment Method for Transmission Lines and Sub-stations, Hydro
 –Quebec, Canada, 1992.

> **コラム 5.3　ACA、IIASA による GIS の採用**
>
> 　統合的環境情報システムをさまざまな技術と同時に用いたものの例として、GIS とダイナミック・シミュレーションモデルから成る EIA のためのエキスパート・モデルである MEXSES があげられる（Fedra and Winkelbauer, 1991）。推論を行うエンジンが環境影響を評価するためのルールを処理し、さらに事実を推理するためにより多くのルールを用いることができる。適切に使用されれば、GIS からデータ（例、プロジェクト用地選定のための土壌、傾斜、植生、土地利用など）を得て、シミュレーションモデルからそのデータを引き出すか、あるいはユーザーに尋ねてくる。必要な情報がどこから来たのかということがユーザーにとって明白で、適用される戦略（どの情報源を最初に試してみるか、などの戦略）がシステムに集積された知識に基づいて制御され、システムの状態に基づいてダイナミックに修正される。
>
> 　用地選定のための分析に用いられるもう一つのエキスパート・システムとして、REPLACE がある。PROLOG のなかでグラフィカル・ユーザー・インターフェイスとともに用いられ、工業プラント、病院などといったインフラストラクチャーに関する空間的な要件を分析する。関連する多くのシミュレーションやモデル、統計的、地形学的データベースとデータを共有することにより、地域情報システム、政策決定支援システムの要素となる。
>
> 　XENVIS はオランダで実施されている国家レベルの環境情報システムで、GIS、ライン川への有害物質排出をシミュレートする水質モデル、交通危険性分析モデル、工場危険性評価システムなどを備えている。工場の安全基準に基づいたリスク概略図、機構データ、人口影響など、モデルによって出された結果は相互連関的に構築された地図上に提示される。危険性分析のために設計されたこのシステムは、他にも鉄道の騒音分析や有害物質・化学物質を網羅したデータベースなどを含んでいる。

5.2.7 現在起きている環境影響の予測

　近年、いくつかの大規模な森林管理地域で GIS の技術が用いられてきた。ある地域（約140万ヘクタール）では、森林管理と居住モデルが社会的、経済的、自然環境的、文化的なデータと組み合わされ、影響を評価し、100年のサイクルを考えた最善の森林管理手法を作成するのに用いられた。そこでは第一に、似たような森林植生（種、樹齢、規模）、気候、土壌を持つ地形にもとづいて地形データのセルが作成される。それからそれぞれのセルにその地域の自然、社会、経済、文化的なデータが加えられ、全体の表

5 EIAのツール

> **コラム5.4 コンピューター管理によるOPTRAC／GISによるルート最適化方法**
>
> **目的**
>
> 　ハイドロ－ケベックが実施した水路選定のための予備計画調査は、二つの主要な目的があった。第一に、環境の観点から見た最適な用地の選定である。これは、技術的、経済的側面を考慮に入れて、環境にもっとも影響を与えずに済むルートとなる。これはまた、潜在的に使用される可能性のある場所を少なくすることによって可能となり、次の二つのことによって確定される。まず、対象地域のなかでもっとも影響が少ない場所を定義する。次に、その場所のなかでもっとも影響の少ないルートを決定する。
>
> 　ハイドロ－ケベックの予備計画調査の第二の目標は、プロジェクトの環境影響を評価し、取り除くことである。これは、プロジェクトの影響の重大さを定義し、発見し、評価した後、それを取り除くための手段を発見することによってなされる。最後に、影響軽減措置の実施後に見られるマイナスおよびプラスの影響が比較・評価される。
>
> **結果**
>
> 　GISによるモデリングは、環境アセスメントにおいて多大な成果をもたらしている。現在では、専門家や住民によって使われるより質的な方法の代わりに、公式な調査手続きを用いることが可能である。OPTRACは、この点を利用している。これによって、価値分析や疑われている影響を形式化することが可能となる。また形式的アルゴリズムを用いることによって、最適なルートを正確に定義することが可能となる。またコンピューター管理によるアプローチによって、異なる影響予測や異なる環境要素の位置づけによる代替手段を発見し、分析することも可能である。OPTRACを導入することによって、プロジェクト着手段階から具体的な解決法を採用することができるようになるため、必然的に予備計画調査の方法に重要な変化をもたらすことになる。

に書き加えられる。平均的な伐採量にもとづき、GISで森林管理モデルが実行される。これによりセルの情報にもとづいた、年間工業計画を満たす樹林地域および道路ネットワークの予測が可能となる。このモデルはまた、森林の生長を示すのにも使用される。このようにして、森林の規模と分布、生育種、樹齢、将来の規模などの計算を行うことができる。このような計算は、地域の野生生物に対する影響を予測するための居住適応性インデックス（HSI）モデルと平行して行われる。

　GISによるモデリングは、再植林の割合が森林管理の要件を満たさない場合の潜在的

な影響も予測することができる。そこで、持続性を考慮しながらそのような場合に対処するためのプランが作成される。またその地域の環境資源に対する全体的な影響も、森林の育成サイクルにもとづいて評価される。代替の開発手段も、植林のサイクルにもとづいて適用される。GISの結果は、工業・環境の両面から、森林管理を最上のものとするために用いられるのである。このアプローチは、われわれがよく議論はするがその方法を知らない、長期的な、持続可能な開発計画という目標に近づいたものであろう。

5.2.8 継続的更新

GISでは、情報を連続して更新することができる。例えば、山火事は多くの植林地を灰にしてしまう。その場合、GISのデータベースは簡単に調整でき、そのような環境災害に適応させるために分析モデルが再計測される。先に述べた森林管理環境アセスメント（5.2.7参照）の一部として、GISシステムとトレーニングシステムが導入され、今では林業が継続的に将来の資源を監視、更新、管理できるようになった。データベースを継続的情報保存し更新することによって、対象地域でのさらなる環境アセスメントおよび環境プランニングが可能となる。

5.2.9 多元的属性交換システム（MATS）

GISで用いられるもう一つの影響モデルとして、米国内務省の多元的属性交換システム（MATS）というものがある。このモデルは、代替手段を数量化し、多くの環境、社会、文化、経済的要素を利用するための基礎を提供する。このモデルを用いれば、同時に起きる環境影響を、さまざまな環境安定性のもとで、大量のセルを用いて計測することができる。そのようにして、代替手段を素早く評価したうえで比較し、影響の相対的な重要性を識別し、開発プロジェクト全体を最適化することができる。

5.2.10 生息地分析

HSIは、ある地域に生息する植物、魚類や野生生物の潜在的生息数をモデル化するものである。影響評価ではHSIは、短期の生息数を調べる位置調査というより、全体的なプロジェクトの影響を長期的に予測するものであるといえる。米国魚類野生生物庁は、さまざまな種類のHSIを提供している。

生息地の重要性は、土壌、地質、植生、気候、地理的位置などによって決まるため、開発計画によって影響を受ける地域内でも場所によって変化してくる。そのような地域内では、数百、数千種類に及ぶ生息地の類型が存在する。GISでは、それぞれの生息地の類型がデータベースとHSIモデリングをもとにして識別される。開発計画を行う場合とそうでない場合にわけてモデルをつくることによって、その計画の影響を測定する。コンピューターを用いたデータベース・モデル分析によって、代替手段を素早く比較することができる。GISはまた、生息地が自然に変化した場合での長期的影響を比較する際にも用いられる。

5.2.11 景観分析

三次元のGISモデルを用いれば、景観や視覚的影響というものを理解することができる。われわれの機関のケーススタディーの一つとして、地勢、地形、植生のレイヤーを用いて三次元の道路イメージを作成するものがある。いくつかの道路モデルを作成してそれらの景観を比較し、駐車場やピクニック用地の選定のために用いる。もう一つのケースでは、深い渓谷に沿った美術館を拡張するに当たって起きる視覚的な影響を、地勢や森林レイヤーを用いて分析するものがある。さらに第三のケースとして、ワシントン州のピクニック・エリア近隣における森林伐採の景観に対する影響を測るため、三次元GISが用いられた。その結果、影響を軽減をするために伐採計画は大幅に見直された。

5.2.12 住民との対話

最後にGISは、地域住民に対して開発計画を説明し、あるいは代替手段を提示するのに用いられる。提案されている計画と住民の所有地、地域の景観、コミュニティーサービスなど地域住民の利益と関係あるものとの関係を、図や写真を用いて説明するのである。

5.2.13 GISの利点

■膨大な量のデータを蓄積し、それにアクセスすることができる。
■地勢的な分析を行うために、さまざまな情報源からのデータを結合できる。

■複数の地図を重ね合わせて、論理的、数学的な操作を加えることができる。
■空間的な現象を考慮した、記述的な統計を出すことができる。
■パラメータを変化させることによって、異なった状況を素早く効率的に分析できる。
■コンピューターのスクリーンに結果を表示するだけでなく、ハードコピーとしての地図を作成できる。

5.2.14 GISの欠点

■費用がかかり、よく訓練された人材を必要とする。
■EIAのために特別につくられたものではないので、目的に合致しない場合がある。
■デジタルのデータを得るためには費用がかかり、かつむずかしい。

5.3 EIAのためのエキスパート・システム

　情報分析と政策決定支援のための新しい技術であるエキスパート・システムは、EIAを含めたさまざまな分野で徐々に有用な手段になりつつある。エキスパート・システムとは、ある特定の領域で問題解決を行うための、人と機械を用いたシステムのことである。このシステムでは伝統的な数字のデータ処理を行うが、その際、蓄積された情報から結論を推定するための手段として記号的要素、ルール、発見的学習などを用いて補完する。
　適用できる範囲の限界、どのような種類のデータが必要か、入手しやすい情報からどのようにパラメータを設定するか、インプットされる情報をどのように設定し直すかを自ら知り、さらに自ら分析し、アウトプットを解釈できるようなモデルは、必要なコンピューターの専門家が少なくて済むだけでなく、分析対象分野に関わる者を補助することができるのである。

5.3.1 人工知能とエキスパート・システム

　エキスパート・システムのように分析対象を漠然と設定した場合、文字で表される定義を少し提示することが有効である。また、入手可能な図形で表される定義も同様に有効である。

　エキスパート・システムあるいは知識ベース・システムは、コンピューター・ソフトウェアの一種である人工知能（AI）をより一般化したもので、伝統的な手続き、アルゴリズム、計算、数学などを越えたところにあるモデルである。このモデルは膨大な経験的知識を含むもので、例えば情報を論理的に処理するための発見的学習ルールや推論メカニズムなどを備えている。このモデルでは、人間のエキスパートが問題を解決する方法に沿って作成されていて、エキスパートに対してアドバイスをするように設計されている。ほかのすべてのモデルと同様に、このモデルは現実、すなわちエキスパートの行動を過度に単純化あるいは誇張してしまうことがある。

5.3.2 エキスパート・システムの基本的な概念

　ほかの通常のモデルやコンピューター・プログラムとエキスパート・システムとは、一体どこが違うのであろうか。それを理解するためには、違いを論理的に指摘するよりもエキスパート・システムの基本的な概念や、用いられているアプローチ法を紹介した方が良いだろう。

　エキスパート・システムは、時に知識ベース・システムとも呼ばれることがある。したがって、知識の表現が、エキスパート・システムの基本的概念であり、構成要素であるといえる。

　知識は、異なったパラダイムにもとづいてさまざまな形で表される。一般的に用いられる形のものとしては、ルール、属性-価値のリスト、図形フレーム、意味のネットワークなどがある。

　おそらくもっとも広く用いられていて、もっとも理解しやすい形の知識の表現は、ルール、あるいは生産、生産ルール、または状況-行動ペアといった言葉で表されるものであろう。これらは構造が自然言語と似ていて、プログラマーにとってなじみのあるものである。FORTRANやC言語といった手続き言語は聞いたことがあるだろう。

「IF……THEN……ELSE」などは理解しやすいはずである。ルールの例としては、次のようなものがある。

```
RULE 1010320  # encroachment corridor by forest type
IF           landuse                  = = forest
AND          forest_value             = = high
AND          [vegetation              = = rain_forest
             OR vegetation            = = dense_forest]
AND          wildlife                 = = abundant
THEN         encroachment - corridor  = = very_large
ENDRULE
```

また、次もルールの一例である。

```
RULE 1010532  # USLE soil_erodibility
IF           [soil_type =   = very_fine_sandy_loam
             OR soil_type = = silt_loam]
AND          soil_organic_content < high
THEN         soil_erodibility = = high
ENDRULE
```

ルールで用いられている言葉は多かれ少なかれ不可解であり、システム内部での正しい定義や解釈が必要である。

```
RULE 1010201  ≠ degradation by watershed class
              ≠ and land requirements
IF           project_country     = = Thailand
AND          [watershed_class    = = WSC1
             OR watershed_class  = = WSC2]
```

```
THEN            impact = major
ENDRULE
```

　文字を用いて表されるエキスパート・システムは数多くある。しかし、日常的に実用目的で使われているシステムは、とくにEIAの領域では、小規模なものが多い。
　実際に伝統的要素を含まない、純粋な知識ベース・システムというものはそれほど多くない。操業・制御システムは、とくに汚水処理の分野では、この範疇に含まれるように思える。さらに、多くのシステムが有害物処理場のアセスメントや、水源管理などの関連した問題（例、WA／WPM発電、RPI用地選定のアセスメント、GEOTEX、DEMOTOX、SEPICなど）に対処するために、開発されている。オートレノとステインマン（1987）がこれらのシステムに関する評価をしている。
　しかし、エキスパートシステムは繰り返してテストされてきた多くの方法やモデルの代替手段となるものではない。これらのモデルを改善することのできる補完手段として、このシステムを認識する必要がある。例えば、数字を用いたモデルに関連して、データの事前処理、パラメータ予測、ユーザーインターフェイスの制御、結果の解釈などを行うことができる。数字を用いたモデルでは、このような技術を適用する機会が十分にある。

参考文献

F. L. Fedra, L. Winkelbauer and V. R. Pantula, *Expert Systems for Environmental Screening. An Application to the Lower Mekong Basin,* Report No. RR-91-19, International Institute for Applied Systems Analysis, Luxemburg, 1991.

I. McHarg, *Design with Nature,* Natural History Press, Garden City, NY, 1969.

L. Ortolano and A.C. Steineman, "New Expert Systems in Environmental Engineering", Journal of Computing in Civil Engineering, Vol. 1, No. 4, 1987, pp 298-302.

6 環境管理手法とモニタリング

6.1 はじめに

　プロジェクト・プランニングにEIAを組み込むことの主要な目的とそれにより得られる利点は、回避可能な環境資源や環境価値の喪失を防ぐことにある。そしてこれは、慎重で適切な環境管理プラン（EMP）を発展させていくことを通じて行われる。環境管理とは、モニタリングに加え、保護、影響軽減補強措置などを含んだものである。

　プランニングの段階で、すべてのプロジェクトは資源が最大限に効率的に使用されているか確かめ、環境に対するマイナスの影響を把握し、重大であると見なされた影響を防止し軽減する。そして必要なときには保障するために、EMPを確立する必要がある。環境保護措置（EPM）で採られる可能性のある影響軽減措置には、次のようなものがある。

■プロジェクト実施場所、ルート、生産技術、原材料、廃棄物処理方法、技術設計、安全基準などの変更。
■汚染管理、資源のリサイクルおよび保全、廃棄物処理、モニタリング、段階ごとにわけた実施、景観保護、工業プラント建設におけるグリーンベルトの設定、従業員トレーニング、特別な社会サービスおよび住民の意識向上と住民への教育などの導入。
■損害を被った資源再生のための補償手段の考案、影響を受けた住民に対する金銭的補償、地域コミュニティーにおける環境や生活の質向上のためのプログラムなど。

　環境管理が成功したのか失敗したのか（加えて、それによって起きた利益および喪

失)を評価し、EMPを再構築するために、モニタリングが必要となる。EIAとそれにつづいて行われる環境管理の質が非常に高いものであっても、モニタリングを実施しなければそれらの有効性は限られたものとなってしまう。環境プランニングのためのEIAで人間の経験の占める割合が増加するにつれて、意味のあるデータベースを構築するための連続したモニタリングが重要となってきたのである。

6.2 環境管理プラン（EMP）

通常EMPはスコーピング、初期環境調査（IEE）、詳細なEIAにつづいて行われる。また、EMPは把握、予測、評価の三段階から成る。
■影響軽減措置や補強措置を把握することは、プロジェクト（関連するサブ・プロジェクトも含む）実施によって発生した事実からの推論にもとづいて行われる。例えば、もし特定の排気により起きてしまった大気汚染が環境に対して重大な影響をもたらすと考えられる場合、電気集塵器（ESP）、ファブリックフィルター、ベンチュリ法などの道具や手段が影響軽減措置の候補としてあげられる。
■採りうる影響軽減措置や補強措置を詳細に並べていくということは、コストを反映した選択がなされていくか、その一方で目標、法規制などが満たされているか、ということを確認するものである。
■把握された影響軽減措置を、必要な材料、人材を考慮して実行する。例えばファブリックフィルターを用いる場合、プロジェクトの実施者は、フィルターを置く場所を選定し、工場の設計図にそれを示し、エネルギー供給の面からそれを説明し、フィルターによって取り除かれた物質を再利用できないか検討し、プロジェクト実施地内外での廃棄物の処理に備える必要がある。ここで述べたことは実際の技術的な設計（どのような種類のフィルターが必要か、なにがフィルターによって取り除かれるのか）に関するものではないが、実施可能なことを確認するのに必要な、全体的な影響軽減措置の説明である。さらに、廃棄物を適切に処理するため、フィルターを効率的に操作できる人材を雇うことも考えなければならない。

■影響軽減措置の機能を定期的に検査して評価するための、適切なモニタリングシステムと工場内部の報告系統を構築する。「フィルター」の場合、この段階では、挿入口と排出口での定期的（例、24時間に一度）な粉塵監視システムの構築や、（もし廃棄物の処理場があるならば）その場所の査察などが含まれる。

まとめると、EMPには次のような技術的、事務的措置があろう。
■資源のリサイクルおよび保全。
■汚染管理措置。
■段階ごとにわけた実施。
■モニタリング。
■従業員トレーニング。
■景観保護（工業地帯でのグリーンベルトの設置など）。
■損傷した資源再生のための補償手段の考案。
■影響を受けた住民に対する金銭的補償。
■特別な社会サービスおよび住民の意識向上と住民への教育などの導入。

先に述べたように、EMPを作成していく起点となるのは、重大な問題のリストと、それに関する影響軽減措置のリストである。まずそのリストの内容を把握し、それから必要なモニタリング措置や人材などを含めた影響軽減措置の詳細を決めることになる。

工業プロジェクトにおいて影響軽減措置が必要とされる事柄を、次の節で述べる。加えて、農薬製造業、オイルおよび石油のパイプライン、水源に関わるプロジェクト、港湾などのインフラストラクチャー整備プロジェクトに関しても、重大な問題およびそれに対する影響軽減措置をあげておく。

6.2.1 環境問題とそれに対する影響軽減措置

この節では、EMPの作成を助けるためのアプローチをいくつか取り扱う。つまり、(i) 工業プロジェクトの各段階ごとに、環境に重大な影響をもたらす事柄を把握、(ii) 前段階で把握された各問題に対する適切な影響軽減措置の勧告である。これにより、包括的なEMPを作成するための起点として用いることが可能であろう。

工業プロジェクトの各段階ごとの環境問題は、それがどのようなプロジェクトであっても似たようなものとなっている。また、それぞれの問題に対して関連する影響軽

減措置が推奨されている。

　このような環境問題とその影響軽減措置は、次にあげるプロジェクトの各段階ごとに把握される。
■プロジェクト用地選定。
■用地の準備および施設建設。
■工場の操業。
■プロジェクトの終了。

6.2.1.1 プロジェクト用地選定

　プロジェクト用地を選定する場合、以下のような場所がある場合に備えて代替用地を探しておくべきである。
■マングローブ、河口、湿地、珊瑚礁など、生態学的に不安定な土地である場合。
■水質の悪化をもたらしてしまうような水路。
■気温の変化や大気汚染を起こす恐れのある気象、地形状況の場所。
■重大な環境問題（大気、水質、騒音）が起きてしまう恐れのある場所。
■地域住民の居住地に近く、健康被害を起こしてしまう恐れのある場所。

　理想的には、原材料、労働力が容易に手に入り、交通手段が整っている場所に用地を選定すべきである。また、選定された場所は次の要件を満たしていなければならない。
■区画の大きさが廃棄物の埋め立てに十分であるか、あるいはそのような場所が近隣にあること。
■公私に関わらず請負業者が、固形廃棄物を収集することができる場所であること。
■最大限の希薄・吸収能力のある水路があること。
■排水を最小限の処理で農業、工業用に再利用できるような場所にあること。
■工場の排水を、自らの下水処理設備によって処理できる場所にあること。

　可能ならば、プロジェクトを適切な浄水、下水、汚水処理設備を備えている工業用地で実施すべきである。また大気中にガスを排出する工業は、気温の変化を起こすことがないような高地で、排気が人口の少ない地域に流れていくような場所を選ぶべきである。さらに、交通手段も考慮に入れ、影響が少なくなるルートを選定しなければならない。また、事故による偶発的な排気などに対する手段も講じておく必要がある。

6.2.1.2 工場の建設および操業

次に、工場の建設および操業によって引き起こされる可能性のある潜在的な問題を検証する。また、前段階と同様、それぞれの問題に関連する影響軽減措置のリストをあげる。
■大気汚染。
■水質汚濁。
■騒音。
■固形廃棄物と有害廃棄物による汚染。
■社会-経済的問題。
■危険性。
■関連した影響（都市化、交通、資源の枯渇）。

次に、それぞれの問題（I）に対して推奨されている影響軽減措置（M）をあげていく。例えば、「大気汚染」に関しては、AI1 という問題に対して、AM1 という影響軽減措置を用いる。

(i) 工場用地の準備および建設段階における大気汚染

AI1

次にあげる行為によって引き起こされた粉塵に起因する大気汚染。
■用地の平坦化、整地、穿孔（せんこう）。
■舗装。
■建設に伴う交通。
■工場施設建設と工場内の道路整備。
■採石や採鉱（プロジェクトに必要な場合）。
■爆破と旋削（せんさく）。
■原材料と廃棄物の貯蔵。

AM1

推奨される影響軽減措置は次のようなものとなる。

■空中浮遊物を最小限に抑えるための（爆破制御措置など）適切な爆破法の採用。
■輸送路への散水。
■密封剤や粉塵反応抑制剤の使用。
■振動や乾期における土壌露出の抑制。
■穿孔を行う場合、バランスを取るための埋め立て実施。
■露出した土壌の再整地と植林。

(ii) 工場操業時の大気汚染

工場操業時に起きる環境に重大な影響を及ぼす恐れのある問題は、工場の種類、使用する原材料、使用されている方法などによって決まる。

AI2

次にあげる行為によって発生したSO_x、NO_x、炭化水素、空中浮遊物に起因する大気汚染。
■製造過程やエネルギー発生に伴う排気。
■事故、危険要素、工程の不作用。
■原材料の粉砕など。
■セメント工業における炉、焼塊冷却器。
■原材料および製品の輸送。

大気汚染はこのほかにも、原油精製過程で出る硫化水素、触媒発生器から出る一酸化炭素、農薬製造時のフッ素排出など、特定の物質排気によって引き起こされることもある。

AM2

すべての種類の工業で起こる可能性がある上記のような問題に関しては、次のような影響軽減措置が考えられる。
■排気源を地形によって分類し、汚染物質を大気流域内に分散させる。
■ガス集積装置や排気源における吸引フードを用いて、閉鎖的な建物内でのガス放出を軽減する。

■機械式煤塵集積装置、電気式沈殿器、フィルター、高性能清掃機の使用、閉鎖的建造物内での煤塵抑制工程の採用、輸送中のカバーかけ、煤塵を最小限に抑えるための水スプレー導入、すべての燃料中継地点での炭化水素気化抑制装置導入などによって、煤塵や空中浮遊物の発生を防止する。

また大気汚染物質を抑制するためにはその種類によって制御法が異なるが、その方法を以下に述べる。

1. 空中浮遊物（SPM）次のような措置で抑制できる。(i) 電気式集塵装置、バッグフィルター、排気源集塵機を用いたSPMの抑制 (ii) 炭坑では、石炭選鉱処理の制御によるSPMレベルの低下 (iii) グリーンベルトの設置による周辺環境のSPM削減。
2. 廃棄物中の硫黄酸化物（SO_x）濃度は、送気管内での脱硫やその脱硫過程を二度行うことによって下げることができる。
3. 窒素酸化物（NO_x）濃度は、燃焼過程の修正や触媒変換装置の使用により下げることができる。
4. 窒素は、農薬生産過程において反応装置を清掃することにより、制御可能である。
5. 一酸化炭素（CO）は、コークスの生産や燃料の燃焼によって排出されたガスを除去、リサイクル、再利用することにより、制御することが可能である。そのほかにも、COボイラーの使用、COの燃焼、電気集塵器（ESP）あるいは複数の集塵器の使用によっても取り除くことができる。
6. 炭化水素（HC）（とくに石油化学工業において）溶媒やアミンから発生したHCを制御するためには、閉鎖的循環ユニットを用いることができる。また、HCと汚臭を取り除くために用いられる汚染源制御法として、気化物質再生システム、圧力タンク、浮動ルーフタンク、気化物質焼却炉がある。
7. 硫化水素（H_2S）濃度は、エタノール吸収、硫黄回復によって制御可能である。
8. メルカプタンは、蒸気清掃、中和、灰化、二硫化物への変換などによって制御可能である。
9. アンモニア（NH_3）は、硫酸アンモニアへの変換、酸化、灰化によって制御可能である。

(iii) 工場用地の準備および建設段階における騒音公害

NI1
　建設、旋削(せんさく)、採石などによる騒音および振動。

NM1
　旋削(せんさく)、穿孔(せんこう)方法を、近隣住民にとって最小限の影響しか与えないようなものに変更し、問題の起きそうな地区での監視手段を確立する。

(iv) 工場操業時の騒音公害
NI2
　操業、輸送による騒音公害。

NM2
　操業時に用いられる穿孔(せんこう)手段は近隣への振動を最小限に抑えたものであるべきで、問題の起きそうな地区での監視手段も確立する必要がある。操業時の騒音に関しては、騒音のもととなる機器を建物の内部に設置し、騒音の程度の少ない操業方法を採用するなどして影響の軽減を測る。輸送による騒音は、とくに夜間では、地域住民へ影響を与えないように最小限に抑える必要がある。

(v) 水質汚濁
　水資源を効率的に使用することは、ほかの利用者に対する過度の取水による影響を軽減することを意味している。効率的な水資源の利用とは、水を浄水後に再使用やリサイクルすることを指す。また、パイプの欠陥や漏水を検査し修理するなど、高水準の利用方法を維持することによって、さらなる効率化が達成できる。
　貯水池や廃水処理区域において、事故による放出や汚染物質の侵出をもたらす降雨の影響から守る必要もある。漏水やほかの事故に備えて、(操業用、貯蔵用の)工場内および原材料、廃棄物輸送路における大事故の危険性を抑えるための影響軽減設備が必要である。
　プロジェクト用地の内であれ外であれ、固形廃棄物処理区域では、周辺の土壌に汚染物質が侵出しないようにしなければならない。浸出や漏水が起きないようにするため

には、廃棄施設の安全や監視システムの構築が必要である。また埋め立て地は、潜在的な健康への危険や汚臭防止のため、町から離れたところに置くべきである。廃棄物の種類によっては焼却が必要となる場合があるが、その場合には注意深く制御して行わなければならない。

(vi) 工場用地の準備および建設段階における表層水汚濁

WI1
　工場施設建設時の清掃、建築作業によって出てくる空中浮遊物質によって引き起こされる水質汚濁。

WM1
■荒天時における水流制御および汚濁地域の植物再生。
■河川、下水、湖沼、湿地への影響予防。
■影響が予防できない場所における、沈殿物制御法の採用。
■沈殿池の設置。
■地表の石、コンクリートなどによる舗装。

WI2
　プロジェクト実施用地外でのパイプライン建設中に起きる有害沈殿物の滞留。

WM2
■パイプライン建設予定地の変更。
■有害物質滞留を防ぐパイプライン建設技術（パイプラインの埋設など）の採用。
■最短期間での建設。
■パイプライン建設によって起きる道路および鉄道に対する土壌流出などの影響把握。

WI3
　工業用地優先権設定による影響。

WM3

6 環境管理手法とモニタリング

■水質や周辺の土地への影響を防ぐための用地優先権設定。
■沈殿物除去装置やスクリーンの設置。
■潜在的な土壌流出を防ぐための機械的・科学的土壌強化。

WI4

プロジェクト用地整備時と工場施設建設時における、浚渫(しゅんせつ)などの行為が動植物に及ぼす悪影響。

WM4

■重大な影響を避けることのできる場所での取水口建設。
■廃棄物の流出や衝突を避けるためのスクリーン設置。
■湿地の喪失を防ぐための計画用地変更や施設レイアウト変更。
■計画用地外での動植物生息区域の設置。
■動植物が生息する重要な湿地に対する影響行為の禁止および制限。
■地域の野生生物の生態系保護。
■現存する植物種の再生。
■建設によって露出する地表を最小限にし、使用後にすぐにもとに戻すことを要求。
■工業用水地周辺におけるネット・フェンスなどの設置。

(vii) 工場操業時の表層水汚濁

WI5

次の行為による表層水の汚濁——排水、漏水、冷却水の流出、原材料、廃棄物の放置、工場からの廃熱、機械や建造物の清掃およびメンテナンス、水路を用いた輸送、廃棄物流、プロジェクト実施に伴う居住地の整備。
このほかにも製品や新しい原料のパイプライン輸送による水質悪化の危険性がある。

WM5

排水前排出基準を満たすために、製造過程での漏水、採掘、上水道整備、荒天時の水流制御などを行う。そのような処理方法の例として、次のようなものがある。

- ■固形廃棄物の除去（フィルター施設、沈殿池、浄化器などを用いた沈殿、凝固、濾過などによる）。
- ■オイル、グリスの除去（脱脂、濾過、超濾過、浮遊法などによる）。
- ■中和。
- ■クロム、銅、ニッケル、亜鉛などの有害物質除去（沈殿、濾過、イオン交換などによる）。
- ■適切な化学的、物理的、生物的方法による化学的酸素要求量（COD）の除去。
- ■廃水処理のための土地利用。
- ■生物的処理（硝化、非硝化）。

　　また、次のような場合には沈殿制御を用いるべきである。

- ■すべての排水に対して、水質基準を設けるべきである。また研究所での分析項目として、総溶解固形物量（TDS）、総浮遊固形物量（TSS）、アルカリ濃度、カリウム濃度、硫黄濃度、生物学的酸素要求量（BOD）、化学的酸素要求量（COD）、（工業過程ごとの）重金属濃度、窒素濃度、リン濃度、pH、水温が含まれるべきである。
- ■流出物（オイル、潤滑剤、クリーナーなど）の迅速な除去。
- ■貯蔵区域の配置見直し。
- ■雨水の制御による、工場施設への流入防止。
- ■暴風雨による雨水の監視。
- ■不慮の化学物質排出や汚染物質を含んだ雨水流出を防ぐため、プロジェクト実施用地以外での安全な貯蔵施設や廃棄設備の使用。
- ■発電所による熱汚染の制御。代替熱排気設計、機械的散気装置の導入、用地内での冷却水用池の設置、廃熱利用方法の模索など。

WI6

河川・湖沼の富栄養化。

WM6

潜在的な窒素、硫黄汚染を最小限に抑えるための方法の提供。

(viii) 水質汚濁——地下水

WI7

採石地区における選鉱くずがたまった池からの浸出、廃棄物処理施設、貯蔵のための堆積物から地下水への汚水浸透などによる、地下水汚濁。

WM7

地下水汚濁は、安全な廃棄物処理施設を用い、漏水監視システムを構築し、漏水収集設備を用い、排水前の化学物質処理を行うことによって軽減し防止できる。

採鉱プロジェクトの場合、地下水汚濁を防ぐための特別な措置が必要となる。そのような措置によって、採鉱区域における帯水層への汚水浸透を防ぎ、採鉱後の穴をふさがなければならない。

(ix) 固形廃棄物

SWI1

固形廃棄物を廃棄する場合、次のようなことによって土壌、地表、地下水汚染を起こす恐れがある。
- ■工業生産に付随する固形、液体廃棄物の廃棄。
- ■工業廃棄物の焼却。
- ■鉱物採取。
- ■爆破の際の破片、採鉱に付随する表土、精錬作業で出てくる粉炭、鉱物精製を行うときに出る選鉱くずなど。
- ■ヘドロの廃棄。

SWM1
- ■固形廃棄物処理場の用地選定。埋め立て、盛り土、安全な池などを用いた灰の廃棄。
- ■排気源の削減や隔離、副産物の利用、適切なプランニング、漏水を防ぐためのコーティングなどを用いた廃棄用地の管理など。

(x) 工場用地の準備および建設段階における有害廃棄物

HWI1
　プロジェクト用地は有害物質の廃棄、貯蔵場所としても用いられる可能性がある。その場合には地下水や土壌の汚染を引き起こす可能性があり、そこで働く労働者に有害である可能性がある。

HWM1
　実施用地選定の前に、適切な努力と評価をすべきである。

(xi) 危機管理——プロジェクト実施用地内／外
　多くの工業施設において、注意深い管理が必要な危険な操業過程が存在する。工業における重大事故は、技術コントロール、経営コントロール、個人の保護、職業上の健康および安全トレーニング、健康と安全プランニング、健康管理などを通して予防し管理することができる。

(xii) 工場用地の準備および建設段階における危機管理
HI1
　従業員や近隣住民に対する危険は、事故や有害物質の輸送と貯蔵に起因する。

HM1
　構造的な崩壊、破壊、火災、爆発などを起こす危険のある施設は、地理的に安定した場所（地震や地盤沈下が起きる恐れのない場所）につくるべきである。（爆破の際の炎、有毒ガス放出や漏洩などという）危機の潜在的な本質を考慮し、工場施設の周りには適切な範囲の緩衝地帯を設けるべきである。重大な事故が起きた場合を考慮し、ユニットごと分割した工場操業が必要である。そのような操業方法を用いた場合、近い場所に置くことのできない物質同士（混ぜると反応して熱、火、ガスを生成したり、爆発や危険な重合を起こす恐れのある物質）を適切に、離して配置することができる。また、同時に行うべきではない作業を行う場所に関しても、それを考慮して施設の配置を行うべきである。（例えば、溶接作業は可燃性物質貯蔵庫の近くで行うべきではない）

HI2

　工場用地準備段階での浮遊汚染物質は、とくに過去に有害物質が貯蔵されていた場所では、深刻な健康被害につながる恐れがある。

HM2

　建設時の煤塵制御法として、煤塵の発生を最小限に抑えるための発生源で散水（湿潤剤入りの水）などがある。

(xiii) 工場操業時の危機管理

HI3

　火災、爆発、有毒ガス漏洩、蒸気、粉塵、有害液体の漏洩、放射能汚染や、これらが重なって起こる災害。

HM3

■遮蔽物や爆破用壁の準備。
■火災防止用壁の採用。
■工場の周りに安全のための緩衝地帯を設置。
■製造者の勧告に従った貯蔵、処理方法の採用。
■操業時における窃盗や火災の予防措置採用。
　また、次のような一般的ルールも採用されるべきである。
■貯蔵庫内での照明は、自然なものかさしつかえない範囲のものに限る。
■ランプは密閉されたものを用い、またスイッチは屋外に配置する。
■木製の道具か、非金属製のものしか用いない。
■爆発物は、2メートル以上の高さにまで積みあげない。
■爆発物は上下を逆さまにせず、カートリッジが平らになるようにする。
　可燃物の火災に備える場合、次のような予防措置を採るべきである。
■可燃性の気体が空気と混ざってしまった場合に発火してしまうのを防ぐため、十分温度の低い場所に保管する。
■保管場所に十分な換気を行えるようにして、万一保管物質から可燃性の気体が漏れ

たとしても十分うすめられて発火しないようにする。
- 火災が起きる危険性のある場所から十分離れた場所に保管場所を設置する（例、金属の切断作業を行っている場所など）。
- 自然発火する危険性のある物質から十分離れた場所に、酸素を保管する（爆発物や、水分と反応して熱を出す物質など）。
- 消火用設備を備えつけておく。
- 喫煙やむき出しの電熱ヒーターの使用を防ぐ。
- 貯蔵庫にはアースを取りつけ、自動消煙・消火装置を備えつける。また、可燃性の物質を圧縮して保存する場合には、次のような制御措置を採るべきである。
- 転倒してバルブが外れたり破損したりすることがないように、貯蔵タンクは逆さまにせずに安定した場所に取りつけるべきである。
- タンク貯蔵区域は温度が低く直射日光が当たらず熱パイプから離れた場所に設ける。
- 外部や内部で火災が発生した場合でもタンクの温度が上昇するのを防ぐために、スプリンクラーなどの設備を備えておく。
- タンクを取り扱う際に破損させることがないよう、十分取り扱いには注意する。
- バルブは注意深く扱い、状況の良い場所に置いておく。
- バルブのコックをハンマーでたたかない。
- いかなる場合でも、タンクを不当にいじることがないようにする。
- 有毒ガスは、圧縮するよりも低温の液体の状態で保存する。
- 事故が起きた場合に二次的な事故を防ぐため、密閉措置を取れるようにしておく。
- 自動密閉装置は、貯蔵庫から漏出する物質の量を減らすことができる。
- ガスの放出を防ぐためには、ウォーターカーテンが有効である。
- 液体の流出を防ぐためには、障壁が有効である。

H14

- 煤塵、有害物質の取り扱い、騒音やその他の操業過程によって引き起こされる労働者の健康被害。
- 労働者の技術や修練度の違いによって、事故が起こる確率は高くなることがある。

HM4

■ 労働者の避難経路を準備する。
■ 工場内外での緊急時の対応策を準備しておく。
■ 住民に対する教育を行う。
■ 避難方法の計画を立て、訓練を実施する。
■ 健康被害を認識、評価、監視、管理するための安全・健康プログラムを実行し、とくに非熟練労働者に対する安全トレーニングを実施する。
■ すべての労働者に対して、定期的かつ継続的な安全意識の確認を行う。
■ 定期的に緊急時の避難経路を点検する。
■ すべての訪問者に対して、起こりうる事故や必要な安全対策について説明する。
■ 適切な安全用設備や救出設備が備わっていることを確認し、従業員がそれを使用できるようにしておく。

HI5

パイプラインで輸送される危険物質による事故。

HM5

■ 使用頻度の高いパイプラインが地中に埋めてある地域を明確にしておく。
■ 緊急避難計画とその手順を作成しておく。
■ パイプラインからの漏洩がないか監視する。
■ 住民に事故を知らせるための警報を設置する。
■ 漏出物を遮断するための技術を確立する。
■ 影響を受けた地域を清掃、復元する。

HI6

原材料を工場に輸送するトラックによって引き起こされる通行の阻害、騒音や渋滞、歩行者を巻き込んだ事故など。

HM6

■工場用地の選定時に、これらの問題を軽減することが可能である。
■プロジェクトの実施調査段階で、これらの影響を予防するための最適な輸送ルートを選択できるよう、特別な交通調査を行う。
■事故の危険性を最小限にくい止めるため、交通規則や緊急事故対応計画を準備する。

また、事故の危険性をなくすための一般的な技術として、次のようなものがあろう。

■工場操業時に、危険性のある原料の代わりに危険性のない原料を用いる。もし可能であれば、(固体をガスや液体にするなどして)使用する原材料の状態を変える(例、有毒ガスを液体に溶けた形で保管するなど)。
■使用されている有害物質の量を、作業工程の中で再利用するなどして最小限にとどめる。保管してある有害物質の総量を減らす。より効率的な技術を採用する。
■煤塵を効果的に制御するためには、換気、収集、フィルターなどが有効である。煤塵を発生する作業はほかの作業所から離れた場所で行い、可能な限り外部に漏らさないようにする。とくに、鉱山、煉瓦製造所、ガラス工場、研磨作業所などの、煤塵が肺を冒す恐れのある作業ではそうするべきである。また、酸化無水化合物、アレルギー源、穀物粉、綿のちり、木材のちりなどを含んだ化学物質や自然物質によって職業喘息が引き起こされる可能性がある。
■人物のチェック、二重ロック、警備員配置、柵の設置などで、危険区域への非熟練労働者の進入を制限する。
■すべてのスイッチ、バルブ、コンテナなどに危険性に関する表示を取りつける。特定の事故や危険性に関して名前をあげるだけでなく、それがどのような種類のものであるか(有毒、放射性、引火性、爆発物など)を識別する。
■高温、低温となる恐れがある作業に関しては、事故を防ぐために温度制御装置の準備をする。とくに超高温あるいは超低温になる作業は、それにさらされる従業員の数をなるべく少なくするため、隔離した場所で行うべきである。
■工場のフェンス内と同時に潜在的な危険区域を監視することによって、重大な事故が起きた場合に早期に警告を発することが可能となる。例えば、揮発性有機物、酸素濃度、可燃性ガス濃度、大気の成分などの監視は、持ち運びが可能な道具を用いて行

6 環境管理手法とモニタリング

うことが可能である。排煙装置、熱監視モニター、放射線除去装置など工場設備に適した監視システムが、事故が起きた場合に警報を発するために用いられる。
■電気系統や工場の操業をストップさせるため、手動や自動の停止システムを導入する。これにより、危険物質の放出を最小限にとどめることができる。

(xiv) 工場用地の準備および建設段階における社会経済的問題
SEI1
　プロジェクト用地周辺での土地利用形態が大きく変化する。つまり、都市化や住民の増加などである。プロジェクト実施用地からの住民の移転、公衆衛生への影響、地域のインフラストラクチャーへの影響、移民労働者、地域住民のライフスタイルや価値観への影響などによる二次的な社会経済的影響が周辺地区で起きる。

SEM1
■人口の偏重などを防ぐための代替用地の選択や敷地レイアウトの変更。
■リハビリテーションや再定住行動計画の準備並びに政府の補償政策実現。とくに原住民が影響を受けるような地域では、補償政策を明確に定めた原住民の発展プランを準備するべきである。
■再定住計画準備段階での住民の参加。
■社会的、文化的に受容できる形での定住計画やインフラストラクチャー整備の実施。
■プロジェクト実施用地近辺での雇用機会増大。
■住民の要求に応えることのできるインフラストラクチャー整備と金銭的補助。
■住民の要求に応えるための、病院、郵便局、ショッピングセンターなどの建設あるいは改善。
■交通渋滞を防ぐため、計画の段階ごとの実施。
■バイパスの建設。

(xv) 工場操業時の社会経済的問題
SEI2
　プロジェクトの実施によって引き起こされる社会経済的影響は、周辺地域の社会構

造に対して有害となることもあり、また利益となることもある。そのような影響として、次のようなものがあろう。
■雇用機会の増大。
■移住による人口増加のため、社会サービスの質が低下。
■工場の操業に起因する健康への影響。
■水資源の供給、電力やそれに付随する社会サービスの圧迫。
■土地価格の変動。
■人口構成への影響。

SEM2
■繊細な地域問題に関する従業員のための教育プラン開発。
■行動学的、心理学的な再調整プログラムの供給。
■代替用地の選択か、プロジェクトレイアウトの変更。
■視覚的な緩衝区域(グリーンベルトなど)の設置。
■社会構造を復帰、移転、回復させるための「チェインジ・ファインド(変化発見方法)」の開発と実施。
■雇用機会の適切なプランニング。
■地域住民のトレーニング。

　サービス・インフラストラクチャー、社会混乱、紛争などへの起こりうる影響を識別するための社会経済的調査を、影響を受ける可能性がある地域コミュニティーにおいてプロジェクト実施前に行う必要がある。これらの影響は、次のような手段で軽減することが可能であろう。

■コミュニティーへの援助、貸出、税金前納。
■開発計画の段階ごとの実施。
■コミュニティーに必要な施設の建設。
　地域コミュニティーとの協力的で開放的な関係をプロジェクトの早期段階でつくりあげ、それを維持していく必要がある。またプロジェクトに従事する者は、コミュニテ

ィーの行事に積極的に参加していくべきである。同時に地域の文化、伝統、生活様式を理解し、尊重することも求められる。逆に地域住民のリーダーが、プロジェクト活動に関して正しく理解し、住民がもっとも関心を持っていると思われるプロジェクトによる影響を把握するために協力し、適切な影響軽減措置に関して意見できるようにしなくてはならない。時には、影響を軽減するための措置として労働者を地域コミュニティーから遠ざけることも必要になろう。

SEI3
大気や空気の汚染、騒音レベルの変化などは、住民の健康に対して悪影響を及ぼす恐れがある。

SEM3
■健康管理施設の準備。
■排気コントロールやグリーンベルトの設置。
■行政サービス向上のための適切な計画。
■安全への脅威や健康被害を詳細に把握、評価、監視、制御するための安全健康対策を実施。その一環としての安全トレーニングや雇用者保護のための手続き準備など。

(xvi) 付随して発生する影響

　プロジェクトによる影響を分析してみると、プロジェクト活動に直接起因する環境影響に加えて、これらの直接影響から発生する二次的な影響が数多く見られる。これらの二次的な影響に関しては、プロジェクトエリア内での資源に関する長期的影響を考察するための手段である 環境管理プラン（EMP）を計画していく段階で考慮する必要がある。このような二次的影響によって発生する問題は、都市化、交通、インフラストラクチャー、資源不足などに分類することができよう。

(xvii) 都市化
AUI1
　工業プロジェクトによる雇用創出によって移住者（入植者）が発生することがある。

過度の労働者移入が起きた場合には、社会サービスを圧迫し、土地価格の高騰に結びつくことがある。

AUM1
■地域の行政機構拡大に関する適切なプランが必要である。
■雇用機会に関する適切なプランニング。
■地域住民のトレーニング。
■急激な工業化や都市化に対する対処。

(xviii) 輸送
TI1
　原材料、製品、副産物、廃棄物などの輸送による交通量の増加は、既存の道路、鉄道、場合によっては水路にとって過度の負担となる。また、プロジェクト操業時には通勤による交通量増加も起こるだろう。

TM1
■交通量増加をふまえた道路の設計。
■輸送手段ごとに、交通セクターの開発計画実施に向けた研究を行う。
■適切な道路標識を立て、使用する自動車の整備を義務化し、ドライバーに対する教育や安全意識の向上につとめる。
■バス路線を整備し、通勤者用駐車場を設ける。
■燃料スタンドの整備プランの実行。

(xix) プロジェクト関連インフラストラクチャー、資源不足の問題
II1
　水資源供給、電力供給施設などへの過度の負担。原材料の乱獲による資源枯渇問題など。これは、とりわけ鉱物や化石燃料といった非再生材に関して重要な問題となる。しかしこれ以外にも、過剰に摂取され持続不可能なほど乱獲が行われた場合には、水資源や森林資源などの再生材に関しても重要な問題となる。

6 環境管理手法とモニタリング

IM1
- ■鉱物資源に関しては、入手可能性を考慮した資源の使用を計画し、採鉱方法に制限を設ける。
- ■施設が使用されなくなった場合には、土地利用手段に関して関連省庁と連携して行動する。
- ■鉱物の精錬作業は、ほかの電力大量消費工業が操業していない時間帯に行う。
- ■総電力供給量を増やす。
- ■資源に関する問題を防ぐ手段としては、操業回避、操業時間帯、文化的歴史的資源の回復、土壌回復のための分離と保存。

6.2.2 特定のプロジェクトの影響軽減措置に関するガイドライン

　農薬製造業、オイルとガスのパイプライン、水資源プロジェクト、港湾整備によりもたらされる環境への悪影響を回避するための影響軽減措置のガイドラインを、次ページの表6.1、169ページの表6.2、172ページの表6.3、178ページの表6.4にあげておく。

6.2.2.1 農薬製造業

　農薬製造業に起因する最大の社会経済的な正の影響は、それが激増する世界の人口に必要な食糧を生産することに役立っていることであろう。しかし、農薬の製造に伴う環境への悪影響もまた大きなものである（表6.1）。排水は、工場の種類によって異なるが高度の酸性かアルカリ性を帯び、アンモニア複合物、金属、尿素などを含んでいて、また高い生物学的酸素要求量（BOD）濃度であることが特徴である。

6.2.2.2 オイル・ガスのパイプライン

　製造業について考えた場合、その重要度からしてオイルやガスのパイプライン建設による影響に関してもなんらかの対策を採る必要がある。パイプラインは、農薬製造業や石油化学工業などの原材料を運ぶだけでなく、発電所などさまざまな分野の工業にとって重要だからである。

　オイル・ガスのパイプラインは、発電所や工場に対してクリーンなエネルギー源をよ

表6.1 農薬製造業に関する潜在的な環境影響とその影響軽減措置

環境パラメーター	影響	影響軽減措置
物理的資源（a）大気		
SPM（煤塵）	・健康被害、呼吸器系疾患、気腫、循環器系疾患、喘息	・集塵機、バッグフィルター
	・植物の呼吸量減少、群葉パターンの変化	・グリーンベルトの設置
SO_x	・気管支炎や他の呼吸器系疾患による死亡率・罹患率の上昇	・さまざまなガス除去装置の導入
	・慢性的な植物の損傷	・排気管などによる希薄化
	・金属などの腐食	
NO_x	・肺疾患、慢性腎炎	・酸化窒素への溶解やアンモニアを用いた触媒作用などでの除去
	・スモッグの発生	
	・物質への影響	・排気管などによる希薄化
特定ガス——フッ素・アンモニア	・新陳代謝への影響や植物の死滅	・蒸気による機器の清掃
	・目、鼻、のどのかゆみ、呼吸器系の損傷、窒息	・副産物である硝酸塩ナトリウム溶液のリサイクル冷却器を用いた液化
物理的資源（b）水質		
表層水の水質	・水生植物や動物の生態系への影響富栄養化	・水中への汚染物質流入を防ぐための手段実施
BOD	・水生生物への影響	・廃水処理施設の建設と効果的な操業
COD	・濃度上昇	
水中の土壌分	・濃度上昇	
浮遊している土壌分	・アンモニアと結合することにより藻を発生し汚水処理のコストを上昇させる	
リン	・魚類の歯や骨格に対してフッ素中毒を起こし卵のふ化に影響	
フッ素化合物	・魚類や他の水生生物に有毒な影響魚の死滅	
NH_3、Nなど	・富栄養化	
地下水の水質	・土壌や表層水からの汚染物質浸透によって地下水が汚染される	・埋め立て地での遮断ゴムの使用、適切な固形物処理（とくにヘドロ）

(表6.1つづき)

6 環境管理手法とモニタリング

環境パラメーター	影響	影響軽減措置
物理的資源 (c) 土地		
土壌	・硫黄酸化物からの弱酸性物質の流入により土壌の酸化が起きる ・大気中のNO_xによって形成された窒素酸化物によって酸化する	・影響を緩和するため水中への汚染物質流入を予防する
土地利用	・土地利用方法の変化 ・農業用地の減少	・適切なプロジェクト用地選定 ・土地利用方法の監督
生態的資源		
植生	・建設行為による破壊	・森林伐採面積は最小限に抑えるべきである
水生生物	・アンモニアや尿素の復水によって水生植物は悪影響を被る	・影響を軽減するためには水中への汚染物質の放流を削減する
陸生動物	・リン酸肥料の製造過程で出る浄化水は魚類にとって有害である ・居住環境の破壊による悪影響	・絶滅危惧種や他の種の居住環境破壊は最小限にとどめる
生活の質		
社会経済的	・人口の不均等な分布 ・社会経済構造の変化 ・インフラストラクチャー整備の要求など二次的な開発行為	・代替用地の選択やレイアウトの変更 ・プロジェクト用地周辺での雇用機会創出 ・インフラストラクチャー整備計画
文化的	・人口分布パターンや社会文化的な価値観とパターンの変化	・住民の要求にかなう施設の建設 ・現地住民の価値観や生活パターンに関する従業員の教育
景観・歴史・考古学・観光	・歴史的、考古学的に重要な建造物の景観保全	・代替用地の選択やレイアウトの変更 ・景観緩衝帯(グリーンベルトなど)の設置
公衆衛生	・すべての汚染物質は間接的にも直接的にも人間の健康に影響する	・従業員のためのヘルス・ケア施設の用意;適切な安全基準の採用と安全設備の準備;排出規制;グリーンベルト設置

(表6.1つづき)

環境パラメーター	影響	影響軽減措置
住民に関するもの		
公共サービス	・新しい産業による資源の消費は、その資源の不足をもたらす可能性がある。	
水資源	・水資源に対する需要の拡大。	・工場内でのヒドロフルオロ珪酸の再利用、復水、アンモニアと尿素の復水は適切な処理を行った後にボイラーで使用可能である。硫黄酸化物製造工場では、冷却後の復水を適切な処理の後に、製造のための水として再利用できる。
エネルギー	・新しい産業によるエネルギーの消費は、そのエネルギーの不足をもたらす可能性がある。	・硫黄酸化物を使用する工場では効率的な水温回復システムが有効——触媒の開発、熱回復作用の改善、浄化ガス回復施設。アンモニア工場の場合、操業の際のパラメーター最適化に基づく工程評価など。
宿泊・居住施設	・人口増加による混雑。	・土地を失った地域住民や新しい移民のための適切な住居計画の準備。
雇用	・雇用の拡大。	・雇用機会の拡大計画。
	・地域の非熟練労働者の失業も起こりうる。	・地域住民のトレーニング。

り簡単に輸送できるものとして、環境に貢献していると思われている(硫黄分の多い石炭に対して、硫黄分の少ない天然ガスなど)。しかし、パイプラインの悪影響は、とくに生態系にとって、非常に重大なものである。パイプラインプロジェクトの潜在的な環境への悪影響を、その影響軽減措置とともに172ページの表6.3にあげておく。

6.2.2.3 水資源プロジェクト

165ページであげた農薬製造業・パイプラインは、ともに工業プロジェクトであった。このほか、開発計画が環境に重大な影響を及ぼすもう一つの分野が、水資源開発プロジェクトである。水資源開発プロジェクトには、灌漑や発電用水の需要増大に応えるた

表6.2 オイル・ガスのパイプラインの影響軽減措置

潜在的な悪影響	影響軽減措置
直接的	
沖合のパイプライン建設による有害沈殿物の再懸濁	・パイプライン敷設場所の変更 ・沈殿物の懸濁を最小限に抑えるためのパイプライン建設方法の導入（例えば、パイプラインの敷設もしくはパイプラインの埋設化） ・短期間でのパイプライン敷設工事実施
沖合のパイプライン・沿岸のパイプラインによる漁業への影響	・漁場から離れた場所でのパイプライン設置 ・沖合パイプラインのルートを地図で示す ・重要な漁場ではパイプラインを地中に埋設する
沖合パイプラインや高地でのパイプラインによる生物居住区域の破壊――ROWとポンプとコンプレッサー用地建設による野生生物居住域へのアクセス増加	・貴重な天然資源が存在する地区を避けてROWを設置 ・高地でのROW付近での生態系保護のため適切な清掃技術の実用化 ・森林を伐採した地域での植林 ・代替建設手法の導入
パイプライン建設による土壌流出・堆積と道路や施設の埋没	・水資源や丘陵地帯に影響を及ぼすことがないようなROWの選択 ・流出や沈殿を防ぐための沈殿物除去装置の取りつけ ・影響を最小限にくい止めるためのパイプライン敷設方法の採用 ・流出の可能性を低く抑えるための機械的、化学的な土壌安定化
水循環パターンの変化	・湿地や氾濫原を避けたROWの設置 ・埋め立てを最小限に抑える ・近隣への影響を避けるための排水路設計
生息生物腫の消滅や生息区域の分断	・重要な湿地や生物生息環境を避けた主要輸送通路とROWの選択 ・パイプライン上で在来種生息用土壌の維持

(表6.2つづき)

潜在的な悪影響	影響軽減措置
	・自然火災を予防するための準備
陸上パイプラインとその付属施設建設による土地利用の制限	・(農業を含む) 重要な社会的・文化的な土地利用区域を避けるためのROWの選定 ・ROWの必要条件を減らすことのできる建設設計 ・建設期における用地外での影響を最小限に抑える ・埋設されたパイプラインに関してはROWに沿って土地を回復させる
人間や野生生物が移動するうえでの障害の発生	・人間の移動ルートや野生生物の主要輸送通路を避けたROWの設置 ・移動を可能にするためパイプラインを地中に埋設するか高架にする
パイプライン建設に起因する交通の増大	・交通量増加を抑制するため段階ごとに建設 ・代替輸送ルートの建設
廃棄物や事故によるオイル漏れからの化学的有害物質	・漏洩防止、清掃計画の作成
ガスパイプライン破裂によるガス漏れ事故	・埋設パイプラインの場所を明確に把握 ・緊急避難計画の作成 ・ガス漏れの監視 ・住民に事故を知らせるための警報設置 ・ガス漏れを封じ込めるための技術開発 ・事故の影響を受けた地域の清掃および復興

間接的

潜在的な悪影響	影響軽減措置
プロジェクト周辺地域における建設期の二次的影響	・二次的開発が進む地域に関する開発プラン作成 ・新しい施設の建設と既存のインフラストラクチャーへの金銭的補助
野生生物生息区域へのアクセス数増加	・このような区域の保護・管理プラン作成 ・貴重な野生生物区に関してはフェンスなどの防護障壁建設

注 ROWというのは、パイプラインの列 (管)。

めのダムや貯水池の建設などが含まれる。次ページの表6.3は、これらのプロジェクトによって起きる重大な環境への悪影響と、その影響をできる限り小さくするための適切な影響軽減措置を表したものである。

6.2.2.4 インフラストラクチャー建設プロジェクト

このほかに環境に対して大規模で重大な影響を与えるものとして、道路建設、輸送路建設、都市のインフラストラクチャー整備、港湾建設などといった、インフラストラクチャー建設プロジェクトがある。これらのプロジェクトは住民の生活のレベルを向上させるという意味で大きな利益があるが、環境に対しての悪影響もまた大きいものとなる。178ページの表6.4に、港湾整備プロジェクトの環境への悪影響と、それを解決するために必要な影響軽減措置をあげることにする。

6.2.3 影響軽減措置としてのグリーンベルト設置

これまで見てきたすべての影響軽減措置は、各プロジェクトの特定の環境影響に対処するものであったが、産業によって発生するさまざまな環境影響を緩和することが可能な影響軽減措置がある。工場施設周辺でのグリーンベルトの設置である。各汚染抑制措置に加えて、グリーンベルトを設置することによって産業開発による環境影響を緩和することが可能である。グリーンベルトは、大気および水中の汚染物質を吸収するだけでなく、騒音を緩和して土壌の流出を防ぎ景観を快適なものにしてくれる。

表6.5は、産業ごとに適正なグリーンベルトの幅を示したガイドラインである。また、グリーンベルトに用いる木の種類をどうするかということも重要な要素である。樹種の選定は、その地域の土壌や気候、産業によって発生する汚染物質の種類などを考慮して行うべきであろう。

グリーンベルトの樹種選定の際のガイドラインを183ページの表6.6に示しておく。

表6.3 水資源開発プロジェクトの潜在的環境影響とその影響軽減措置

環境パラメーター	影響	影響軽減措置
物理的資源		
大気	・建設期の排気ガス、煤塵、騒音、振動などによる大気汚染。 ・とくに水資源プロジェクトに関しては、大気汚染について考慮されることが少ない。	・建設廃材への散水を頻繁に行う。 ・グリーンベルトの維持。 ・煤塵が多い環境で働く労働者には、マスクを着用させる。
水質		
表層水の水質	・都市化による工業発展と人口の集中により廃棄物の増加と、それに伴う河川水質の悪化を招く。 ・森林伐採によって土壌が流出し、さらにそれが、河川での沈殿物の増加および水質の汚濁を、引き起こす。 ・食糧の需要拡大に伴う農産物の増産で、農薬の流出量が増加して水質に影響を及ぼす。	・沈殿物を減らすための捕獲エリアの整備。 ・国際基準（IS）を満たし、排水が流れ込む河川の同化能力を超えないようにするための適切な廃水処理。 ・未整備の排水口からの排水を管理する。 ・農薬、肥料の流出による損失を防ぐための適切な使用法採用。 ・家庭排水、工業廃水を適切に処理し、液体が不活性状態にならないように栄養分の蓄積を防ぐ。 ・穀物に対する農薬の使用を効率化させ、流出してしまう量を最小限に保つ。 ・土壌保護措置の実施。
地下水の水質	・土壌や表層水から農薬、廃棄物といった汚染物質が浸透し、地下水を汚染する。	・防御膜を用いた予防措置。 ・漏水収集システムの使用。 ・排水前の化学的処理実施。

(表6.3つづき)

環境パラメーター	影響	影響軽減措置
土地		
土壌	・産業開発、人口増加、河川氾濫、干ばつなどによる森林破壊が土壌の流出を引き起こす。 ・農薬や肥料の残余物が、土壌の物理化学的特性の変化や、塩分濃度の上昇をもたらす。	・起こりうる問題に関する広範な理解と正しい土地利用法に関する知識を、開発に関係する人々に対して教育する。 ・個々人が政府の援助を受けながら、その地域のメカニズムを通して行動する。 ・土壌保護の妨げになる不適切な土地利用を、経済的社会的に改善する努力。
土地利用法	・土地利用方法の変更。 ・農業用地の減少。	・プロジェクト用地を適切に選定することが、非常に重要である。
その他の物理的資源		
水の循環	・水資源開発プロジェクトの建設行為による地表水、地下水の循環パターンの変化。 ・河川や湖沼などでの堆積物の増加。	・適切な用地調査、用地設計などが必要。 ・堆積物分析モデルの使用によって、水循環パターンの変化を予測できる。
放水	・土壌の流出や地下水位の変化に起因する天然の放水パターンの変化。 ・貯水池や運河からの浸出・運河の奔流、支流からの浸出などによる地下水の再補給パターン変化。	・貯水池では、基本的に河川への2～3か所の漏れがあることを考慮する。 ・河川の水量は、その河川が自然の状態で流れている場合の10日間の平均最小水量より少なくなってはならない。 ・下流域での優先事項や、要求を考慮する。
気象	・貯水池の建設は、貯水池や新規灌漑区域からの蒸発量の増加によって湿度の上昇をもたらす。 ・貯水池がかなり大きなものであれば、近隣の高温を緩和する効果がある。	・適切な用地選択。 ・定期的な監視。

(表6.3つづき)

環境パラメーター	影響	影響軽減措置
地面の揺れ	・穿孔、爆破、採石といった手段を用いる水資源開発行為は、とくに近隣に断層がある場合、その地区に地面の揺れを生じさせる可能性がある。	・数式を用いて地面の揺れを予測する。 ・大規模な地震が起きても、水圧によって施設が破壊されることがないように、十分安全な設計をする。 ・深さが100m以上か容積が10 m³の大規模な貯水池は、近隣の断層に関して十分に調査を行う。 ・より詳細な地震評価に関してはEA Sourcebook（章末の参考文献を参照）に収録。
水資源	・雨量、流水量、地下水位への影響。 ・貯水量の増加と、それによる水資源の有用性拡大。	・貯水量は水資源の需要と利用パターンによって決定される。 ・この貯水量決定は、数学テクニック、連続最大アルゴリズム、統計シミュレーションなどの手法を用いて実施できる。 ・実用可能な水量は、貯水量率と年平均水量との関係によって決定する。 ・貯水量を長期的に維持するためには、堆積物補足区域での堆積物コントロールが最優先事項となる。 ・貯水池への堆積物流入は、ダムに放出口を設計し、操作することによってある程度までコントロールできる。例えば、より多くの堆積物放出が可能な場所を選ぶなどする。 ・沈泥をコントロールする効率的な手段として、ダム内のさまざまな高さの地点に、排水口を設けるようにする。

(表6.3つづき)

6 環境管理手法とモニタリング

環境パラメーター	影響	影響軽減措置
生態的資源		
植生	・建設期の大気汚染が、植生にダメージを与える。 ・産業開発と都市化によって森林破壊や稀少生物種の絶滅が起きる。	・ダム、貯水池、運河などの建造によって失われた森林面積は、土地領地図にプロジェクトレイアウト図を重ね合わせることによって推測できる。 ・バイオマスの喪失という意味での森林破壊は、森林の生産性に基づいて推測できる。 ・貯水池、ダム、運河などによって森林が破壊された地域には、その埋め合わせとして植林を行う。
水生生物	・人口の集中によって河川中の廃棄物増加、湖沼の富栄養化、日光の遮断などが起き、それによってプランクトンの生産性が低下する。 ・富栄養化によって漁獲量が低下する。 ・森林破壊によって河川の透明度が低下し、漁獲量の低下などを招く。	・基礎的データに基づき移動する。魚の種類およびそのルートを把握することが可能。 ・河川の水循環パターンの変化によって起きる魚の生息種の変化は、他の同じようなプロジェクトでの状況を調査することによって予測できる。
陸生動物	・野生動物の生息区域を犯すことによる動物種の移動と減少。 ・稀少動物の絶滅危険性。	・代替生息区域を制定し生息数を回復する。
生態系のサイクル	・稀少動物の絶滅危険性。	・もし影響を受ける地域が稀少生物の生息区域を含んでいるのであれば、代替プロジェクト用地の選定か、生物種生息数回復のための措置を取る必要がある。

(表6.3つづき)

環境パラメーター	影響	影響軽減措置
生活の質		
社会経済的	・人口の不均衡な分布。 ・社会経済構造、生活水準、収入の分配構造などの変化。 ・インフラストラクチャーの整備などの二次的開発行為。	・生活の質や社会の要求などに加えプロジェクトの社会経済的側面をも考慮した再建計画の実施。 ・この点に関しては、さまざまな国の政府が特筆すべき政策を実施している。
文化的	・人口統計学的変化や、社会文化的な価値の変化。	・現地住民の価値観や生活パターンに関する従業員の教育。
景観・歴史・考古学・観光	・歴史的、考古学的、文化的に重要な財産や、景観への視覚的影響。 ・歴史的、考古学的に重要な建造物の改変。 ・環境破壊によって美術的価値が喪失することによる観光客の減少。	・可能であればプロジェクトによって影響を受ける可能性のある建造物の修復を実施する。 ・全体的な修復を行うために場所を選ぶ際には、アクセス方法や環境の状態などに関して、もとの場所と似たようなところを選ぶ。
公衆衛生	・都市化、水源開発などのプロジェクトの結果として起こる病原媒介昆虫の生息域変化と、それによる伝染病の発生。	・次の三種類の措置を採るべきである——病原媒介昆虫のコントロール、公衆衛生に対する意識の触発、技術に関する設計と制御。 ・生物学的、化学的措置や農薬、技術の変更などにより病原媒介昆虫をコントロールすることが可能である。 ・病原媒介昆虫の生息環境を排除するため運河の設計変更、貯水池の土手建設、上水道の整備、下水道の整備、橋梁建設、排水設備の設置、以上の施設の維持管理などを行う必要がある。

(表6.3つづき)

環境パラメーター	影響	影響軽減措置
その他		
人口	・人口プロジェクトに起因する地域住民の追い出し。 ・人口増加につながるプロジェクト周辺地域への人口流入。	・農業やその他の経済活動の活発化によるプロジェクト周辺地域への人口流入を考慮した人口計画を立てておくべきである。 ・移転しなければならない農民などに対するさまざまな復職手段を講じておく。
住民に関するもの		
公共サービス 上下水道	・既存の下水施設は、地下水や地表水の水質と密接に関連してくる。	・水の需要量は降水量と蒸発量を計算した後、農作物、家畜、人間が使用する分を考慮して計算できる。
宿泊・居住施設	・人口増加と産業の発達による水の需要拡大。 ・人口増加による住宅需要の拡大。	・人口に関するデータに基づき、将来の水に対する需要量を予測する。 ・工業用水の需要量は、調査を行って推測する。 ・地域住民、移住民に対する適切な住居供給計画の準備。
雇用	・雇用機会の拡大。 ・農民や地域原住民の生活手段に対する影響。	・雇用雇用機会の拡大雇用機会の適切なプランニング。 ・土地を失う農民や、原住民に対する雇用の準備。 ・工業化や都市化に対応するための計画の準備。
その他		
洪水や干ばつ	・森林破壊や都市化に起因する洪水や、干ばつの増加と、それによって起きる貯水池管理上の問題。	・過去のデータに基づいた確率モデルを用いて洪水、干ばつを予測する。 ・洪水に備えた家屋設計と、干ばつに備えたタンカーなどによる水供給方法の準備。

表6.4 港湾整備事業に関する環境影響と影響軽減措置

環境パラメーター	影響	影響軽減措置
物理的資源 (a) 大気		
SPM－石炭による煤塵	・呼吸器系疾患、気種、喘息 ・循環器系疾患 ・植物の呼吸量減少、群葉パターンの変化 ・物質への影響	・スプレー使用、煤塵が多い区域の閉鎖、設備の清掃、操作方法の維持管理などを行う ・石炭煤塵抑制システムの使用 ・泥漿状態での石炭輸送 ・石炭の粉鉱が土と混じっている場合には集塊システムを用いる
$SO_x \cdot NO_x$－自動車や焼却炉からの排出	・死亡率、罹患率の上昇と過敏症や気管支炎の増加	・廃棄物の焼却をなるべく避ける ・気体制御設備の使用
物理的資源 (b) 水質		
表層水の水質	次の行為による影響 ・浚渫や干拓 ・下水道処理施設からの排水	・堆積物の放出を最小限に抑えるための施設建設
地下水の水質	次の行為による影響 ・オイル漏れ ・土壌流出	・荷積み用のはしけからの漏洩を防ぐ ・漏れたオイルを集める設備を設置 ・オイルを分解する化学物質を用いる ・浚渫制御装置や暴風雨時の排水施設の準備
物理的資源 (c) 土地		
土壌	・建設期の地面の揺れによる土壌の液化	・適切な設計と用地選定；危険性のある地域をさける

(表6.4つづき)

環境パラメーター	影響	影響軽減措置
		・土壌液化の悪影響を緩和するため掘った穴に砂を詰める
土地利用	・土地利用方法の変化と農業用地の減少	・資源管理
		・土地を失った地主への補償
		・職を失った漁民に対する金銭的援助と雇用機会の創出
		・不法占拠や開発の拡大を制限するための法律整備
		・プロジェクト用地の周囲をフェンスで覆い定期的に警備する

その他の物理的資源

水の循環	・港湾の建設や操業による水循環パターンの変化	・プロジェクト用地の調査と適切な設計が必要
	・淡水、飲料水への需要拡大	・目標値の設定とそのための手段を確立することが重要
		・船舶への飲料水供給設備を含めた上水道供給システムの整備

生態的資源

植生	・森林破壊;とくに地域の漁民に影響を及ぼすマングローブ林の破壊	・代替用地の選択
		・植林
		・プロジェクト用地周辺に緩衝帯としてのグリーンベルト設置
水生生物	・海洋生物の生息数減少	・魚が卵を生むことや移動することを妨害しないように時期を考慮した建設の実施
	・生息環境の破壊とそれに伴う種の絶滅	

(表6.4つづき)

環境パラメーター	影響	影響軽減措置
陸生生物	・沿岸に生息する鳥の巣、繁殖地、餌の捕獲場所などへの影響 ・鳥の食糧源の減少やオイル漏れが起きた場合の鳥、魚の被害 ・生息環境破壊と狩猟行為の増加	・予防措置としてのプロジェクト用地変更 ・プロジェクト用地外での生息環境提供
その他の生態的資源（珊瑚礁など）	・建設活動で出るヘドロ、浚渫した砂の廃棄、船舶事故の構造的ダメージなどによる珊瑚礁の破壊	・過度の動乱行為の防止 ・浚渫や干拓による堆積物の放出を最小限に抑える ・船舶の航行、渓流に関する規則制定
生活の質		
社会経済的	・地域住民の移転 ・都市化 ・インフラストラクチャーの整備要求などの二次的開発行為	・地域住民の移転を避けるための代替用地選択やレイアウトの変更 ・土地利用方法のプランニング ・拡大するインフラストラクチャー整備の要求に対応するための計画実行と金銭的援助 ・住民の要求に応えた施設の建設
文化的	・人口統計学的変化や社会文化的な価値の変化	・現地住民の価値観や生活パターンに関する従業員の教育 ・住民の行動や心理を考慮しプロジェクトを修正
景観・歴史・考古学・観光	・歴史的、考古学的に重要な建造物の破壊とそれによる文化的資源への影響	・プロジェクト実施に先立って考古学調査を実施

(表6.4つづき)

環境パラメーター	影響	影響軽減措置
	・浮遊物、液体や固体の廃棄物、浚渫で発生した廃棄物などによる景観への影響	・問題を回避するための適切な設計および用地選定 ・廃棄物に関する規則の制定 ・景観への影響を避けるための設計、維持基準の制定
住民に関するもの		
公共サービス	・上下水道、電力、交通、郵便、電話などの公共サービスに対する要求拡大	・上水道の整備 ・下水処理施設やゴミ収集システムの準備 ・警察、消防、病院などの公共サービス拡大
雇用	・プロジェクトの開始、産業の育成、町の拡大などによる雇用機会の増大	・雇用機会の適切なプランニング ・地域住民に対する雇用機会提供

6.3 プロジェクト実施後のモニタリング 事後監査と評価

　環境管理のために取った手段が成功したか失敗であったか（また、結果的に利益となったか損失となったか）を評価し、つづけて新しい管理プランを作成するために、モニタリングが必要である。プロジェクトごとにつくられた詳細なモニタリングプラン（これはEIAの一部として準備されるべきで、またレポートの主要な部分を構成するものとして、詳細なモニタリング実行プラン、報告手順、人材、予算などを含むものであ

表6.5 産業別グリーンベルトの幅に関するガイドライン

種類	産業	例	プロジェクト用敷地 (ha)	グリーンベルトの幅
1	重工業	原油精製業、化学工業冶金業、大規模な港湾原子力発電所	> 500	< 2km
2	重工業	機械製造業、造船所、港湾、発電所	200 – 500	> 1km
3A	大気汚染を引き起こす中－重工業	ストロー板製造業、繊維業、セラミック製造業、セメント製造業	100 – 200	≧500m
3B	大気汚染が少ない中－重工業	自動車製造業、食品製造業、衣料品製造業		≧200m
4A	多少大気を汚染する軽工業	製革所、衣料品製造業食品製造業	50 – 100	50 – 100m
4B	多少大気を汚染する軽工業	電気製品製造業、家庭用機械製造業		
5	サービス業	印刷業、ベーカリー、研究所	10 – 50	> 100m
6	作業場、手工業など	ファッションスタジオ、写真現像所、製陶所	1 – 10	> 50m

出典　Manual on Urban Air Quality, WHO Regional Publications, European Series No.1, Copenhagen, 1976.

るべき)を実施し、環境を担当している機関に定期的にモニタリングリポートを提出することが不可欠である。これらの要件が満たされたとき、初めてEIAが環境管理のためのプランニングツールとして有効なものとなる。そして、環境破壊を防止あるいは抑制するのにEIAが成功したかどうかを評価することが可能になるのである。

　EIAには、完了したプロジェクトを調査し、実際に起きたことと比べて予測や勧告がどの程度正しかったかを判断するための公式な基準が含まれるべきである。このような監査の目的は、結果を正しく予測できたかどうかを判断し、さらなる行動が必要な重

表6.6 グリーンベルト設置のためのガイドライン

1. 樹種の選定
■ 樹木の選定は、成長が早いかどうか、多年生か、常緑樹か、葉が多いか、特定の汚染物質に対する大勢があるかなどの基準に基づいて行うべきである。
■ 樹木はなるべくその地域にもとからあるものとし、地域の生態的バランスが崩れないようにする。

2. 植樹
■ 10メートル以上に育つ樹木は、道路に沿った並木となるように植える。
■ 低木は、葉がない並木の幹の部分を覆うように植える。
■ 低木か普通の木かどちらかを選択する場合には、風速や土壌なども考慮して決定する。
■ 汚染物質に敏感な樹種は、グリーンベルト全体の隙間に植える。

3. グリーンベルトの維持
■ 産業排水をリサイクルし、グリーンベルトの維持に用いる。

大な環境影響が起きていないかを確かめ、将来同じ種類や規模のプロジェクトを実施する場合に影響予測を行うために結果を使用することにある。

　モニタリングは、EIAを（中間時点での補正、影響軽減措置の実施、予測精度の改善などを用いて）環境管理手法に活用していくためには不可欠の行為である。環境影響や自然の多様性に関する情報が欠けていれば、予測の精度は低くなる。すべての開発プロジェクトは、起こりそうもない結果に関してまでも予測し、もしプロジェクトの目標が達成されるのであればその予測にもとづき実行計画を変更する必要がある。モニタリングによって、環境への悪影響に関する早い段階での警告が（予測されているものであれ、そうでないものであれ）可能となる。

　開発行為の影響を軽減するために勧告された措置は、実際にプロジェクトに組み込まれ、実施され、維持される必要がある。それでもなお、その措置の実効性は確実ではない。したがって、それらがどれくらい有効であるか、またコストに見合った結果を得ているかを確かめるためにモニタリングが必要となる。とくに事後監査の場合、実施されるモニタリングはプロジェクト実施者から独立して行われるか、少なくとも独立

表6.7 モニタリング手順の定義

工程	定義
モニタリング	長期的、測定基準あり、観察、評価、状況と動向を定義するための環境に関するレポート。
調査	短期、特定の目的で環境の質に関して測定、評価、報告するための集中プログラム。
監督	継続的、環境管理とプロジェクト実行のための測定、観察、報告。

したグループによってデータを検査するものでなければならない。

　EIA全体に関する評価も、適宜行っていく必要がある。その場合、評価に関係するすべての参加者が、EIAがどれほど持続可能な発展に貢献しているのか、批判・評価しなければならない。

　プロジェクトの責任者は、プロジェクトに関するモニタリングや調査プログラムを継続して行い、その結果を監督省庁に報告する義務がある。もし当初のEIAでは予測されていなかった影響が起きていれば、それに対する改善措置を実施しなくてはならない。さらにこのような予測外の影響が非常に大きく、改善措置が取れない場合には、プロジェクトの中止が決定されるだろう。

　表6.7は、モニタリングを実施しているあいだに採られるさまざまな手順と、それらの相違点に関してまとめたものである。

　モニタリングでは空気、水、土壌などのサンプル採取が行われるが、そのようなサンプルから最大限に有効な結果を得るためのデータ収集プログラムを実施する必要がある。そのようなプログラムは時に非常に高価なものとなることがあるが、プロジェクトを進めていくためには、それでも実施すべきであろう。また、収集したデータを簡単に使えるようにするため、整理して保存しておくことも重要である。そうすれば、ほかのアセスメントを実施する際に有効なものとなる。

　仮にモニタリングが適切に行わなければ、そこから得られる結果はプロジェクト自体を混乱させてしまうものとなってしまう。正確に予測するということはむずかしい

ことではあるが、あまりにも不明瞭な結果だと、その正確性を確かめることもできない。多くの環境影響が、起きる可能性やその重要度などを含まず数量化されていない形で示されている。また大抵の場合、生物学的影響予測よりも自然地理学的影響予測の方が正しい。EIAでは社会的要素が不適切に扱われることが多いが、それはEIAが政治的に用いられるものであるという事実を反映しているからであろう。

　事後監査は、完了したプロジェクトに関するEIAと同時に行うことができる。事後監査は関係者に対する良いトレーニングの機会となるし、またそれによって将来のEIAで役立つであろう原因と影響の関係に関する経験的な証拠を発見することができる。事後監査は、プロジェクトのEIAをさらに評価するという点でEIAを実施した者をも評価するため、むずかしいものとなる。したがって、アカデミックコミュニティーから選ばれたパネル委員など、独立した環境機関によって行われるべきであろう。

　プロジェクト完了後のモニタリングを実施するには、産業の監査とは違った種類の監査が必要となる。そこで、例として道路建設プロジェクトのEIAに関係する三種類の監査をあげておく。

■実施監査——EIAで勧告されたか必要とされた措置が、実施されているかを決定する。
■プロジェクト影響監査——EIAで行われた予測とは別に、実際のプロジェクトの影響がどういうものであるかを決定する。
■予測技術監査——実際に起きたことと予測されたことを比較することによって、EIAで行われた予測の内容と予測に用いられた手段を評価する。(これにより、将来の研究に役立たせることが可能)

参考文献

EA Sourcebook, Vol. 111, *Guidelines for EA of Energy and Industry Projects (Environment Department)*, World Bank, Technical Paper No. 154.

Module on Selected Topics in Environmental Management, UNESCO Series of Learning Materials in Engineering Science, UNESCO, 1993.

7 EIAにおける コミュニケーション

7.1 はじめに

　EIAによって発見したことを政策決定者に対して伝達することは、彼らが必ずしも技術的なことに精通しているわけではないために、むずかしくなっている。コミュニケーションを取るということは、発見した内容を科学者の言葉から依頼者が理解できる形での明解な要約へと変換する、ある種の翻訳であるともいえる。また調査の結果を取り扱ううえでのもう一つの問題は、依頼者がその結果に対して持つ確実性に関する期待と、科学における不確実性という現実とのギャップである。もし科学者がこの不確実性を依頼者に対して明らかにしてしまえば、依頼者はEIAでわかったことを有効でないものと見なしてしまう可能性がある。しかし一方でこの不確実性について隠すと、もし予測不可能な事態が起きた場合に科学者としての信頼を失ってしまう。

　予測とは、得ることのできるデータの完全性や正確性の如何に関わらず、直接的、論理的、体系的であるべきである。事実にもとづく予測はすべて、そのことを明確に示す必要がある。EIAの依頼者は用いられた予測方法を受け入れる必要があるが、もし望むならば、事実にもとづく情報が欠けている可能性のあるほかの予測方法を用いることも可能ではある。

　依頼者が、EIAの結果の避けることのできない不確実性に関して誤解してしまうことを防ぐためには、結果に関する報告書を四部分にわけて書くことが有効である。以下にその詳細を述べる。

まず第一に、予測によってなにがわかったのか、それはどの程度の確実性があるのか（統計の信頼性に関する報告）を述べる必要がある。例えば「90％の確率で、水の汚濁が25〜50％の漁獲量減少につながる」というようなものである。

第二に、不明な点とそれがなぜ不明なのかに関して述べる必要がある。例をあげると「テストはA種とB種に関してのみ行われており、それ以外の種がどのように反応するかは確実なことがいえない」などがあるだろう。

第三に、もしまだ時間と資金があってさらなる調査が可能ならば、なにを発見できるかということを述べる。

そして第四に、プロジェクトを進めていくためには、どのようなことを知っておくべきか、言い換えると、プロジェクトを遅延させずに現在持っている情報にもとづいて進めていく場合のリスクを示す。

以上まとめると、EIAによる予測の報告は、現在なにがわかっているのか、なにが不明なのか、なにを知ることが可能か、なにを知る必要があるのかの四点を述べればよいのである。

7.2 EIAの依頼者に対して求められる事項

EIA報告書の使用者は、次の点に関して注意しておく必要がある。
- 科学に関する不確実性と、異なる科学分野の相違点を理解する。
- 環境科学の不確実性を受け入れ、それをどのようにして対処していくのか理解する。
- 結果に関する適応度を理解しておく。
- 不必要に短い期間でEIAを終わらせてしまうことを避ける。
- アセスメントを実施していく過程に、科学者とともに参加する。
- よりよい情報の価値とそれを得るためのコストを理解し、そのための時間的、金銭的コストを支払う。

EIAの結果を必要としている政策決定者は、大抵の場合には報告書を詳細に読む時間がほとんどない。したがって、EIAの最終報告書の題名や要約は、その人たちに伝えたいもっとも重要な点を繰り返して述べるようなものであるべきだろう。図7.1は、EIAの実施によって得られた情報がどのように政策決定者に伝達されるのかを絵で表したものである。

図7.1 政策決定者へのEIA結果の伝達

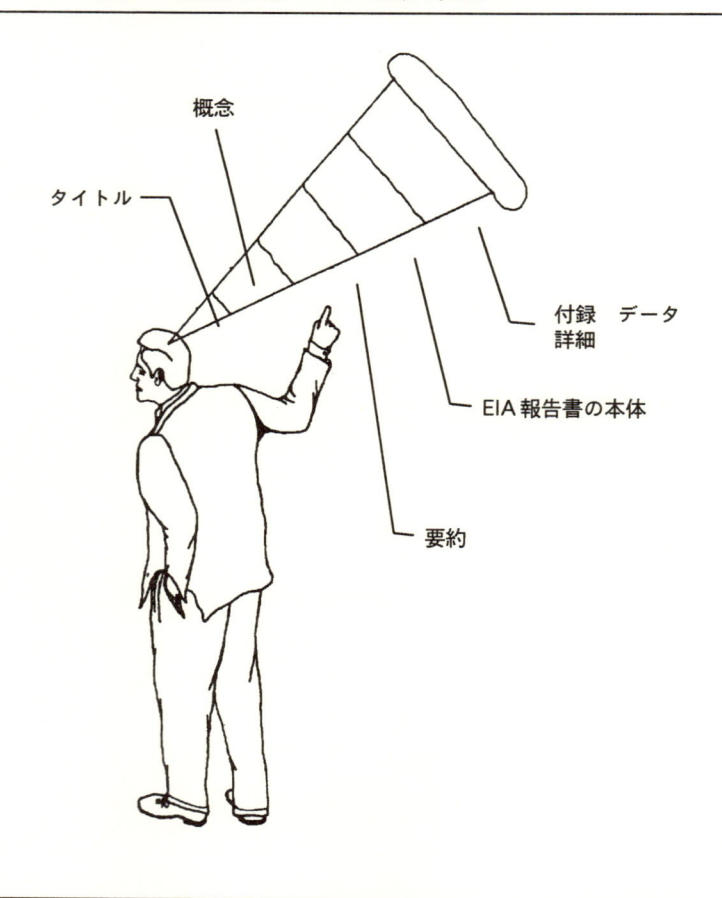

概念
タイトル
付録　データ
詳細
EIA報告書の本体
要約

出典　Environmental Management, Center

7.3 一般市民に対するコミュニケーション

　開発プロジェクトを首尾よく進めていくためには、効果的な一般市民の参加が不可欠である。一般市民が経済的利益や環境破壊の最終的な受け手であることから、プロジェクト実施に関する政策決定プロセスの一部としてEIAへの市民参加を勧めていく必要がある。

　社会には、一般市民に対して情報をまき散らすというような、コミュニケーションの不備につながるであろう要素が数多く存在していることを理解しておく必要がある。このような情報の伝達ミスは、異なる社会経済的背景を持つ市民に対して情報伝達を行ったり文化的に異なる背景を持つ市民に対してコミュニケーションを図ろうとしたときに、起きてしまう確率が高くなる。翻訳上のミスが、そのもっとも明白な原因であろう。また、技術や科学のスペシャリストが、市民が理解しやすい形で情報を提供できるかどうかも重要である。次ページの図7.2には、このようなコミュニケーションの不備に関する要点を述べておく。

　住民参加の特徴や度合いはさまざまな要素によって変化するが、一般的には次のようなことが当てはまる。

■アセスメントの実施によって集められた情報の公開。
■アセスメントに役立つ情報の提供。
■アセスメントの実施中に決定された事項に関して異議を申し立てる権利。

　残念なことに、一般市民の環境アセスメントへの参加は計画的に効率よく行われていることが少ない。また、政策によって示されたとおりに行われることも、ほとんどない。アセスメントの実行チームは大抵の場合、一般人を、アセスメントを一緒に進めていくパートナーと言うよりも、敵対する相手としか見なしていない。そのため、一般市民が潜在的な環境影響を見つけだし評価するのに建設的な役割を果たす機会が失われてしまうのである。

　アセスメント実行チームは、アセスメント・プロセスに一般市民を組み込むことに対する危険性やむずかしさについて考えるのではなく、チームと一般市民とのあいだで

図7.2 コミュニケーションの不備

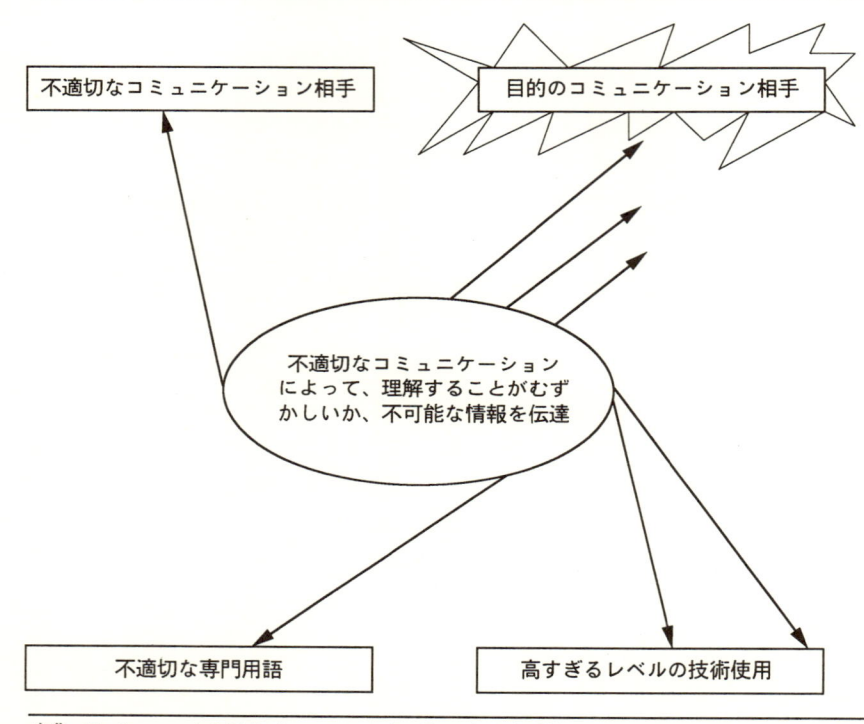

| 不適切なコミュニケーション相手 | | 目的のコミュニケーション相手 |

不適切なコミュニケーションによって、理解することがむずかしいか、不可能な情報を伝達

| 不適切な専門用語 | | 高すぎるレベルの技術使用 |

出典 Environmental Risk Assessment for Sustainable Cities, Technical Publication Series [3] UNEP International Environment Technology Centre, Osaka／Shiga, 1996.

行われるより有意義なコミュニケーションに関して考えておくべきである。アセスメント実行チームと一般市民とのあいだのコミュニケーションこそが、プロジェクトへの住民参加の主要な鍵となる。それを実現するため、アセスメント実行チームは次のようなことを試みるべきである。
■できるだけ早く、一般市民とのコミュニケーションを取る。
■できるだけ多くの市民と接する。
■できるだけ多くの方法でコミュニケーションを取る。
　効果的なコミュニケーションはEIAを実施するうえでの不可欠な要素であるが、コ

ミュニケーション方法に関する具体的な方策を立てる前に、以下の点に関して考慮しておく必要がある。
■コミュニケーションに関する独立したコーディネーターや専門家の研究班を委任し、ブリーフィングを行っておく（以下の点に関しては「スコーピング」が終了してから決定されるものであるが、コミュニケーションの専門家はすべての段階でチームに含まれているべきである）。
■プロジェクトのプラン、資金、許可、監督を行ううえで鍵となる政策決定者が誰かを把握し、EIAの報告を行う相手に関して知っておく。
■これらの決定事項に影響してくる法や規則を調査する。
■さまざまな政策決定者と事前に会う。
■EIAの結果報告をいつ、どのようにして行うのかを決定する。

　一般市民の参加は、建設、操業、維持など、プロジェクトのどのような時期にでも行われる。それを図示したものが次ページの図7.3である。

7.3.1 効率的な市民参加による利点

　コミュニケーションの方法は、願わくは広く協議されたものであるべきで、さらにプロジェクトごとに異なってくる。これは、スポンサー、直接影響を受ける人々、一般大衆の関心などがプロジェクトごとに異なるからである。したがって均一の「一般市民」というものが存在するわけではなく、あるプロジェクトに対する特定の「一般市民」がいるのだともいえる。実際、いくつかの「一般市民」が考えられよう。以下にその例を示す。
■コミュニティー、科学団体、政府機関、大学、専門家集団などから構成される専門家。
■地方の行政機関、市民団体、NGO。
■プロジェクトによって直接的に利益や影響を受ける人々。
■プロジェクトに関心があったり、影響を受けたりする社会、文化グループ、個人など。
■一般市民社会。

　特定のプロジェクトに関連する「一般市民」がどういう人々であるか把握し、さらに彼らが知りたい情報の内容に関して協議を実施すれば、EIAの信用性が増して最終的

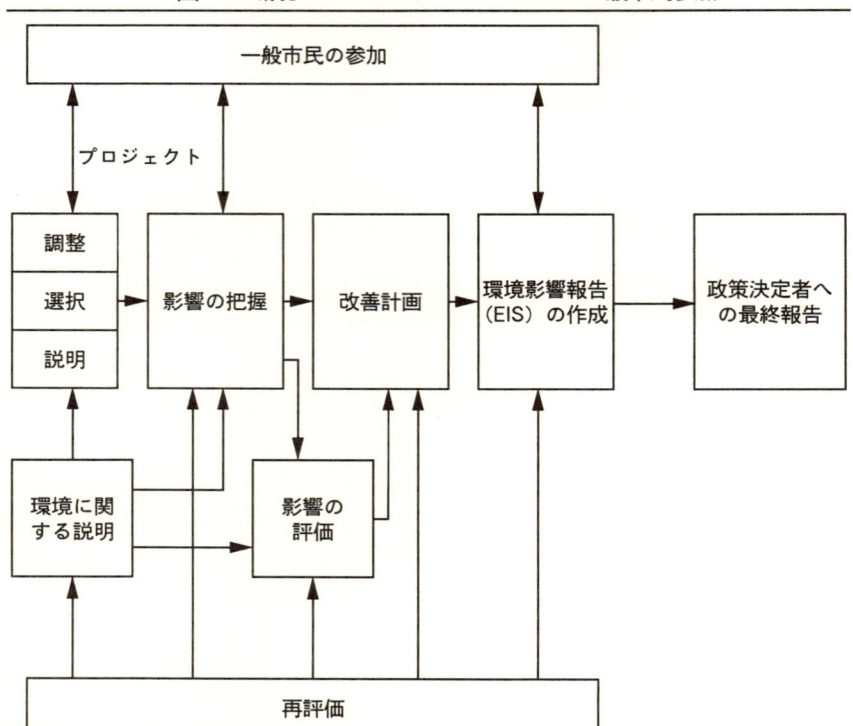

図7.3 環境アセスメント・プロセスへの一般市民参加

```
        ┌─────────────────┐
        │   一般市民の参加   │
        └─────────────────┘
          ↕        ↕
    プロジェクト
  ┌──────┐
  │ 調整  │ ┌──────┐ ┌──────┐ ┌──────────┐ ┌──────────┐
  │ 選択  │ │影響の把握│→│改善計画│→│環境影響報告│→│政策決定者へ│
  │ 説明  │ └──────┘ └──────┘ │(EIS)の作成│ │ の最終報告 │
  └──────┘                    └──────────┘ └──────────┘
     ↑        ↓
  ┌──────┐ ┌──────┐
  │環境に関│→│影響の │
  │する説明│ │ 評価 │
  └──────┘ └──────┘
       ↑      ↑
  ┌─────────────────┐
  │     再評価       │
  └─────────────────┘
```

出典 Module on Selected Topics in Environmental Management, UNESCO Series of Learning Materials in Engineering Science, UNESCO, 1993.

な成功につながるであろう。また、環境影響報告（EIS）を実施する意図があるということをEISを開始する前に広めることができればなおよい。逆に、影響を受けた人々が自分たちの立ち入る機会がなくなったと感じてしまうと、信頼性を失い不必要な反対に遭うことになってしまう。

　以上をまとめると、次のような一般的なルールとなる。
■把握したすべての「一般市民」に対してEISを開始する前に、プロジェクトの詳細、

目的、実施方法、市民参加の方法などを通知し、関連する書類を提供する。
■情報をただ提供するだけではなく、それにもとづいたコミュニケーションを行う。言語、フォーマット、媒体が特定の一般市民に対して適切なものであるかどうかを確認しなければならない。

次に、一般市民との効果的なコミュニケーション方法を順を追って説明する。

7.3.1.1 プランニング以前

プランニング以前の段階では、プログラムの対象と、一般市民が関心を持つであろう事柄に関して説明する。例えば、
■同様のプロジェクトが存在するならば、その経緯。
■社会経済データ。
■利用予定の資源。
■プロジェクトにより影響を受けるか、関心がある地域グループ。
などである。

7.3.1.2 実施機関の方針

実施機関に対する一般市民の心証が、提案されているプロジェクトを受け入れるかどうかに大きく影響してくる。したがって、一般市民の信頼を得るために多大な注意を払うべきである。いつ一般市民が参加できるのか、政策決定において一般市民がどのような影響力を行使できるのかを明確に示す必要がある。

7.3.1.3 資源

市民が参加するプログラムを成功させるには、時間、資金、よく訓練されたスタッフが必要である。しかし、多くの実施機関はこの事実を無視しているように思われる。もし市民がプロジェクトに反対すれば、それは市民参加プログラムにかかる費用よりもずっと大きなものとなってしまうだろう。

7.3.1.4 対象グループ

対象となるグループを把握しておくことが、市民参加を成功させるために非常に重

要である。この対象グループには、次のようなものがある。
- ■プロジェクトによって行われる特定の活動に関して許認可を行っている関連機関。
- ■金融機関。
- ■社会学者、環境活動団体、技術者などの圧力団体。
- ■その他、教師や地域のリーダーなど。

7.3.1.5 効果的なコミュニケーション

対象となるグループに情報を伝達する際、タイムリーで正確な情報を簡潔に知らせることが必要である。

7.3.1.6 テクニック

一般市民に情報を伝達するために用いられるテクニックは、問題の把握とその解決法に焦点を当てたものであるべきである。

7.3.1.7 反応

一般市民の貢献が役に立ち、また彼らのアイデアや注意事項がきちんと考慮されていることを知らせる必要がある。

7.3.2 一般市民の役割

広大なアセスメントの目標と対象を考えた場合、一般市民は次の各項目に建設的に参加することができる。
- ■物理的・社会的な環境に対する影響を評価するために不可欠なデータや情報を提供する。
- ■アセスメント実行チームとともに活動できる専門家を抱えている市民グループを捜す。
- ■アセスメント実施の過程で考慮しておくべき地域的な問題を把握する。
- ■現在の環境状態に関する歴史的な視点と、開発プロジェクトを実施する地域の現状に関する視点を提供する。
- ■活動場所に関するデータを収集する。

- ■認識された環境影響の重大性を評価するための基準を設ける。
- ■プロジェクトの代替手段を把握する。
- ■アセスメント・プロセスへの市民参加を促進するためのフォーラムの開催などを提案する。
- ■現在進行しているアセスメントが妥当なものであるか、監視する。
- ■アセスメントの中間報告を分析して、それが市民に対してわかりやすいものであるか、また地域住民に関心のある事柄が含まれているのかを評価する。
- ■開発プロジェクトの直接、間接、累積影響を分析し、評価するのを補助する。
- ■アセスメントの範囲とスケジュールを監視する。
- ■アセスメント実行チームのメンバー、外部団体、その他の市民団体や個人とのあいだの連絡役を務める。
- ■プロジェクトデザインや管理手法に取り入れることのできる影響軽減措置を識別し、評価する。

　地域のいくつかのグループや個人が、自分の持つ関心、時間、知識、経験などにもとづいてこれらの役割を分担して行うことが可能であろう。したがってアセスメント実行チームは、さまざまな市民グループや個人が自分たちが十分に果たすことのできるアセスメントの役割を把握する手助けをしていくべきである。これは、アセスメント実行チームの最初の仕事である効果的なコミュニケーションを通してのみ、実現が可能なのである。

7.3.3 市民参加のテクニック

　EIAに一般市民を参加させていくのに用いられる、さまざまなテクニックが存在する。これらのテクニックは、メディアにもとづいたもの、リサーチ、政治的なもの、体系化されたグループ、大規模グループ、官僚制度の分権化、調停などに類別することができる。

7.3.3.1 メディア

　ラジオ、テレビ、公共サービス告知、広告など。

7.3.3.2 リサーチ
サンプル調査を行って、コミュニティーの概略をつかむ。

7.3.3.3 政治的テクニック
住民投票やロビー活動を行う。

7.3.3.4 体系化されたグループ
グループづくり、デルフォイ法、ワークショップなどを行う。

7.3.3.5 大規模グループ
公聴会や集会などを行う。

7.3.3.6 官僚制度の分権化
現地オフィスや情報センターを設立する。

7.3.3.7 調停
市民の諮問委員会、アドボカシーの計画、特別委員会の設置などを行う。

7.3.4 市民参加の実施
　アセスメント・プロセスに一般市民を参加させるために用いられるテクニックを選び、実行する際には、以下の項目に関して考えておく必要がある。
■予想されるアセスメント実行チームのメンバーによって、どのようなアセスメントの目標を達成できるか。
■そのテクニックを用いることで成功するためには、なにが（例、プロジェクトを取り巻く状態、タイミング、ターゲットグループの特性など）重要となってくるのか。
■もしそのテクニックを実行に移した場合、どのようなフォローアップ手段、資金、人材、情報が必要となるのか。
■そのテクニックが首尾良く実施されているか、またもし予想外の影響を生み出してしまっているのならそれが適切に修正されているかを確かめるための監視手段はど

のようなものがあるか。
■対象の地域を取り巻く環境（例、住民意識、市民参加に関する過去の経験など）が、そのテクニックの実施に対してどのように影響してくるのか。
■テクニックを用いることが成功につながることを意識している人材を、適切に配置するにはどのようなことを考慮すべきか。

　あらゆる種類の市民参加プログラムに関する妥当性とそのプログラムを成功させるために必要な技術は、過去の市民参加プログラムに関する経験と、その地域を取り巻く（住民意識などの）環境によって決まってくる。したがって、市民グループや個人をアセスメント・プロセスに組み込むためのテクニックを用いるためには、アセスメント実行チームが地域の状況に対して常に気を配っていけるようにすることが重要である。それぞれのテクニックごとの特徴を、次ページの表7.1にあげておく。

　以上をまとめると、効果的なコミュニケーションを実施し、その結果として市民参加プログラムの質を向上させることは、プロジェクトの成功に非常に重要なことであると言うことができよう。コミュニケーションの最大の目的は、信用と信頼の構築である。例え結果が芳しくないものであったとしても、もし「一般市民」がEIAの内容、方法、目的、アプローチなどを信頼してくれるようになれば、プロジェクトを承認してくれる可能性が高い。さらに、地域を取り巻く環境など、そこに住む人々が一番よく知っている貴重な情報を得ることができるのである。

参考文献

How to Assess Environmental Impacts on Tropical Islands and Coastal Areas, eds. R. A. Carpenter and J. E. Maragos, prepared by Environment and Policy Institute East-West Center, October 1989.

表7.1 一般市民とコミュニケーションをとるためのテクニック

対象となる人数	特定の問題に対処する能力	双方向コミュニケーションの程度	コミュニケーションテクニック	情報伝達/教育	問題や価値観の把握	アイデア/問題解決	フィードバック	評価	紛争解決/合意形成
2	1	1	公聴会		X		X		
2	1	2	説明会	X	X		X		
1	2	3	非公式の小規模グループ	X	X	X	X	X	X
2	1	2	一般市民への情報説明会	X					
1	2	2	コミュニティ団体への説明	X	X		X		
1	3	3	情報調整セミナー	X			X		
1	2	1	現地事務所開設	X	X	X	X	X	
1	3	3	地域訪問		X		X	X	
2	2	1	情報開示のためのパンフレット	X	X				
1	3	3	現地訪問	X					
3	1	2	掲示	X			X		
2	1	2	デモンストレーション	X		X	X	X	
3	1	1	マスコミに対する情報公開	X					X
1	3	2	住民の疑問に対する応答	X					
3	1	1	プレスリリース	X		X			
1	3	1	コメントの要求			X	X		

(表7.1 つづき)

対象となる人数	特定の問題に対処する能力	双方向コミュニケーションの程度	コミュニケーションテクニック	情報伝達/教育	問題や価値観の把握	アイデア/問題解決	フィードバック	評価	紛争解決/合意形成
1	3	3	ワークショップ		X	X	X	X	X
1	3	3	諮問委員会		X	X	X	X	
1	3	3	タスクフォース		X	X		X	
1	3	3	地域住民採用		X	X			X
1	3	3	コミュニティの利益に関するアドボカシー			X	X	X	X
1	3	3	オンブズマン		X	X	X	X	X
2	3	1	アセスメントの決定事項に関する市民評価	X	X	X	X	X	

1=低　2=中　3=高　X=適応可能

8 EIA報告書の作成と評価

8.1 EIA報告書の作成

　報告書の作成は、EIAによって発見されたことを専門家、政策決定者、行政、一般市民などに対して伝達するための、きわめて重要な作業である。したがって、報告書は明解なものでなければならない。報告書のフォーマットや表現方法は、EIA実行チームによって変化してくる。

　報告書の作成は、EIAによって発見されたことを専門家、政策決定者、行政、一般市民などに対して伝達するための、きわめて重要な作業である。したがって、報告書は明解なものでなければならない。報告書のフォーマットや表現方法は、EIA実行チームによって変化してくる。

8.1.1 EIA報告書準備のためのガイドライン

　EIA報告書は、それぞれのプロジェクトの特徴を考え、それに合致したものであるべきだろう。しかし、EIA報告書をそれに不可欠な要素をまとめたガイドラインにしたがって作成することも有用であり、そうすることによって一般市民や政策決定者に対して論理的な報告書を提供できるようになる。この節では、EIA報告書の典型的な章立てを簡潔に述べる。

第一章　導入部

　この章は基本的に全体のイントロダクションであり、プロジェクトのバックグラウンドを述べる。プロジェクト実施前の現状と、提案されているプロジェクトがなぜ必要であるかを示す。また、EIA実行チームの構成、予算（専門家が何人、どれくらいの期間にわたって必要か）、作業スケジュール、報告書全体の構成などもこの章で述べておくべきであろう。

第二章　プロジェクト用地とその周辺地域

　この章では、ガイドラインにもとづいてプロジェクト用地とその周辺地域に関する説明をする。出版物や教育機関、政府機関などがこの章の主要な情報源である。さらにこの情報を、フィールド調査にもとづいて評価する。具体的には、次のような内容が必要である。
■周辺の地図を含めた、プロジェクト予定地とそのレイアウトの説明。
■現在の土地利用状況を述べる。とくに、農業活動、森林の有無、居住などは必ず含めておくべきである。
■地域の水資源利用状況を説明する。
■人口密度、人口の集中地域、雇用状況などを含めた住民の状態に関する情報。
■土壌の種類など。
■表層水と地下水の水圧や水質などを含む、水循環パターンや水質。水質は、飲料水基準にもとづいて示す。地下水の分布や水質に関するデータも示す必要がある。
■天候状況と空気の質。温度、降水量、湿度、風速と風向、大気中の窒素酸化物や一酸化炭素、硫黄酸化物、炭化水素の濃度などに関するデータを含む。
■生態系。その地域における水生、陸生生物の生態系などに関する説明。地域内にもし絶滅危機にある生物が存在するのであれば、その情報も含める。
■この章に含まれる基本的な情報は、もしこれが詳細なEIAの報告書であれば、一年間のモニタリングにもとづいている必要がある。

第三章　プロジェクトの概説

　この章では、提案されているプロジェクトの概説について説明する。工場のレイアウト、廃水処理システムの説明、使用する材料や製品の詳細、設計、計画されている輸送ルートなどを含むべきである。このようなプロジェクトに関する情報は、用地の準備、建設、工場操業、輸送、福利厚生、閉鎖などといったそこで行われる各活動に関してそれぞれ述べていく必要がある。

　これらの分類の中のすべての主要な行為を、プロジェクトの実行、操業内容を伝えるために棒グラフの形で示すべきである。また、それに付随する行為や頻度の低い行為に関しても注意を払う必要がある。このようなものとして貯蔵庫、工場の操業開始と停止などの行為がある。

　主要な行為に関しては、その規模や期間に関しても述べておくべきであろう。

第四章　プロジェクトの環境影響

　この章では、プロジェクトの操業によって生ずるであろう環境への影響に関して述べる。とくに空気の質、水質、農業、水生生態系、陸生生態系への影響に重点を置くべきである。第二章と第三章で示した情報をもとに論理的に説明することが、この章の核心である。ここでは、マトリックスやネットワークなどのEIAの手段を予測モデルなどのツールとともに用いることが役に立つ。すべての直接的、間接的影響を時間別、重要度別に特定する。この作業を補助するために、もし必要ならば予測モデル作成などのツールを使うことができる。

第五章　影響の評価と分析

　この章は、予定されている行為によって生ずる影響を数量的に評価するためのメソッドやツール（規模マトリックス、数的マトリックス、ネットワーク、地理情報システム［GIS］、インデックスメソッド、コスト・ベネフィット分析など）に焦点をあてる。また、この評価にはエキスパート・システムも有効であろう。

第六章　環境管理プラン（EMP）

　この章では、前章で勧告された、工場を操業する際に必要な影響緩和措置や保護措置に関する実施プランを詳細に説明する。EMPの報告には、各影響緩和措置や保護措置の実行計画も盛り込まなければならないため、第六章は次のような構成にするべきであろう。
- ■目的。
- ■ワークプラン。
- ■実施スケジュール。
- ■必要な人材。
- ■EMPの予算。

　この章は、EIA報告書の中でもっとも重要な部分である。したがって、この章は正確で明確なものでなければならない。これにはプロジェクトの種類ごとに重大な環境影響を識別し、それに対応する影響軽減措置を示していくことが有用である。その際、表を用いて説明することも便利である。

第七章　環境モニタリング・プログラム

　この章では、プロジェクトの実施により起きる環境影響を監視するためのモニタリング・プログラムに関して述べる。このプログラムは、プロジェクトによる建設行為が開始される前に実行に移す必要がある。また、この章は以下のセクションに関して説明がなされねばならない。
- ■地表水。
- ■地下水。
- ■大気の質。
- ■生態系──水生生物および陸生生物に関するもの。
- ■社会経済的な地域状況。

表8.1 EIA報告書に盛り込むべき内容

	援助機関				
内容	世銀	EBRD	IDB	AsDB	AfDb
要約	Yes	Yes	Yes*	Yes	Yes
政策、法律、機関の枠組み	Yes	Yes	Yes	Yes	Yes
プロジェクトの概観	Yes	Yes	Yes	Yes	Yes
環境影響の分析	Yes	Yes	Yes	Yes	No
コスト・ベネフィット分析	No	No	Yes**	Yes	Yes
代替案の分析	Yes	Yes	Yes***	Yes	No*
影響軽減措置	Yes	Yes	Yes	Yes	Yes
機関の設立	Yes	Yes	Yes	Yes	Yes
環境モニタリング計画	Yes	Yes	Yes	Yes	Yes
協議会	Yes	Yes	Yes*	Yes*	Yes

Yes* プロジェクトチームによって作成する
Yes** ケースごと
Yes*** 必要ならば
No* 影響軽減措置に関する協議は、プロジェクトプラン内で行われる

EBRD 欧州復興開発銀行；IDB 米州開発銀行；
AsDB（ADB） アジア開発銀行；AfDB アフリカ開発銀行

8.1.2 EIA報告書作成のためのガイドラインの比較

　前節で述べたガイドラインは一般的なものである。だがEIA報告書作成のためのガイドラインは、各国ごとにそれぞれのEIAシステムにもとづいて作成されている。さらに、国ごとに加えて援助機関もまたそれぞれのEIAプロジェクトにもとづいたガイドラインを作成している。表8.1は、そのようなEIA報告書作成ガイドラインによって必要とされている内容を比較したものである。

8.2 EIA報告書の評価

　報告書の評価にはいくつかの目的があり、目的ごとに少しずつ評価をするための手法が異なってくる。評価は技術的な正確さや完成度を確認するために、開発を進めたりプロジェクトを中止したりしても自分の利害とならないような、プロジェクトから独立した専門家を含めて行う。

8.2.1 評価の目的

　通常、EIAには開発の方法や結果に関する膨大な量の情報が含まれることになる。評価の目的は、次のようなことがあるだろう。
■情報をどのように解釈すべきであるかという枠組みを、評価者に対して提供する。
■情報の質や完全性に関して、評価者が比較的早く評価できるようにする。
■開発のための道具としてEIAを受け入れるかどうか、全体的な判断を評価者がくだすことができるようにする。

8.2.2 評価に必要な情報と専門的技術

　大抵の場合、評価は環境アセスメントに関連する法や規則に通じていて、影響評価の方法論やEIAの最近の手法に関して少なくとも基本的な知識を持ち、なおかつそれを理解している開発プランナーや利益団体によって評価が行われる。

8.2.3 評価のための方策

　評価者は、EIAの報告書に示されている事柄に反論すべきではないし、またそれらを自分自身の結論に取って代えるべきでもない。それよりも、評価者は報告書の弱点や脱落している点、隠されてしまっている点などに注目すべきである。このような事態は必要な作業が抜けている場合、不適切な手法やその場しのぎの手法が用いられた場合、不正確なデータや偏ったデータが裏づけなく使用されていた場合、また論理的な結論や理由づけなどが示されていない場合に起こりやすい。
　EIA報告書を客観的に評価するためには、まず二人の評価者に別々に評価してもら

い、それから共同で自分たちがくだした評価の相違点に関して意見を一致させる手法を用いるのがよい。

どのような場合であれEIA報告書が含んでおかなければならない必要最低限の情報は、通常それぞれの国の規則によって定められている。これらの必要最低限の情報を示すことが、その報告書がプランニングに必要な文書であるかどうかを決定するための非常に重要な要素なのである。

8.2.4 アプローチ

報告書を評価するうえでの問題点を示した文書はほとんど、その問題に関する評価者の理解を深めるために使用されている。そのような文書に精通した評価者は、おそらく報告書を調査するのに適しているはずであるし、報告書の作成者が準備した内容に関して自信を持って同意し、異議を申し立てることができよう。ここでは、EIAを体系的に評価するためのさまざまなアプローチと、そのアプローチに関連する事例をあげていく。

8.2.4.1 独立分析手法

独立分析手法を行うためには、評価者が提案されているプロジェクトとその代替手段に関する理論的な知識を持ち、それによく精通していなければならない。つまり、評価者が自らの知識にもとづいて「小さなEIA」を行い、その結果と評価する報告書の内容とを比較するのである。もし報告書に特定の環境影響報告（EIS）手法が用いられているのならば、評価者は異なる手法を用いて分析を行い、その結果を比較する。しかし、ほとんどの場合には関連機関外部の評価者はプロジェクトやその影響、代替手段に関してそれほど精通しているわけではない。そのため、事前の策として、評価者がプロジェクトの環境影響を評価できるようにするために、プロジェクトの目的、代替手段に関する議論、環境影響の詳細などの情報をEIA報告書に詳しく書いておくことが必要であろう。

独立分析手法では、評価者はEIA報告書で述べられている内容をさらに発展させることができる。つまり、報告書の内容を評価し、そこで用いられている技術を評価することによって、もう一つのサマリーをつくることができる。報告書の評価が終了した

時点で、サマリーを提出する。関連機関の人間や政策決定者が、これらのサマリーを用いて次のような決定をくだすことになる。
■EIA の変更や修正。
■報告書を一般に公開するか、あるいはほかの機関の評価に回すか。
■プロジェクトおよびその代替手段を進めるか、修正するか、中止するか。

8.2.4.2 事前に決定される評価事項

　評価者が用いる評価方法には多くの種類がある。提案されている活動に関する特定の質問に答えたごく短い簡潔なものから、いろいろな事柄に関する数多くの数値を基準となる数値と比較するためのチェックリストまで、さまざまである。この分析の内容はEIAとともに用いられ、政策決定過程で使用される。評価者の多数意見・少数意見もまた、政策決定のためのパラメーターとして関係する機関の人間によって考慮される。

　このような任務やプログラムの多様性は、異なる機関のあいだにも起こるし、一つの機関の中にでさえも起こりうる。この多様性の増大は、すべての関連するプロジェクトを評価できる単一の手法を開発することをむずかしくしてしまっている。ある機関の活動が特化されたものであればあるほど用いる評価事項は細かいものとなり、一方、プロジェクトの種類が増えれば増えるほどそのような評価事項は一般化したものとなる。一般化された評価事項は、もしそれが適切に選ばれたものであるならば、報告書の評価を一定のものへと方向づけることのできるものとなり、政策決定者のための効果的なツールとなりうるのである。

8.2.4.3 暫定的評価

　暫定的評価は、環境影響報告（EIS）の評価は行いたいがこれまで述べたような詳細な体系化されたアプローチは用いる必要のない場合に行われるものである。このような場合には、評価者は次に提案することを行っていけばよい。

1. EIA 報告書のアウトラインをよく理解し、EIA を実行している機関がどのようなものかをよく知っておく。これによって、評価すべき EIA の内容と流れに関する一般的な理解を深めることができる。

表8.2 報告書評価基準

注意すべき分野	基準
A 読みやすさ	明確に書いてあるか。 曖昧さが残っていないか。 技術的専門用語を避けているか；専門用語が用いられているならば、それに関する説明があるか。
B 考慮すべき事柄	発見したことを間違って解釈していないか。 自分の価値観を反映した形容詞やフレーズを用いていないか。 経済的、環境的、生態的影響およびそれぞれの生産性を混同していないか。 確証のないことを書いていないか。 相反する表現を用いていないか。
C 表現	正しく定義された、受け入れることができる質の用語を用いているか。 数量化できる要素、影響、使用法、行為に関して、きちんと数量化をしているか。
D データ	すべてのデータ源を示しているか。 最新のデータを用いているか。 必要ならば、実地でデータを集めているか。 技術的に適切なデータ収集法を用いているか。 非公式データを用いている場合は、その理由を示しているか。
E 方法と手順	予測をする際に最適な結果を得られるような方法や技術、モデルを用いているか。 用いた手順やモデルをすべて説明しているか。 すべての判断の基準を示しているか。 専門家にも受け入れられる基準の手順やモデルを用いているか。
F 発見したことに関する解釈	必要でないと判断する前に、きちんと影響に関して議論しているか。 論争となっている事柄を分析し、すべての結果が示していることについて議論しているか。 重大な不確実性のある情報に関して吟味しているか。

(表8.2つづき)

それぞれの代替手段ごとに細かく分析し、それを選ばない理由を示しているか。 解釈、手順、発見などを、専門家の分析に耐えうるように吟味し理由づけをしているか。

2. 報告書の要約を読む。これによりプロジェクトの全体像、その代替手段、予期される環境影響に関して理解する。
3. 目次を読み、EIAに関するなにがどこに書いてあるのかということを理解する。プロジェクトやそれに付随する環境影響に関してどの程度まで精通しているかによって、報告書の特定のセクションまで進むかどうかを決めることができよう。
4. EIAの内容を理解し、208ページからの表8.2で示した項目がどこに書いてあるのかを探す。
5. 管理上必要な書類と、先に述べた事柄に関する技術的評価に注目する。
6. 自分の判断にもとづいてEIAを評価する。

EIA報告書を評価する際に政策決定者が聞いてくるであろう質問事項を以下に述べておく。

1. 環境に対するプラスの影響とマイナスの影響が、どの程度まで明確に説明されているか。
2. 環境へ悪影響を及ぼしてしまうリスクはどのように評価されているのか、またそれはなにか。
3. 外部要素やタイムラグ効果を考えた場合、EIAの目的はなにか。
4. (もしあるならば)環境的に不安定な地域、絶滅危機にある種とその生息区域、レクリエーション用地、景観の良い地域などへの影響はどのようなものであるか。
5. どのような代替手段が考えられるか。プロジェクトの中止、場所の変更、用いる技術の変更など。
6. 以前に行われた似たようなプロジェクトからどのようなことがわかるか。
7. 環境影響によって、プロジェクトのコストと利益はどのように変化してくるか。
8. 避けることのできない環境影響として、どのようなものがあるか。

9. プロジェクトやEIAを評価する際、どのようにして一般市民が参加できるか。
10. どのような種類の影響軽減措置が取れるか、また誰にそれを実行する責任があるのか。
11. 監視すべき項目には、どのようなものがあるか、また環境の状態をプロジェクト全体を通して把握できるか。

8.2.5 報告書評価に用いる特定の基準

次ページのリストは、EIA報告書の質を評価するための階層別リストである。これには、評価のための分野が四つある。

(a) 開発行為、地域の環境、基準線の状態などに関する説明。
(b) 鍵となる影響の把握と評価。
(c) 代替手段や影響軽減措置。
(d) 結果の伝達。

(a) 開発行為、地域の環境、基準線の状態などに関する説明

開発行為の説明
■開発の意図、目的を説明する。
■開発行為の設計や規模に関して説明する。通常はこれをダイアグラム、計画表、地図などを用いて行う。
■開発行為を行う環境の中で、その行為がどのような物理的存在となりうるか、またどのように見えるのかを示す。
■必要な場合には、その開発行為によって用いられる予定の生産方法および生産性について説明する。
■工場建設期と操業期に必要となる原材料の種類と量を説明する。

場所に関する説明
■プロジェクトの実施予定地を明らかにし、それを地図で示す。
■土地の利用法を説明し、異なる目的で利用する土地との境界線をはっきりさせる。

8 EIA 報告書の作成と評価

- 予定されている建設期間、操業期間、もし必要ならば停止期間を説明する。
- 建設期および操業期にプロジェクト用地に入るであろう従業員および訪問者の人数を予測する。また、その人たちがプロジェクト用地へ行くときに使うであろう道のりと交通手段に関しても説明する。
- プロジェクト用地に運び込まれたりそこから出荷される原材料および製品の輸送手段とその量に関して説明する。

廃棄物に関する説明
- 廃棄物、使用するエネルギー、その他の残余影響に関する種類と量、それが生成される割合に関して見積もる。
- これらの廃棄物などを処理する方法を、それが環境に徐々に還元されていく時のルートとともに明らかにする。
- 廃棄物の量に関して、それをどのように割り出したのか、計算方法を明らかにする。もしその方法に不確実な部分があればそれを通知し、もし可能であればその不確実性がどれほどのものなのかに関しても明らかにする。

(廃棄物とは、すべての残余物質、廃液、排気を含むものである。また、浪費されるエネルギー、廃熱、騒音なども考慮すべきであろう)

環境に関する説明
- 開発行為によって影響を受けると予測されている環境について、適切なその区域の地図とともに示すべきである。
- 影響を受ける環境は、建設場所ですぐに起きてくる影響以外も含めて、潜在的なものをすべて明らかにする必要がある。このような環境影響として、汚染物質の拡散、付随するプロジェクトや交通といったインフラストラクチャーの整備要求などがあろう。

ベースラインに関する説明
- 影響を受ける環境の重要な要素に関して把握し、説明する。このために用いられた方法、調査法はアセスメントの規模や内容に合っている必要があり、またそれらを開

示する必要もある。この時点で不明確な部分があったら、それも明らかにする。
■現存するデータ源があればそれを探し、それが関連するものであれば使用できる形にする。このようなデータ源には、地方公共団体の記録、環境保護機関や利益団体によって行われた調査などがあるだろう。
■プロジェクト実施予定地周辺の土地利用計画や土地政策に関して地方公共団体と協議し、人間活動や自然の変化を考慮に入れたベースライン（プロジェクトが行われなかった場合の将来の環境状態のことで、「なにもしない」シナリオと呼ばれる）を決定するのに必要なデータを収集する。

(b) 鍵となる影響の把握と評価

影響の定義
■プロジェクトの直接影響、間接影響と、二次的、累積、短期、中期、長期、永続的、一時的、プラス、マイナス影響に関して説明する。
■上記の影響を調査し、人間活動、動植物、土壌、水質、大気、気候、景観、物質、文化遺産（建築物や考古学遺跡など）やそれらの相互作用に対する影響を説明する。
■その場合、考えるべき対象をプロジェクトで予定されている建設、操業行為によって起こるものに制限するべきではない。必要ならば、事故などの予期しない状態によって起こしてしまう影響に関しても明らかにしておく必要がある。
■影響は、ベースラインからどれくらい離れているか、つまりもし開発行為がなかった場合の環境影響と開発を行った場合に起きるであろうと予測されている環境影響との違いによって決定されるべきである。

影響の把握
■影響は、プロジェクト別チェックリスト、マトリックス、専門家によるパネル、協議などの体系的手法を用いて把握すべきである。また二次的影響を把握するために補助的手法（ネットワーク分析による原因と結果の把握など）が必要となる場合がある。
■影響を把握するために用いた手段を説明し、またなぜそれを採用したのかに関して

も明らかにする。
■すべての主要な環境影響を識別できるだけの能力がある手法を用いるべきである。

スコーピング
■プロジェクトやその影響を予測するため、一般市民、利益団体、クラブ、協会などとコンタクトするように努力すべきである。
■関連公共団体、利益団体、一般市民の意見や懸念がどのようなものであるかを聞くための機会を設けるべきである。このようなものとして一般公聴会、セミナー、討議グループなどがある。
■より詳しい調査を行うため、重大な影響を識別し選択する。アセスメント全体を通して対象となることがなかった影響分野も明らかにし、なぜそれに詳細な調査が必要でないのか、その理由を説明する。

影響の規模に関する予測
■主要な影響の規模を計測するために用いるデータは、それに見合うだけの信頼性や精度のものでなければならない。またそのようなデータがどのようなものであるかを説明し、情報源を明らかにしなければならない。必要なデータと実際に用いられたデータにギャップがあるならばそれを示して、アセスメントを行ううえでそれをどのような方法で用いるのかを説明する。
■影響の規模を予測するための手法は対象となるプロジェクト影響の規模や重要度に見合ったものである必要があり、また開示されるべきである。
■可能ならば、影響の予測を範囲や信頼性などに関する数量的な尺度を用いて表す。その場合には、その尺度に関してもできるだけ細かい説明をする（例；「この方法では、100メートル以上の距離では認知できない」）。

影響の重要度に関する評価
■プロジェクトの影響を受けるコミュニティーと、社会一般に対する重要度を明らかにする。（影響の重要度と規模は明確に区別する必要がある）。影響軽減措置の実施が予定されている場合、その措置を実施したあとの残余影響に関しても説明する。

- 影響の重要度は、適切なその国の基準や国際基準があるならば、それを考慮して評価する。影響の規模、場所、期間を国家や地域の社会規範と照らし合わせて説明することも必要である。
- 重要度を評価するために用いられた規格、前提、価値基準などに関してなぜそれを選択したのか説明し、その選択に関する反対意見もまとめる必要がある。

(c) 代替手段と影響の緩和

代替手段
- プロジェクトのディベロッパーにとって現実的で入手可能な代替用地があるならば、それを考慮しておく。これらの候補地間の環境に関する利点と不利な点を把握し、最終的な用地選択の際の理由を説明する。
- もしあるのならば代替の手段、設計、操業環境をプロジェクトプランニングの早い段階で把握しておき、もし提案されているプロジェクトが重大な環境影響を引き起こす可能性があればそれらの代替手法の環境影響を分析し、報告する。
- もしアセスメントの実施中に、それを緩和することがむずかしいほどの予想外の深刻な環境影響が表れたら、早期のプランニング段階で却下された代替手段を再び考慮すべきである。

影響軽減措置の効果
- すべての主要な環境影響に関する影響軽減措置を検討し、適用可能な場合は、その影響軽減措置を進める。残余影響や緩和できない影響をすべて明示し、なぜそれらの影響が軽減できないのかを説明する。
- 検討の対象となる影響軽減措置には、プロジェクトの修正、金銭的補償、代替施設の準備、人口のコントロールなどがある。
- 影響軽減措置を実行した場合、どの程度までその効果があるのかを示す。その効果が不明瞭か、操業手順や気候などに関する仮定にもとづいたものである場合、その仮定がどの程度受け入れられるものであるかデータを示すべきである。

影響緩和の誓約

■プロジェクト提案書に書かれている影響軽減措置をディベロッパーが実施するという旨の誓約を、書類として残しておくべきである。また、どのように影響軽減措置を実施していくのかという実施方法の詳細と、それを実施する時期についても同様である。

■プロジェクトの実施に伴う実際の環境影響と、プロジェクト提案書で予測されている環境影響の相違点とを監視する制度を設ける。予想外の環境影響が起きている場合にはそれを緩和するための措置を準備しなければならない。この監視措置の規模は、予想されている環境影響と実際の環境影響との乖離(かいり)の規模と重要性によって決まってくる。

(d) 結果の伝達

レイアウト

■報告書のレイアウトは、読者がデータを簡単に素早く見つけ、理解することができるようなものでなければならない。また、外部のデータ源に関してはそれを明記する。

■報告書には、プロジェクトの概要、環境アセスメントの目的、その目的の達成方法に関して述べた簡潔なイントロダクションをつけるべきである。

■情報を、セクション、章ごとに論理的に配置し、重要なデータがどこにあるのか、目次に示しておく必要がある。

■章が非常に短い場合をのぞき、章ごとに対象となる段階の調査によってなにを発見したのかを略述した要約をつけるべきである。

■外部の情報源から引用したデータ、結論、質に関する基準などを用いる場合、その出典を文中に示しておかなければならない。またページの最後か参考文献欄にも、詳しい参照事項を述べておく。

表現

■情報は、専門家でなくても理解できるような形で示される必要がある。必要な場合には、表、グラフ、その他の表現法を用いる。不必要に技術的な言葉や曖昧な言葉は

避けるべきである。
■技術用語、頭字語、イニシャルなどは最初に用いた時点で定義をし、用語解説の欄でも説明する。重要なデータは、本文中に表し論ずるべきである。
■言いたいことは、一つに統合されたものとして表すべきである。付録の中に別に表されているデータに関しても、その要約を本文中に入れておく必要がある。

強調する点
■環境に対する重大なプラス影響、マイナス影響は両方ともに、強調し目立つようにする。よく調査され、害がないと見なされた環境影響に多大なスペースを割く必要はない。
■強調は、偏見を持って行ってはならない。報告書は、いかなる視点のロビー活動をも提供するものではない。また、環境への悪影響を強調して、その本質を間違って伝えてはならない。

技術的ではない要約
■アセスメントによるおもな発見と結果について、技術的ではない要約を作成するべきである。専門用語、データリスト、科学的理由づけの詳細な説明などは避けなければならない。
■要約には、アセスメントで討議されたすべての主要な問題点をカバーし、最低限プロジェクトと環境に関する概要、ディベロッパーによって実施されるべき主要な影響軽減措置の説明、重大な残余影響に関する説明を含んでいなければならない。これらのデータを得た方法と、それらの信頼性に関しても簡潔に説明しておく必要がある。

8.3 コンサルタントや契約者のための考慮事項の準備

多くの場合、EIA はコンサルタント会社がプロジェクト実施者のために行う。その時にコンサルタントが行うべき作業は、考慮事項（TOR）によって示され、判断される。最適な TOR をつくるためには、プロジェクトの実施者は自ら専門のチームをつくり、主要な環境事項、選択肢、代替手段に関してブレインストーミングを行っておくべきであろう。TOR が良くできていれば、EIA の実施に非常に役立つし、コンサルティングのための費用を大幅に減らすことができる。しかし、その場合でもコンサルタント会社との協議や EIA 実施の際には追加的な調査が必要となるだろう。

政策決定者や利害関係者に対する調査結果の最終的なコミュニケーション手段である EIA 報告書の出来を決定するのは、TOR の明解さと理解しやすさにあると言っても決して過言ではない。EIA 報告書は必然的に、TOR で示された要件や調査方法を反映したものとなるからである。

8.3.1 コンサルティングを行う組織のチェック

コンサルティングを行う組織に関しては、その中にさまざまなエキスパートを含んだ多元的なチームが存在するのかどうかを確認しなくてはならない。通常必要とされている専門家は次の分野に通じている必要がある。
■土木工学、環境技術。
■化学、環境技術。
■環境モニタリング。
■生態学を含んだ生命科学。
■大気汚染に関する気象学とモデリング。
■社会科学。

このような専門家はなるべくコンサルタント会社に雇われている内部の人間であることが好ましく、外部の提携者ではない方が良いだろう。外部の提携者は、リスク評価

やグリーンベルトの設計など、特定の限られた分野を扱う場合に必要となる。このような外部提携者を用いる場合には、会社のサポートが欠かせない。また、環境モニタリングを行う際にも会社の組織的サポートが必要で、設備や分析を行う専門家などを含めた研究所の状態を確かめる際のアドバイスなどを行うべきである。

　さまざまな分野からなるEIAチームを立ちあげるためには、対象となる発展途上国でのEIA実施経験や、EIAで用いる方法やツールに通じていることが必要となってくる。プロジェクトマネージャーは、調査対象に精通していることが必要で、最低二つか三つのEIAの実施経験がある人物を選ぶべきであろう。

　また、コンサルティング会社が対象となるEIA調査に関してどれほどのマンパワーを用いると予定しているのか、確認しておくべきである。それにより、スケジュール通りの実施が可能かどうかを判断できる。会社によっては、すばらしい内容のEIAチームとプロジェクトマネージャーを抱えていることがあるが、そのチームがすでにほかのEIAに従事しているということも考えられる。

　コンサルタントを選ぶ際には、二つの方法が考えられる。一つはプロジェクト契約に関してコンサルタントAを雇い、EIAの実施にコンサルタントBを雇うという方法である。この場合にはプロジェクト実施者は、実施すべきEIAの効果を確かなものとするため、二人のコンサルタント間の調整を行う必要がある。したがって、プロジェクト実施者にはコーディネートを行う能力が要求される。

　もう一つの方法は、EIAをコンサルタントAとの契約範囲内に含むもので、「完成品受け渡し方式」ともいえる。これは技術者にEIA実施の権限を与えてプロジェクトを実施するものである。この方法ではEIA実施の責任はコンサルタントAにある。また、TORに明示されている場合をのぞき、プロジェクトの実施者の環境コンサルタントへの関与の度合いは小さくなる。

　いずれの方法でも、EIA実施のためのチームを組む手順は次のようなものになる。まず、プロジェクトの利益を守り、調整、監督、評価を行うためにプロジェクトの実施者によって雇われたEIAアドバイザーやコンサルタントが、ミーティングなどを行う。次にEIAを実施することになったEIAコンサルタント会社が報告書を準備し、ミーティングを行い、フォローアップのための調査などを行う。EIAコンサルタント会社が特定の汚染物質の監視、生態系関連の調査実施、危険性調査などの特別な活動を実施す

る際に、その補助をすることができる専門家のネットワークや調査機関を把握しておく。これらの機関は一般に認められていて、信用度の高いものを選ぶべきであろう。

8.3.2 TOR作成のための戦略

　プロジェクト実施チームやEIAアドバイザーとともにTORの草案を作成していくことは良いアイデアだといえよう。TORの草案を作成していくためには、プロジェクト実施用地を訪問し、スコーピングを行い、すべての代替手段案をリストアップし、考慮事項を把握する必要がある。(一般的に代替手段< alternatives >とは異なるプロジェクト用地の選定などを指し、選択肢< option >とは生産技術などを選ぶ可能性を指す)。以上のことを実施しなければ、EIA実施に必要とされる焦点が的確かつバランスの取れた最良のTORを作成することはむずかしいであろう。

　その後、EIAアドバイザーはスコーピングから初期環境調査（IEE）の段階までのEIAを実施し、代替手段や選択肢を詳細に調査するべきである。この段階ではさらなる調査を必要とする、潜在的な実施可能性のある代替手段や選択肢を識別することになる。同様にプロジェクトの技術設計や技術設計に対して責任のあるプロジェクト実施チームが非常に重要な役割を担うことになる。ほとんどの場合、プロジェクト実施チームの参加が欠けているために、「現実性のある代替手段」や「現実性のある選択肢」を把握することが不可能となってしまっている。

　代替手段や選択肢を検討するためには、二次的な情報の収集や用地の実地調査などによって得られるプロジェクト用地の環境状態に関する情報が必要となる。ここでは、EIAアドバイザーの経験がものをいうことになるだろう。

　主要な代替手段や選択肢を環境面や技術面から検討した後、さらなる調査のためのTORを作成することになる。ここではプロジェクト実施者がEIAアドバイザーとともに、コンサルタントを雇うかどうか決定する。

　このあと行われるEIAのプロセスは、主として二つの部分にわけられる。一つは手続き的なもので、監督官庁の規則で定められた実施要項や書類に沿って行われるものである。もう一つは分析的なもので、手続き事項によって集められた情報をもとに引き出した解釈や結論などを、二次的な環境管理プランを作成するために用いるものである。また、このEIA実施方針を的確にコンサルタントに伝えることが非常に重要で

ある。多くのコンサルタントはプロジェクト実施承認を得るための手つづき事項のみを実施し、プロジェクトに関連する環境問題に焦点をあてている適切な環境管理プランを作成することをしない。実際には、後者こそがEIAの実施の主要な目的なのである。

　したがって、コンサルタントから最良の結果を引き出すためにプロジェクト実施者は環境コンサルタントとの接触を増やす必要がある。その際、そのためのレポートやワークショップに関する規定をTORに組み込んでおくべきであろう。このような接触の機会ではプロジェクト実施者はコンサルタントに対して、ミーティングにはチーム全員でデータや結果を持ちよることを要求し、またコンサルタント会社のEIA実施チームがきちんと活動していることを確認すべきであろう。ここでは「目と目」の接触が非常に大切である。このようなミーティングは、EIAアドバイザーの力を借りて会社の最高経営責任者（CEO）が司会を務めるべきであろう。

　多くの場合にはEIAのためのTORが特別に作成されることはなく、さまざまなEIAの要件に対してそれぞれの「参照事項」がつくられている。環境面での承認を得るという行為の最大の目的は、このTORを管理することにある。ほとんどのコンサルティング会社はEIA要件を満たすことには熟知している。しかし実際には、そのような要件を環境管理プランを開発するためのEIAに組み込むことこそが重要なのである。

　コンサルタントが調査のための準備をするうえでその方法を提供する一つの手段として、EIA報告書の内容のサンプルを提供することがあげられる。

　多くのEIAは、環境を管轄する省庁プロジェクトの実施者との契約にもとづいて、コンサルティング会社が行う。実施することが決まったコンサルタントは、説明やTORを含んだ提案書をもとに、作業内容を記した書類を作成する。実施範囲、スケジュール、価格などに関する協議を実施した後に、契約をかわすことになる。環境問題が的確に認識されていれば、その解決策を把握することが容易になり、また契約に要する費用も削減できる。環境アセスメントでは、主要な環境考慮事項を把握し、TORに掲載されている開発によって起こりうる影響に関する調査を実施することが不可欠である。入札による契約の場合には、コンサルタントは以後の仕事を契約することができるようにするため、めったにコストの増加につながるような「仕事内容の追加」はしない。しかし、協議を行っているあいだに追加的な調査が必要だと判断されることもある。

そのため、コンサルタントを雇う側は、不必要な仕事にお金を払うことを避けるために、なにが必要とされているかを的確に理解しておく必要がある。また、分析方法や表現方法も、EIAに使用できるような形式(コスト・ベネフィット分析、比較リスク評価、費用効率性など)を用いるように要請しておくことも重要である。

　TORで定められている技術的事項は、通常は次のような内容となっている。

■EIAの目的——どのような決定が、誰によって、どのようなスケジュールで、くだされるのか。どのような種類のアドバイスが必要なのか。プロジェクトのどの段階にあるのか。

■プロジェクトの内容——実施予定地、技術、使用エネルギー、予定されている原材料。

■EIAの予備調査——地形、地域、プロジェクトの寿命、外観、環境変化とその結果起きることに関して予想される内容などを含む。

■影響——人間の健康、住民の財産、生態系などに対して予想される影響。

■影響の軽減——実施可能な影響軽減方法。開発の目標を達成することができるようなプロジェクトの設計変更などを含む。

■監視——操業によって発覚した事柄をフィードバックし、環境影響を把握し、影響軽減措置が実施されているかどうかを確認するための監視が必要である。

■必要な調査の種類(コスト・ベネフィット分析、土地の利用計画、人口制御のための法規制、シミュレーションモデル、実施予定地や使用技術の比較、リスクアセスメントなど)。

■スタッフのレベル、必要な技術、予定されている費用、予定の締め切り日など。

　プロジェクトの実施者が準備する予備EIAは、情報を数値化して表すべきである。また、EIA実施に役立つようにTORに付しておくことが望ましい。

　TORで定められている、非技術的事項は次のようなものがある。

■参照事項の出所、プロジェクト実施者によって提供されるべきデータ。

■ミーティングおよび進展レポートの頻度と議題。

■報告書の下書きを評価する機会。

■契約者による、契約内容の訂正方法。

■支払いに関するスケジュール。

■責任の所在や保険。
■報告書の印刷と配布。
■調整の必要性。

参考文献

Reviewing the Quality of Environment Statements Part B - Environmental Statement Review 1, N. Lee and R. Colley, EIA Centre, Department of Planning and Landscape, University of Manchester.

How to Assess Environmental Impacts on Tropical Islands and Coastal Areas, eds. R. A. Carpenter and J. E. Maragos, prepared by Environment and Policy Institute East - West Center, October 1989.

9 EIAの発展

9.1 はじめに

　長年のあいだ、EIAを行う際には、そのプロジェクトに対する偏見や有効性に対する疑問があった。しかし、すべての開発プロジェクトには環境に対する影響が少なからず存在する。したがって、より包括的なアプローチが必要とされるようになってきた。プロジェクトに起因する、地域的あるいは地球規模での環境影響を調査する必要が出てきたのである。また、プロジェクトの内容自体以外にも、実施プロジェクトの種類や内容に影響を及ぼすことになる政府の政策も評価する必要がある。そのような影響を評価するために用いられるようになった新しい分野の方法として、地域的影響を評価するために用いられる累積影響評価（CEA）や、政策による影響を評価するために用いられる　戦略的環境アセスメント（SEA）などが開発されてきた。また以前はEIAの一部門として考えられていて、それが独自に発展したものとして、社会影響評価（SIA）、環境リスクアセスメント（ERA）、環境健康影響評価（EHIA）などがある。

9.2 累積影響評価

　累積影響とは、環境システムの時間的・位置的な変化の蓄積を、累積的に相互連関を含めて表したものである。すべての変化は、単一あるいは複数の、また同種あるいは異なる種類の行為によってもたらされるといえるだろう。その中でも特定の行為に起因

する環境変化は、位置的・時間的な尺度が狭い範囲に固定されているため、重要とは見なされない。しかし、人間による繰り返しの、あるいは複数の行為に起因する環境変化は、時間的・位置的に累積し、重要な累積影響となって現れてくることがある。

　累積影響評価（CEA）は、そのような累積的な環境変化を体系的に分析し、評価する手段である。CEAはそれを実施するにあたって、環境変化の複数の原因、累積影響の代替経路、時間的あるいは位置的に変化しうる影響などを考慮しなければならないため、非常に複雑なものとなる。CEAを実施する際には、影響源、獲得経路、影響などの要素を認識し、それらの要素ごとの特質を区別するためのアプローチを含んだガイドを用いる必要がある。そのようなガイドは、カナダなどに存在する。カナダでは環境アセスメント法が1992年に施行され、CEAの論理的・方法論的なベースが確立されているのである。

　カナダやアメリカなどのいくつかの国では、環境アセスメントに関する法律のなかに累積環境影響に関する事項を盛り込むため、明確な要件を定めている。累積影響を分析し、評価するための要件は、環境変化の特質に関する広範な見方を反映している。またこのような見方は、複数の原因、複雑な原因、相互連関した変化過程、拡大し低くなった位置的な境界、拡大した時間の範囲と格差などを考慮したものである。そしてこれらが、累積影響あるいは累積環境影響の特性となっているのである。

　CEAは一般的に、予期しえない、地域的な環境問題に関して実施される。酸性雨、農地の喪失、水利管理などである。明らかに、そのような問題を解決するためには地域的なプランニングや管理責任を定める必要がある。しかし、CEAを個々のEIAに組み込むことも、それに対して有効であるといえる。大抵の場合、EIAの要件は個々のプロジェクトの環境影響のみにしか焦点を当てていないため、CEAが必要となってくるのである。EIAをより広範な環境管理を視野に入れて実施するように定め、あるいはそうしようとする意志を持つことが、実用的なプロジェクトレベルでのCEAアプローチには必要なのである。

　次ページの表9.1は、一般に行われているEIAとCEAの主要な相違点を示したものである。しかし表に示した区分では、誤った区別を導く可能性がある。実際には、これらの相違点は、どこに強調点をおくかという問題なのである。一般的なEIAは、政策決定レベル、プログラムレベルでCEAの特徴を反映させる方法で行われる。同様

表9.1　一般的な EIA および CEA の特徴

局面	一般的な EIA	CEA
目的	プロジェクトの評価	予期しえない環境問題の管理
提案者	単一の提案者	複数のプロジェクト／提案者なし
調査の対象	重大な環境影響をもたらす恐れのある個々のプロジェクト	複数のプロジェクトと行為
環境影響の学際性	非学際的あるいは狭い範囲で学際的	超学際的、あるいは狭い範囲で学際的
時間的特性	・短期から中期 ・永続的、持続的なばらつき ・プロジェクトによって提案されている行為	・中期から短期 ・非継続的なばらつき（タイムラグ） ・過去、現在、未来にわたる行為
位置的特性	・特定の場所 ・直接的なプロジェクト実施用地内外での影響が対象 ・永続的、持続的なばらつき	・広大な位置的パターン ・広大な地理的領域（越境的な影響）
システム特性	・傾向——単一の生態系 ・傾向——単一の社会経済システム	・複数の生態系 ・複数の社会経済システム
相互作用	・プロジェクト要素内の相互作用 ・環境要素内の相互作用 ・プロジェクトと環境のあいだの相互作用 ・主として重大な直接的相互作用 ・相互作用が累積的であるという仮定	・プロジェクトとその他の行為の相互作用 ・環境システム間の相互作用 ・行為と環境のあいだの相互作用 ・重大および軽微、直接および間接の相互作用 ・いくつかの相互作用は累積ではないという予測（相助、相反）
解釈の重要性	・解釈した個々の影響の重要性 ・もし個々の影響が重要でないならばそれらを累積した影響も重要ではないという仮定	・解釈した複数の行為の重要性 ・累積した影響は、個々の影響が重要でなくても重大なものとなるかもしれないという予測
組織のレベル	・組織内部	・組織間
プランニングとの関係	・包括的環境目標との連関は薄い ・プロジェクトレベルでのプランニング ・累積的なプロジェクト評価	・包括的環境目標との明確な連関 ・プログラムレベル、政策レベルでのプランニング ・中間的プロジェクト評価と包括的なプランニング
政策決定との関係	反応的——行為を起こすための初期的な政策決定のあとに実施	予測的——将来の行為を予測して実施
影響	主要な直接影響のモニタリングと管理	包括的な影響モニタリングと管理システム

に、プロジェクトレベルのプランニングでは多くのCEA手法を適用できる。このように、これらの二つの分野のあいだには重複する部分が多々ある。この重複部分に注意を払うことによって、EIAを刷新し、概念的なCEAをより具体的なものにすることができるのである。

9.2.1 CEAの概念と原則

累積的な環境変化の概念に関する枠組みを構築するためには、いくつかの概念や原則を考慮する必要がある。

9.2.1.1 因果関係モデル

システムの混乱とそれに対する反応のあいだには、原因と結果の関係が存在する。この因果関係モデルが、累積環境変化の枠組みの基本となる。だがこの原因と結果の関係の本質は、複数の原因、フィードバックの機能、さまざまなシステムによる反応などによって、非常に複雑となるのである。

9.2.1.2 インプット—処理—アウトプットモデル

インプット-処理-アウトプットモデルでは、累積環境変化の枠組みの基本的な構造を把握することができる。インプット、処理、アウトプットという三つの要素は環境システムを考えるうえでもっとも基本的なものであり、ストレス反応モデルにおける基本的な要素に匹敵する。個々の要素に関して、これから詳細に検討することにする。

インプットとは、ある変化の原因として機能する刺激のことを指す。そのインプットは、種類、規模、頻度によって分類することができよう。累積環境変化を分析するうえで鍵となるのは、そのインプットが単一のものであるか複数であるか、同種か異なる種類のものか、継続的なものか別個のものか、短期のものか長期にわたるものか、集積されたものか（原因が一点に集中しているか）、分散したものかといった事柄である。

処理とは、インプットされた単位を環境変化の単位へと変換するために行う手法や機能のことを指す。その処理の内容によって、混乱に対して耐え、それを吸収し、適応する能力が決まってくる。累積という処理には、付加していくものと相互作用するも

のがある。後者は、累積環境変化の枠組みに含まれるフィードバック機能や概念を示している。

アウトプットあるいは反応とは、混乱が生じた後に起きるシステムの構造（序列、位置など）やシステムの機能（第一次生産、栄養サイクルなど）の変化のことである。累積影響を調査する場合には、構造の変化と機能の変化を区別しなければならない。

9.2.1.3 時間的　位置的な累積

時間と場所は、累積環境変化を分析するためのインプット-処理-アウトプットモデルにおける各要素それぞれに特有な属性である。まず時間的な見方とは、持続的あるいは繰り返しのインプットにさらされた環境システム内で、各インプットあいだのインターバルが短すぎてシステムがもとに戻ることができないため時間的な累積が生じるというものである。非常に長いフィードバック期間を要する処理が必要だと、実施の遅延につながる。アウトプットやシステムの反応は、累積影響が明らかになる前に反応が起きることがしばしばあるため、短期と長期で異なってくることがあるだろう。

位置的な要素もまた明瞭である。分散したインプット源など、複数のインプットの対象となる環境システムの内部では、インプット間の位置的な近さがそれぞれのインプットを処理するのに小さすぎると、位置的な累積が起きる。その結果地域規模での環境処理に関する追加的、相互連関的な機能が増加して地域的環境変化の増大につながることがある。また、システムの反応も越境的な動きを引き起こし、地形のパターンを変えてしまうことがある。

9.2.1.4 制御要素

インプット、処理、アウトプットという要素を制御する、いくつかの要素が存在する。それらはたがいに排他的なものではなく、相互に依存し、あるいは独立して働くものである。以下に述べる要素を、混乱に対するシステム反応の影響の点から、簡潔に説明しておく。

境界——位置的・時間的な要素は、システムの周辺部を定義し、それを外部の環境から区別する。境界は、インプットが外からのものかシステム内部のものかを決定し、シ

ステム間の越境的な流れを把握するためのマージンを設置することになる。累積影響評価は一般的に、長期的（10年とか100年）な環境変化の累積を含む対象事項の広範な時間的・位置的（地方、地域、地球など）境界によって、その性格が変わってくる。

序列──システム内のいかなるレベルの組織体（個人、人の集まり、コミュニティー、エコシステムなど）でも、ある程度の自治能力がある。それは、序列内のほかのレベルのものとは異なる時間と位置の規模で機能することによって、達成される。組織体の中においても異なるレベルでは、システムの反応もまた異なってくる。例えば、河川の富栄養化という環境システムの混乱は、単一の魚種（鱒など）を絶滅に追いやったりそこに住めなくしてしまうことがあるかもしれないが、全体としての水生の生態系は損なわれていない可能性もある。したがって、累積影響評価によってさまざまなレベルの組織体間の環境変化について分析するのである。

組織体の複雑性──組織体の複雑性がどの程度であるかによって、システムがさまざまな大きさのストレスに対して応える能力が決まってくる。成熟した複雑な組織体は、小規模で短期間のストレスによる累積影響に対する耐性はあるが、深刻で長期にわたるストレスには弱い傾向にある。また未成熟の組織体は、急激なシステムの構造や機能の再編などによる過度のストレスを吸収し、適応できることが多い。累積影響に対する反応は成熟したシステムと未成熟のシステムのあいだで異なってくるが、これは一般的になるにつれて、組織の複雑性の度合いが増し、要素間における特化と関連性が増大し、システムの処理能力が低下してくるためである。

同化能力──すべての環境システムは、自らがシステムの要素や処理能力を損なうことなく受け取ることのできるインプットの量に関する、同化能力を持っている。高密度で短期間に起こるストレスは、システムの同化能力を急速に減少させ、その結果システムの反応が急激に変化することになる。規模が小さく頻度も低いストレスは、徐々にシステムの同化能力を減少させる。規模が小さくても繰り返しストレスがかかると、それが時間とともに蓄積し、システムの反応を遅らせるような環境変化を引き起こす可能性がある。

臨界点──環境変化の蓄積は、重大な物事の発端となりうる。つまり、インプットの強度や持続性がシステムの反応を引き起こすのに十分な臨界点なのである。この臨界点によって、システムがもはや耐えることも吸収することもできないレベルが定めら

れることにより、システムの反応機能が制御できるのである。臨界点を越えた混乱は、システムの再適応や崩壊をもたらす。同化能力と同様に、強度のストレスや軽度のストレスの積み重ねによって、臨界点に到達することになる。

動的変化性——多くの場合環境の混乱は、環境システムや外の機能によって変化するシステムに対して、通常の範囲内で動くことを強いる。動的変化性とは、その広さの測定手段や、その範囲を超えた変動の度合いのことを指す。動的変化性によって、ストレスが激しいものでも蓄積されるものでも、それに適応するシステムの能力が決まってくる。一般的に動的変化性の高い環境システムは、それが低いものよりも、苛酷なストレスに対する高い適応力を持っている。

安定性と弾性——動的変化性と同様に、安定性と弾性という要素もシステムが混乱に対応するうえで重要となってくる。安定性とは、均衡状態からの変動が少なく、ストレスを受けた後でもこの状態へと早く戻れる特性のことである。弾性とは、システムが自らの構造と機能を維持するための変化と能力のことである。安定性が低く弾性の高いシステムは、過度のストレスに直面したとき、安定性が高く弾性の低いシステムよりも持続能力が高い。後者は増加する累積影響を吸収することができるが、先に述べた臨界点に到達してしまった場合に傷つきやすい。

これらの制御要素は、インプット・処理・アウトプットという三つの要素の中で変化してくる。あるものはインプットを決定（境界、同化能力など）し、またあるものは処理に対して影響を及ぼす（臨界点、動的変化率など）。また、アウトプットの種類を決定する要素もある（序列、組織の複雑性、安定性と弾性など）。

9.2.2 概念の枠組み

これまで述べたような概念や原則にもとづいて、累積環境変化の概念的枠組みを発展させることができる。この枠組みもまた、インプット–処理–アウトプットというモデルにもとづいている。

■ここでいうインプットとは、累積環境変化の原因（人間活動など）のことである。時間、位置、混乱の性質などによって表される。

■処理とは、加算性や相互作用性などに区別が可能な、累積環境変化の経路を指す。

■アウトプットは、構造的・機能的に大幅に異なってくる累積影響によって表されるも

のである。

　概念的枠組みは、原因・経路・効果という三つの要素から構成されている。これらの要素はたがいに連結し、各要素のあいだにはフィードバックメカニズムともいえる原因と結果の関係が存在する。さまざまな経路が累積環境変化におけるそのほかの原因を刺激し、また効果それ自体が累積環境変化の原因となり、経路を刺激する。そこで、これら概念的枠組みの三つの要素について、詳しく検証してみたい。

9.2.2.1 累積環境変化の原因

　さまざまな累積環境変化の原因を説明し、分類するための表が、次ページの表9.2である。この表では、時間・位置・混乱の特徴によって原因を分類している。このような類型をさまざまな原因に対して当てはめるための方法を、表中の三つの例を通して説明している。水力発電用ダムの建設は、地域が限定された、単一の断続的な出来事だと見なされているかもしれない。しかし現実的な立場に立てば、ダムの建設は、同じ種類の混乱要因（水力発電プロジェクトなど）あるいは違った種類の混乱要因（道路、運搬用地など）、また空間的な規模（埋め立てによる河川上流区域の生態の喪失、下流域の流れの変化など）、時間的な境界（偶発的なメチル水銀の放出や、貯水池への沈殿物の放出など）などを考慮した場合には、累積影響の潜在的な原因となりうる。

　森林の伐採も、地域の限定された、単一の断続的な出来事であると思われているかもしれない。しかし、一度ある場所の木が切られてしまえば、伐採者はほかの場所へと移ってしまう。森林の伐採は、行為が反復され、そのうえ、さらに位置的に広範囲に及ぶため、累積影響の潜在的な原因となりうるのである（表9.2参照）。

　最後に、CO_2の排出も累積影響の典型例であるといえる。大気内のCO_2の蓄積は長期にわたって（産業革命以前から）、地球レベルで起きている。さらにCO_2の排出は、さまざまな種類の、複数の原因（火力発電所、交通機関、暖房など）に起因している（表9.2参照）。

　この分類によって、環境アセスメントの対象となるプロジェクトの背後にある、長期にわたって繰り返され、位置的にも広大な範囲にわたる累積環境変化の原因（人間の活動など）について、より深く考えることができるであろう。

9.2.2.2 累積環境変化の経路

　環境変化は、異なったプロセスや経路を通って蓄積していく。変化の原因と同様に、この経路もまた数・種類・時間の特性・空間の特性などが大きく変化する。ある混乱は、単一あるいは複数の経路をたどり、加算的あるいは相互作用的なプロセスを経て、効果へと至るのである。加算的な経路においては、ある環境変化の単位がその前の環境変化の単位に加えられるか引かれるかして、効果を及ぼす。また相互作用的な経路では、そのような単位が掛けられたり割られたりするため、単純な環境変化の合計よりも効

表9.2　累積環境変化の原因の分類
（三種類の人間と環境の相互作用の例を通して）

特徴		例		
		水力発電用ダムの建設	森林伐採	CO_2の排出（化石燃料から）
時間				
規模	短期	1/4		
	長期		1/4	1/4
頻度	断続的	1/4		
	継続的		1/4	1/4
空間				
規模	地方	1/4		
	地域		1/4	
	地球レベル			1/4
密度	密集	1/4		
	散漫		1/4	1/4
配置	線形	1/4		
	地域的		1/4	1/4
混乱				
種類	同種	1/4	1/4	
	異種			1/4
量	単一	1/4		
	複数		1/4	1/4

果が大きくなったり小さくなったりすることがある。時間的には、そのような経路は瞬間的なものであったり、ずれが生じたりする。また空間的な特性を見てみると、経路は地方・地域・地球レベルで機能し、また同じスケールでもシステム間の越境的な動きを巻き込んだりする。

　一般的に累積環境変化は、環境要素や要素間の関係内部の増加変化というプロセスを内に含んでいる。ソナタッグらは、このような増加変化を次の四種類に分類している。

1. 第一は線形増加変化で、一定の大きさの大規模貯蔵庫（大気など）から出るエネルギーや原材料に対する、小規模な増加あるいは減少のことを指す。それぞれの増加あるいは減少は、ぞれ以前の増減と同様の効果をもたらす。水中の含有物と魚類のあいだの線形関係が、この種の変化のよい例である。
2. 第二に増幅変化あるいは指数関数的変化で、無制限の貯蔵庫からの増加や減少を指している。変化における各増減はそれ以前のものよりも大きな効果をもたらし、システムの反応は時とともに増加する。この種類の変化の例としては、一定量のCO_2の継続的な大気中への放出がある。この場合大気中の濃度は上昇し、地球温暖化を引き起こす。
3. 第三が断続的変化で、臨界点に到達するまでつづく増加や減少のことを指す。臨界点を越えた変化量の増減は、システムの反応を引き起こす。この変化の例として、一度臨界点を越えて栄養が集積されると藻の大発生を引き起こす、湖沼の富栄養化などがあげられよう。
4. 最後が構造的驚変で、地域的でゆっくりとした環境変化が徐々に蓄積し、空間的な規模（地域、地方から地球レベルへ）や時間的な規模（ゆっくりとした変化から急速な変化へ）が拡大する変化のことを指す。その結果、環境システムの構造にさまざまな変化が生じる。これらの効果は、鍵となるシステム変化の空間的な均質化や、主要なシステム機能の喪失などの形で出現してくる。湿原の喪失に関する時間的・空間的な蓄積と、それにつづく湿原機能の変化（地下水の補充パターン、水生生物の多様性、洪水など）は、構造的驚変の例である。

　この分類は、環境変化の累積によって生じるさまざまなメカニズムを述べたものである。この分類によると、メカニズムが線形から非線形へと移行し、継続的なものから

断続的なものへと移り、単一の時間と空間スケールから序列的スケールへと変化するにつれ、複雑性が増していく。また環境要素やプロセスにおける増加変化は、それ以前の変化と同じものであるという前提に対しても、疑問を呈すだろう。この分類においては、非線形プロセス、刺激メカニズム、驚変は個々の連続的な増加を強化し増幅するという前提にもとづいている。同化能力・臨界点・動的変化性などの制御要素が、環境の増加変化の累積の度合いを決定するのである。

9.2.2.3 累積影響

　累積影響は、さまざまな方法によって分類することが可能である。レーンらは、主要推進力（原因）と基本的位置パターン（効果）の相違によって、累積影響を四種類に分類している。

1. **タイプA**——特定の実行者によって行われる大規模で単一のプロジェクトによって引き起こされる、大規模な地域にわたる環境変化。NATOによるラブラドル海峡上空での低空飛行など。
2. **タイプB**——特定の実行者によって行われ、相互影響する複数のプロジェクト（内容が関連するものもそうでないものも含む）によって引き起こされる、空間的な拡散と複雑な環境変化。北米五大湖周辺での沿岸地域開発など。
3. **タイプC**——これは、生態系によって増幅される（特定の実行者がいない）、突然の環境変化を引き起こす災害などの事象（自然に起きてしまうものや、人間の活動に起源があるもの）のことである。フィリピンのピナツボ火山の噴火や湾岸戦争時のクウェートの油井火災など。
4. **タイプD**——広大な時間的・位置的プロセスに起因し、生態系によって増幅される（特定の実行者がいない）増加的で広い範囲にわたる環境変化である。大気中の二酸化炭素量の増大など。

　ここで強調されるべきなのは位置的なパターンであり時間的な特徴は、それほど重要ではない。同じように、効果は累積環境変化の原因にもとづいて区別されるべきであり、累積影響の種類自体を重視すべきではない。だが、累積環境変化をその原因と結果の関係にもとづいて分類することは、分析を進めるうえで役に立つだろう。

　これまで述べてきたような累積影響の時間的・位置的特性をよりわかりやすく分類し

表 9.3 累積影響の分類

種類	おもな特徴	例
時間的集積	環境システムに対する頻度の高い反復の影響	再生能力を上回る森林
伐採タイムラグ	遅れて起きる影響	発ガン性物質へ露出
空間的集積	環境システムにおける影響の空間的な密集	河川における 不特定の原因からの農薬流入
越境移動	原因から離れた場所で起きる影響	酸性雨
分散	地形の変化	湿原の分離・分散
影響の混合	複数の原因・経路からの影響	殺虫剤の副作用・相助作用
間接影響	二次的な影響	貯水池へのメチル水銀流入
臨界点	システムの機能や構造の根本的な変化	地球温暖化

て表したものが、表9.3である。この中に述べられている効果は、大きくわけて二種類に分類することが可能である。まず一つめが機能的効果であり、時間に依存する累積環境変化の蓄積のことを指す。時間的な蓄積は、環境に対する混乱が、環境システムが再生するのに必要な間隔よりも短いインターバルで起きた場合に発生する。この例としては、森林や魚資源などの再生可能資源を、それが再生するのよりも早い割合で搾取する行為などがある。タイムラグは、複数の世代にわたる遺伝子の異常の原因となる、食物連鎖内の毒素への継続的な露出を生じさせることになる。

そして二つめが構造的効果であり、空間的特性に起因する効果のことで、物質の密集・越境移動・分裂などのことである。空間的な蓄積は、各混乱要素間の空間的な距離が混乱要素を取り除き、四散させるのに必要な距離よりも短い場合に生じる。物質の密集の例としては、農場の廃水処理設備で集められた農薬の残留物が河川などに流出し、そこで高濃度に凝縮されることなどがあげられるだろう。これはまた、ある環境システムからほかの環境システムへの越境移動の例ともなっている（農場生態系から水生生態系へ）。空間的な分裂の例としては、集積農業地域における森林と湿原の規模・

形・接触度の変化があげられる。

　混合、間接効果、臨界点など、そのほかの種類の累積影響に関しては、次ページの表9.4に累積の特徴ごとに示してある。これらは一般的に、機能効果・構造効果・あるいは両方をそれ自体に含んだものである。

　累積影響の種類ごとにその累積経路を特定しようという試みがなされている。すべての累積影響は潜在的になんらかの経路と多少関連しているが、そのなかでもほかのものよりも特定の経路と強く関連している効果がいくつかある。例えば、時間的集積、空間的集積、分散などは大抵の場合増加的経路に結びついている。またタイムラグと越境移動は相互作用経路と深く関連している。混合もまた、相互作用的であるといえよう。

　累積影響を特定の増加経路と結びつけることは、二つの点から、システムの混乱に対する反応への理解を深めることになる。第一に、もし経路において望まない変化が将来起きてしまった場合に、潜在的な累積影響を予測できる点である。例えばある地域における農業用廃水処理設備の密度が上昇すれば（増加変化）、湿原の分散などという重大な累積影響を将来引き起こすことになるだろう。同様に廃水処理は、農場におけるさまざまな種類のインプット（農薬・肥料）から残余物を組織的に集めることによって空間的集積を引き起こし、また下流域に対して汚染物質を垂れ流すことによって越境移動を引き起こす。つまり累積影響とその経路を結びつけることは、分析における予測ツールの基礎となるのである。第二に、累積影響が現れてもその原因が不明な場合（水鳥の居住地の変化、ある地域における生態系機能の喪失など）に、累積環境変化の原因を突き止め把握するために、効果と経路との連関性を用いることが可能である。この場合、累積影響とその経路との連関性が、隠れた部分の予測分析のための基礎となるのである。

9.2.3 結論

　累積的な環境問題は、その原因、経路、効果を区別することが解決の糸口となる。各要素に特有の類型化を図ることによって、混乱、累積機能、時間的空間的に異なる効果を把握し、分析する基礎をつくることができる。この概念的枠組みは、時間的空間的に結びついている複数のプロジェクトを対象とする一般的な累積影響評価（CEA）の実施のガイドとなると同時に、時間的に反復され空間的に分散している、プロジェクトに

表9.4 累積影響の特徴

特徴	例
原因	
行為の量	単一、複数、地球レベル、明確な原因。
行為の種類	同種か異種か、共通か共通でないか、人間に関係するか、自然のものか、環境に対してプラスかマイナスか。
時間的な特性	歴史上、現存、将来；短期、中期、長期；頻度；行為の時間的継続性。
空間的な特性	地方、地域、地球レベル；小規模か大規模か；行為の空間的継続性。
実行者	単一か複数か；公か私か。
原因ごとの関連性	関連性があるか、ないか、不明か。
環境へ至る経路	
環境の媒体	地下水、表層水、空気、エネルギー。
集積度	時間的、空間的に集積しているか分散しているか。
継続性	時間的、空間的に継続しているか断続的か（タイムラグや空間的なラグなど）。
経路ごとの関連性	経路ごとに関連性があるか、ないか、不明か。
環境	
システムの種類	社会、経済、組織、政治的システムの数量、種類、要素、構造、機能。
資源	数量、種類、重要性。
重要性	生態系やその他の環境要素の数量と種類。
環境の状態	健康的かそうでないか、すでに崩壊しているか；安定か不安定か；弾性があるか、そうでないか。
環境ごとの関連性	関連した要素か、関連のない要素か、不明か。
相互作用	
原因との関連性	関連があるか、ないか、不明か。
関連の強さ	強く関連しているか、そうでないか。

(表9.4つづき)

関連の方向	直接的か、間接的か、フィードバック型か。
時間的分布	集積しているか分散しているか、効果が連続的か断続的か。
空間的分布	集積しているか分散しているか、効果が連続的か断続的か。
関連の特性	増加的か相互作用的か、可逆的か不可逆的か。
関連の重要性	重要か、重要でないか、不明か。

関係のない人間の行為に関するCEAの導入にも役立つ。そのようなCEAは、重要でないと見なされてしまうことが多い環境変化に関する情報や識見をも生成することになる。

しかし、原因、経路、効果に着目したCEAを運営することに対する障害は、まだ残っている。例えばプロジェクトに関係ない累積環境変化の原因は、例えそれを把握することができたとしても、性質上膨大な数にのぼる関係者を巻き込むことになる。

またこの概念枠組みの三要素の中でもっとも理解することがむずかしいのが、累積の経路である。相互作用、相助作用、あるいは混合などの特徴を持つ複数の経路、フィードバックの道筋、プロセスなどによって、累積経路は非常に複雑なものとなる。このような経路を識別し、監視し、分析するための理論的な理解やツールは、いまだに開発されていないのである。

最後に、累積影響は入手可能な情報源を用いて分析できるのに対して、しばしば経験的な証拠が足りなくなったり、効果の量的な分析が不十分なデータしか手に入らずに満足に行えないという状態に陥ってしまうことがある。通常CEAは長期にわたる調査と、さまざまな規模での地理的特徴を考慮することが必要である。時間が限られていて、ある地域のみに焦点を絞っていることが多い既存のデータベースを用いると、より広大な時間的・空間的規模での分析を妨げる恐れがある。累積影響を厳密に分析するためには、経験的な基礎を構築する必要があるのである。

数あるEIA手法の中でもCEAはいまだに発展途上の段階にあるため、主要なプロジェクトにおいてCEAが完全に実施されたことはない。したがって一般的に通常の実用的な手法や技術よりもCEAの概念のほうがより合意を得やすい傾向にあるといえよう。

9.3 領域別環境アセスメント

　EIA 実施の利点は、現在では広く受け入れられている。さらに、各プロジェクトレベルでは完全に考慮することができない代替手段や環境影響を適切に評価するために、政策レベル、計画レベル、プログラムレベルでの環境アセスメントも必要であるという認識が広がっている。これは各プロジェクトレベルでの EIA が、すべての関連する代替手段や環境影響を適切に分析するためには、プランニング・プロセスの中における実施時期が遅すぎるという意識が広まったためでもある。このような政策レベル、計画レベル、プログラムレベルでのアセスメントを、戦略的環境アセスメント（SEA）という。戦略的環境アセスメントはまた、プロジェクト、政策、プログラム間の累積影響を分析対象へ組み込むためにも用いることが可能である。

　プロジェクトにおいて EIA を実施することの利点が広く認識され始めたため、プロジェクトのプランニング・プロセスのできるだけ早い段階で環境を組み込んでいこうという意識が、世界中で広まってきた。SEA で必要な作業は EIA におけるそれと似ており、EIA で用いる手法をそのまま SEA に適応できることも多い。現存する一連の環境アセスメントの計画過程は、まず政策レベルにおいて上から形成され、その後第二段階のプラン、そして最後にプログラムレベルで行われるというものである。このような一連の環境アセスメントでは、プロジェクトに関連する代替アプローチや、分析対象となる累積影響、相助作用、地球規模の影響、プロジェクトに関連しない影響などがすべて対象となる。また、地方のレベルだけでなく、国家のレベルに対しても適用できる。同様に、領域別の行為や物理的なプランニング行為に対しても適用できるのである。

9.3.1 SEA の必要性

　なぜ SEA が必要なのかという疑問に関しては、いくつかの理由がある。代替アプローチ、累積影響、相助作用（各領域にまたがる影響）、二次的影響、地域的あるいは地球規模での影響、プロジェクトに関係ない影響（管理一般に起因する影響など）などはすべて、プロジェクトレベルというよりも政策レベル、計画レベル、プログラムレベルでのほうが、評価しやすいのである。SEA を実施することによって生じる利点を表 9.

表9.5　SEAを実施することによって生じる潜在的な利点

- ■環境に関係ない組織内でも、政策、計画、プログラムの作成過程に環境目標を組み込むように奨励することができる。
- ■プロジェクトの監督省庁間の協議を促進し、政策・計画・プログラムの評価を行う際に一般人の参加を促す。
- ■影響が適切に評価された場合、余計なプロジェクトレベルでのEIAの実施を避けることができる。
- ■存在が確認された影響に関して、プロジェクトレベルでのEIAへと分析を受け継ぐことができる。
- ■後に行われるプロジェクトのために、一般的な影響軽減手段の基準を作成できる。
- ■プロジェクトレベルでのEIAでは無視されるか、あるいは実施が不可能な代替手段に関して、考慮を促す。
- ■EIAの目的の一つである、プロジェクト用地の選定の際に役立つ。
- ■大規模、小規模のどちらのプロジェクトでも、累積影響を適切に分析することが可能である。
- ■相助作用の影響に関して分析することが可能である。
- ■二次的な影響や行為に関して効果的に分析できる。
- ■長期的な影響や、遅れて生じる影響を考慮に入れることができる。
- ■プロジェクトにおいては実施されない政策の影響について、分析することができる。

5に、より高いレベルでの行為による直接的影響と間接的影響を次ページの図9.1に載せておく。

9.3.2 プロジェクトレベルのEIAとSEAの相違点

　EIAの中の主要な要素と、そのもっとも明確な形でのアウトプット（つまり、報告書）は、政策、計画、プログラムのどの段階での政策決定に対しても適用できる。しかし実際には、政策、計画、プログラムにおける環境アセスメントの対象範囲と目的は、プロジェクトのそれと次の五点で異なっているといえよう。
- ■空間的な正確さが低い。
- ■物理的な開発行為の特性に関する詳細事項の量が少ない。

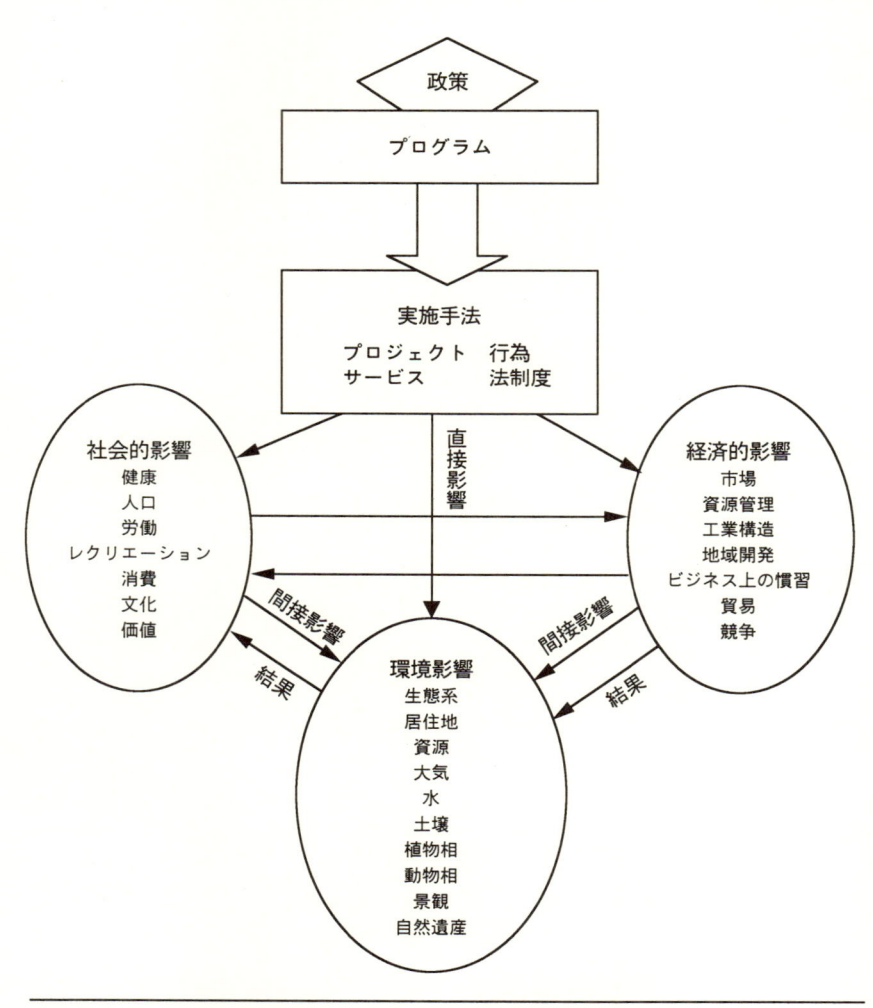

図9.1 政策とプログラムに関する直接・間接影響

```
              ◇ 政策 ◇
          ┌──────────┐
          │  プログラム  │
          └──────────┘
                ↓
          ┌──────────┐
          │   実施手法   │
          │ プロジェクト 行為 │
          │ サービス  法制度 │
          └──────────┘
```

社会的影響
　健康
　人口
　労働
　レクリエーション
　消費
　文化
　価値

経済的影響
　市場
　資源管理
　工業構造
　地域開発
　ビジネス上の慣習
　貿易
　競争

環境影響
　生態系
　居住地
　資源
　大気
　水
　土壌
　植物相
　動物相
　景観
　自然遺産

直接影響／間接影響／結果

出典　Wood, C. In : Proceedings of the Indo‒British Workshop on Environmental Impact and Risk Assessment of Petrochemical Industry and Environmental Audit, Nagpur, January 8‒10, 1994.

■企画から完了までの期間が長い。
■政策決定のための手続きや、実施に関わる組織が異なってくる。その結果、協議に関する事項がより多く必要となる。
■機密性が高くなる。

　これらを考慮すると、SEAの特性はプロジェクトEIAのそれと、詳細部分で異なっていることがわかる。また、より高い政策決定段階の行為によって生じる重大な環境影響は、もっとも戦略的なレベルでしかアセスメントが行われないこともわかる。

　ある代替手段や重大な環境影響がプロジェクトレベルでは適切に評価できない場合には、プロジェクトEIAで用いるものと同じ種類の基本的なSEA手法を用いて、プログラム、計画、政策レベルでそれらを評価することができる可能性がある。SEAは、スクリーニング、スコーピング、予測、協議、市民参加、影響軽減、モニタリングなどの手法を用いて行うのである。

　プロジェクトレベルのEIAでプロジェクト代替手段を適切に評価することができ、またすべての重大な環境影響を適切に分析することができた場合には、SEAを実施する必要はない。しかし実際には、このようなことはほとんど起こりえない。すでにプロジェクトレベルでのEIA体系が存在するほとんどの国では、プロジェクトレベルでは適切に評価することが不可能な累積影響などを対象とした一連のSEAを、EIAの補助手段として用いることができるだろう。

9.3.3　SEA手法

　SEAで用いられる手法は、まだそれほど発達していない。しかし、SEAで用いられる手法のほとんどは、プロジェクトレベルのEIAで用いられるものと似ている。プロジェクトレベルのEIAと同様に、評価を実施する者のアプローチ・ツール・技術を混ぜ合わせて用いる能力が重要となるのである。SEAで用いる手法をつくりあげていくうえで評価実施者が留意すべき点を、次ページの表9.6に載せておく。

9.3.4　SEAを取り巻く状況

　SEAのパイオニアである1969年のアメリカの国家環境政策法（NEPA）は、政策、

表9.6 SEAで用いる技術を選定する際に考慮すべき事項

1. その技術あるいはアプローチは、全体的なプロセスの中で対象となる段階の目標を達成するために必要であるか／また、その段階において次のことを調査するためには、どの技術が最良であるか。
    - ■関連性を把握する。
    - ■影響や結果を予測する。
    - ■重大性を評価する。

2. 影響の規模や潜在的な重要性は、その技術で必要とされる労力に見合ったものであるか。
    - ■コスト。
    - ■時期。
    - ■キーパーソンの参加。
    - ■外部の専門家や一般関係者の参加。

3. 考慮中の技術を用いることは可能か、また実用的か。
    - ■専門家や関係者を集めることは可能か、またその人々が参加を希望しているか。
    - ■適切で信頼性の高いデータが存在するか。

4. アプローチ法や技術の選定に対して影響を及ぼす、外部の要素が存在するか。
    - ■機密性がどうなっているのか。
    - ■その技術を設計し、実施するための技術レベルや能力。
    - ■関係する団体の優先度。

プログラム、計画レベルでの環境アセスメント実施のための規定を含んでいた。しかし、プログラムレベル、計画レベルの環境アセスメント実施の気運が高まるとともにSEAが注目を浴び始めたのは、ごく最近になってからである。いくつかの国に関してSEAを取り巻く状況についてまとめたものが、次ページの表9.7である。

9.3.5 SEAの効果

EIAと同様に、SEAは多くの政治的、組織的な障壁に直面している。これは、政策を

表9.7 各国・各地域のSEAを取り巻く状況

国家あるいは地域	内容
アメリカ合衆国（連邦政府）	1969年の法律によってSEA実施のための法的要件が明確に定められている。SEA実施手法は着実に発展しつつあり数百の実用的環境影響報告（EIS）が準備されている。
カリフォルニア州	1971年の法律にSEA実施のための要件が含まれている。SEAの実施手法は、とくに土地利用プランに関して着実に発展しつつある。また数百のEISが準備されている。
イギリス	SEA実施要件を定めた法律はない。中央政府の政策および地方の土地利用プランに関しては環境に関する承認を得るためのガイダンスが存在する。実際に行われているものは少ない。
カナダ	内閣の承認が必要なSEA関連法は存在しない。SEAの内容を調査しガイダンスを行う委員会は存在するが実際に行われているものは少ない。
オーストラリア（連邦政府）	1974年の法律によってSEAを実施することが義務づけられているが期日までにSEAの報告が準備されたことはない。将来的に政策レベルおよびプログラムレベルでのSEAを実施することが定められている。
西オーストラリア州	1986年の法律によってSEAの実施要件が明確に定められている。SEAの実施手法は発展してきているが、準備されたSEA報告の数は少ない。
ニュージーランド	1991年の法律によってSEAを実施すべき地域、地方政策と計画が定められている。ガイダンスは存在するが実施されたものは少ない。

決定するという行為が政治的な問題であるからにほかならない。また最近では、SEAで用いられるプロセスがさまざまな種類へと広がってきている。公式なものと非公式なもの、包括的なものと対象範囲がより狭いもの、また政策やプランニング手法と密接に結びついているものとほとんど無関係なものなど、さまざまである。表9.7を見ればわかるとおり、例えばカナダのようにSEAが比較的独立した別のものとして実施さ

れることもあれば、イギリスのように環境政策一般の中により統合された形で実施されることもある。

　SEAを効果的に実施するためには、段階的に次の事項を考慮していく必要があろう。

■SEAに対する一般的な理解を深める——SEAを用いるべき行為の種類や、既存のEIAおよび持続可能な開発政策との関係などに関して。

■実施手順を明らかにする——プロジェクトプランニングにおける政策決定のどの時点でSEAを実施するか、また政策決定のためのほかのツールや計画などとSEAの結果をどのように統合していくかなど。

■既存のEIA手法をSEAでも使用できるようにするための手段を明らかにする。

■適切なSEA手法を実際に行うことができるように、そのための能力を強化する——既存の手法（EIA手法も含めて）を用いた試験的アセスメントの実施、成功したSEAで用いた手法の普及、SEA実施のためのガイダンスの準備、実行者に対するトレーニングの実施など。

■既存の環境データベースがSEAでも使用できるか調査し、欠陥があった場合にそれを訂正するための手段を策定する。

　SEAは、さまざまなプランニング・プロセスにおいて慎重に、適切な時点で用いられた場合には、環境管理のための費用効率の高いツールとして確立するであろう。

9.4 環境リスクアセスメント

9.4.1 環境リスクアセスメントとはなにか

　環境リスクアセスメント（ERA）とは、プロジェクトの存在あるいは潜在的な存在、特定の汚染物質の使用などによって人間の健康や環境が被る恐れのある危険性を定義するための、質的・量的な環境状態の評価のことである。プロジェクトによる管理行為が人間や環境に対して影響を与えていると思われる場合に、ERAを実施するべきであろう。ERAを効果的に実施するためには、次ページの図9.2や246ページの図9.3で

図9.2 リスクアセスメントの体系的アプローチ

リスクの体系的アセスメント

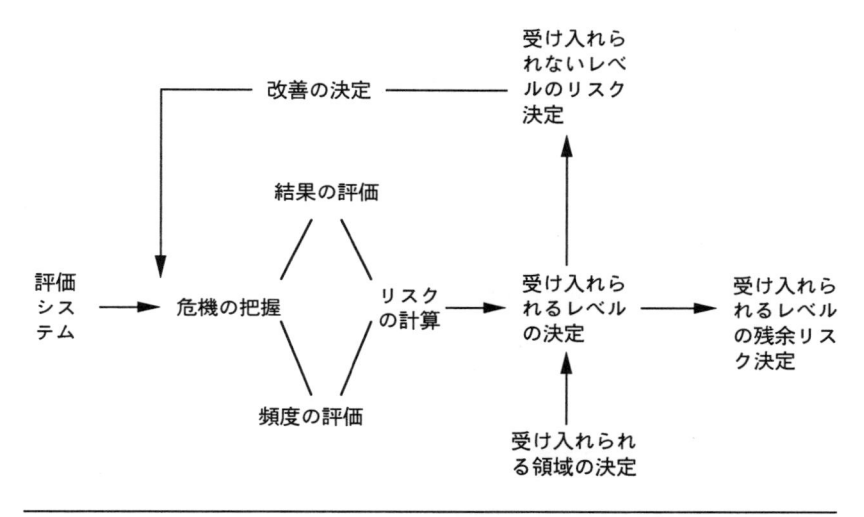

[図：評価システム→危機の把握→(結果の評価・頻度の評価)→リスクの計算→受け入れられるレベルの決定→受け入れられるレベルの残余リスク決定、改善の決定→受け入れられないレベルのリスク決定、受け入れられる領域の決定]

出典 Environmental Risk Assessment for Sustainable Cities, Technical Publication Series [3], International Environmental Technology Centre, Osaka/Shiga, 1996.

示したような体系的アプローチが必要である。

ERAは、二種類の関連する分野から構成されている。人間健康リスクアセスメント（HHRA）と、生態リスクアセスメント（EcoRA）である。

HHRAには通常、次の各段階が含まれる。

■危険性の認識——特定の化学物質が、人間の健康に関する変化の原因となっているかどうかを決定する。

■露出反応評価——ある環境要素に対して露出されている度合いと健康への影響が起きる確率との関係を分析する。

■露出評価——露出されている度合いを決定する。

■リスクの見極め——リスクの特性および大きさに関する説明（不確実性も含む）。

EcoRAは、概念的にはHHRA実施のために用いられるアプローチと似たものであ

図9.3 推奨されるリスクアセスメントの枠組み

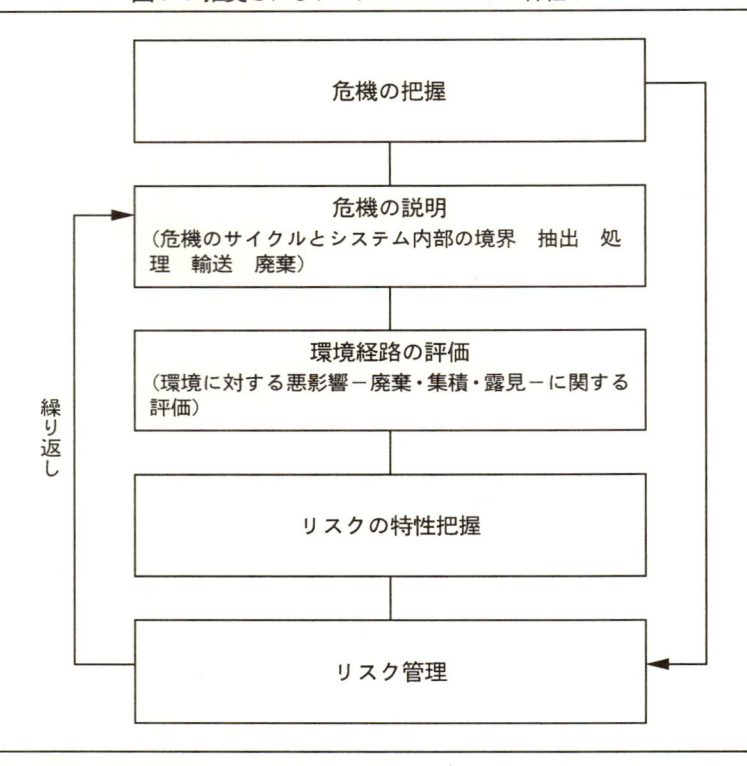

```
危機の把握
   ↓
危機の説明
（危機のサイクルとシステム内部の境界　抽出　処理　輸送　廃棄）
   ↓
環境経路の評価
（環境に対する悪影響－廃棄・集積・露見－に関する評価）
   ↓
リスクの特性把握
   ↓
リスク管理
```

（繰り返し）

出典　Environmental Risk Assessment for Sustainable Cities, Technical Publication Series [3], International Environmental Technology Centre, Osaka/Shiga,, 1996.

る。この評価法を実施することによって、あるストレスに対する露出の結果として生態系への悪影響が起こる確率あるいは起こらない確率を見極める。ここでいう「ストレス」とは、個人、人間集団、コミュニティー、生態系に対して悪影響を及ぼす恐れのある科学的、物理的、生物学的な総体のことを指す。HHRAとEcoRAを実施するために必要なさまざまな要素を図示したものが、次ページの図9.4である。

図9.4 人間の健康リスクアセスメントと生態系のリスクアセスメントの要素

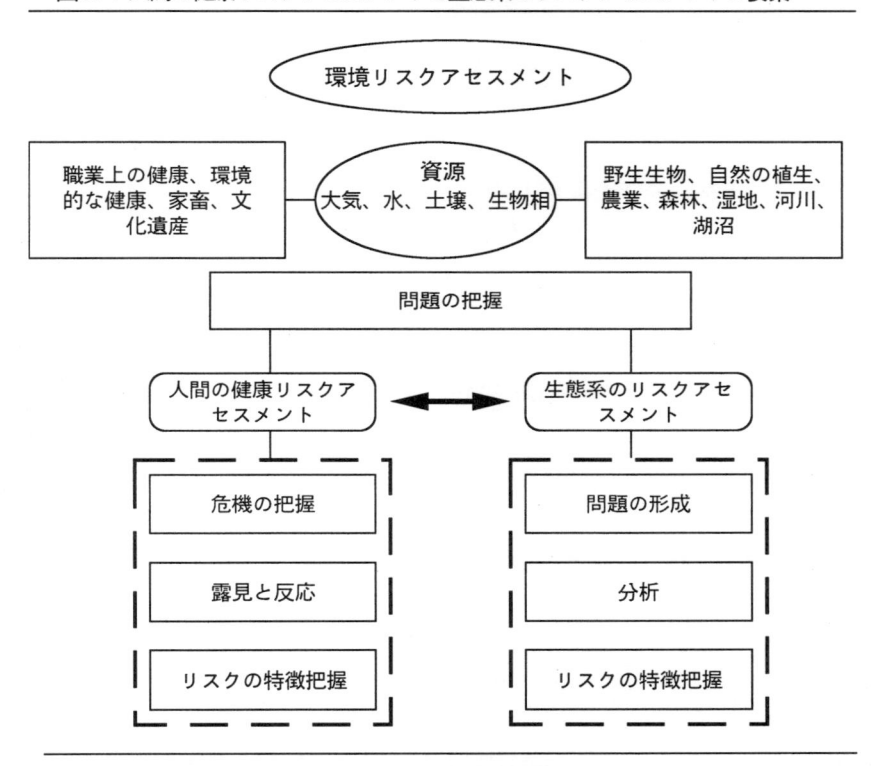

```
                    環境リスクアセスメント

職業上の健康、環境          資源              野生生物、自然の植生、
的な健康、家畜、文    大気、水、土壌、生物相    農業、森林、湿地、河川、
化遺産                                      湖沼

                       問題の把握

        人間の健康リスクア  ⇔  生態系のリスクアセ
        セスメント              スメント

          危機の把握              問題の形成

          露見と反応               分析

        リスクの特徴把握        リスクの特徴把握
```

出典 Environmental Risk Assessment for Sustainable Cities, Technical Publication Series [3], UNEP International Environmental Technology Centre, Osaka/Shiga, 1996.

9.4.2 ERAに関する用語説明

リスク――直接あるいは間接的に人間の健康あるいは環境に対する悪影響が起きる可能性のこと。実際は、ある事項が起きる可能性と、それによる悪影響（人間に対する危害や生態系への悪影響など）と結果に関する程度の組み合わせである。これを数学的に表すと、次のような式で表される。

　　　　事項が起きる可能性 × 結果の重大性

危険性――ある物質の、害を及ぼす生来的特性（生物学的・科学的・物理的なもの）。

不確実性——データや情報に関する起こりうるすべての値を考えた場合に、その値が変化する可能性に対する疑いあるいはその確実性の欠如。
アセスメント——ある行為を分析するための、ある時点における承認や評価。
分析——理解を深めるための詳細な調査や研究のこと。
露出——ある器官が、ストレスを与えるものに対して実際に（物理的に）直面する事態を指す。ある特定の場所を想定して考えてみると、露呈によって直面する量は、保守的な前提をもとにすると環境内の含有量と同等だと思われているが、実際には環境内の量よりも少ないといえるだろう。

9.4.2.1 危険性と不確実性

　危険性の存在を調査することは、EIA 実施のための予備アセスメントにおいて重要な部分を占めている。EIA 実施の際に ERA も含める必要があるかどうかということを決定するためには、そのプロジェクトに関して重大な不確実性が存在することを把握しておかなければならない。もしその不確実性をより多くの情報を得ることによって解決できるのであれば、もちろんアセスメント実行者はそれを進めるべきである（表9.8／次ページ参照）。

　経済開発プロジェクトにおいて考えうる危険性には、次のようなものがある。
■人体、動物、植物に対して有害な化学物質。
■可燃性の高い、あるいは爆発性の物質。
■事故が起きた場合に人間や設備に対して重大な危害を及ぼす恐れのある危機。
■構造的欠陥（ダムや貯水槽など）。
■技術的な危険性を引き起こす恐れのある自然災害。
■生態系に対するダメージ（富栄養化や土壌流出など）。

　もし不確実性が存在すれば ERA を実施する必要性が出てくる危険性には、次のようなものがあるだろう。
■危険性化学物質の潜在的な放出（割合および量）。
■偶発的な火災や爆発。
■汚染物質の環境内への放出。
■希薄と散乱のメカニズムおよびその割合。

表9.8 開発プロジェクトによって生じるおもな危険の例

プロジェクトで生じる危険の種類	有害化学物質類	可燃性・爆発性物質	反応が激しく腐食の早い物質	極度の高・低気温や気圧	大規模な機器・設備	衝突
セメント		X				
ダムや貯水池				X	X	
化学肥料(窒素とリン)	X	X	X	X	X	X
危険物質 取扱 輸送 廃棄		X		X		X
高速道路	X	X				
鉄や鉄鋼	X				X	X
金属の精錬	X		X			
殺虫剤	X	X				
石油化学工業	X	X	X	X	X	X
原油生産と精製	X	X	X	X	X	
港湾	X	X	X		X	X
パルプと製紙	X					
鉄道	X	X			X	X
精錬	X		X	X	X	
繊維産業	X	X				
火力発電		X		X	X	
廃棄物処理	X	X	X			

249

- 有害物質に対する露出（誰が、どのくらいの頻度で、どのくらいの量）。
- 動物実験にもとづいた露出反応予測。
- 機器が故障する割合。
- 人間の行為（労働者による人災や、一般人のレクリエーション）。
- 自然災害（地震、津波、台風など）。
- 排水パターン、地下水面、植生、局地的気候の変化。

また、不確実性はつぎのようなものから発生する。

- 重要な原因―結果の関係に関する理解の欠如や、科学的理論の欠如（食物連鎖における生体内の有害化学物質の蓄積、薬物生体反応のメカニズム、大気汚染が穀物に与える影響など）。
- 過度の単純化や理解の欠如によって生じる、現実と対応しないモデル。
- サンプリングや測定方法の問題、不十分な期間、反復実験の不足などによって生じる、信頼できないデータ。
- プロジェクト実施予定地での環境状況を測定しないことなどによって起きてしまう、データと現実のギャップ。
- 動物に関するデータの人間への適用、あるいは精度の高い実験から現実の露出への適用をもとにした、毒物に関するデータ。
- 天気、気候、偶発的な出来事などによる、環境パラメーターの自然変動。
- 推測をもとにした仮定の策定と、それによって生じた仮定の変化による影響。
- 新規プロジェクトを実施した場合の、技術、化学物質、実施予定地などに関する経験やデータの不足。

9.4.3 ERAとプロジェクトサイクル

　環境の状態は、ERAの一部として評価されることになる。もし環境がすでになんらかのストレスを受けているか被害を受けている場合には、開発行為によって受けるであろうさらなるストレスは、かなり有害なものとなる可能性がある。プロジェクトの実施者が採択することのできる選択肢として、環境へのダメージを最小限にしプロジェクト実施による利益を最大限にすることができるような管理手段を評価するためには、ERAをプロジェクトサイクルの中の適切な時期に実施することが不可欠なのである。

プロジェクトサイクルの中では、ERA は、初期環境調査 (IEE) によって潜在的な問題を把握したあとの事実を確認する準備段階において実施される。もしリスクに関するもっともらしいシナリオ（なにが悪化するのか）がとても受け入れられるものではなかった場合には、ERA が準備され、EIA 実施のための考慮事項 (TOR) にそれが含まれることになるのである。

監督省庁からプロジェクトに関する承認を得る段階になると、ERA の結果にもとづいて、詳細なプロジェクトの設計の中にリスク軽減措置・リスク管理措置を含めていくことになる。そこではさまざまな技術を用いてリスクを受容範囲内に収めるための、もっとも費用対効果の高い手段が採用されることになるだろう。協議段階に入ると、環境リスクに関してまだ残っている問題を解決し、影響緩和を確実なものとする手段がプロジェクトに組み込まれることになる。そして実施・監視段階になると、決定されているリスク管理手段がきちんとプロジェクトに組み込まれ、実施されているかを監視し、その効果がどれくらいあるのかを検証するのである。

最後に、プロジェクト全体報告書やプロジェクト後の監査報告書によって、予測されていた環境影響とリスクが実際と比べてどれくらい違っていたか、また予期されていたものとそうでないものを含めて実際に起きた環境への悪影響の頻度と重要度がどれほどのものであったか、評価される。またここでは、必要なリスク軽減措置が正確に実施されたかどうかも評価されることになる。この段階で明らかになった事実はデータベース化され、将来 EIA や ERA を実施するときのプロジェクトスタッフやコンサルタントのために残されていくのである。

9.4.4 EIA をもとにした ERA

環境リスクアセスメントとは、次の三つの質問に対して答えようとするものである。
1. プロジェクトの実施によって悪化するものはなにか。（大気、水、土壌、食糧、植物、動物などを含めた）環境において、あるいは環境を媒体として、どのような影響が人体や人間社会に起きてくるのか。プロジェクトが人体、環境、周辺施設に及ぼすダメージ（大量死、基準の超過、大惨事をもたらす事故など）について、考えられるシナリオにはどういうものがあるか。
2. これらの環境影響の規模はどれくらいか。どのような頻度で起きるのか。問題が起

きる確率を判断するための、どのような歴史的、経験的証拠が存在するのか。プロジェクトで用いる技術に関して、それを使用しているあいだに事故が起きる確率はどれくらいか。
3. 受容可能な範囲を超えるリスクやダメージを回避するためになにができるのか、またそれはどれくらいの費用がかかるのか。必要な影響軽減措置はなにか。その措置を実施した場合に生じるコストと利益はどれくらいのものになるか。

EIAは第一の質問に対する答えを見つけるものであり、少なくとも影響の大きさに関する量的な解答を示してくれる。一方で環境リスクアセスメント（ERA）は環境アセスメント・プロセスを補足し、展開するものである。ここでERAが答えるべき追加的な質問は、環境影響が起きる頻度と、それが影響の規模にどのように関わってくるかというものであろう。リスクは、頻度と重大性（およびそれを測定する場合に用いるパラメーターの数量的な精度）によって測られるべきものだからである。

9.4.5 ERA実施のための基本的なアプローチ

ERAを進めていくためのプロセスは、連続して相互連関しているいくつかの段階から構成されている。最初のそしておそらくもっとも重要な段階が、影響を受けるであろう資源とプロジェクトで予定されている行為の結果を調査する、「問題の把握」段階である。ここでは人体や環境資源が被る可能性のある影響など重要な問題点が示されることになる。またこの段階で把握された問題点は、人間健康リスクアセスメント（HHRA）および生態リスクアセスメント（EcoRA）を用いて人体や生態系に対するリスクを評価する第二の段階の主要な対象となる。

アセスメントを効率的に実施するため、EcoRAとHHRAは次ページの図9.5で示した反復的プロセスにもとづいて行っていくべきである。

この図を見ればわかるように、EIAの場合と同様、スコーピングが最初の行為でありアウトプットでもある。ここで潜在的な危険性を持つ問題事項を把握する。受け入れることのできないリスクのある行為が把握された場合には、さらなる調査が必要となるだろう。スコーピングは、分析のレベル・システムの境界・リスクを表現する種類などに関して、さまざまな選択肢の中から一つを選んでいくことによって進んでいく。

分析のレベル──ミクロか、システム単位か、国家レベルか。

9 EIAの発展

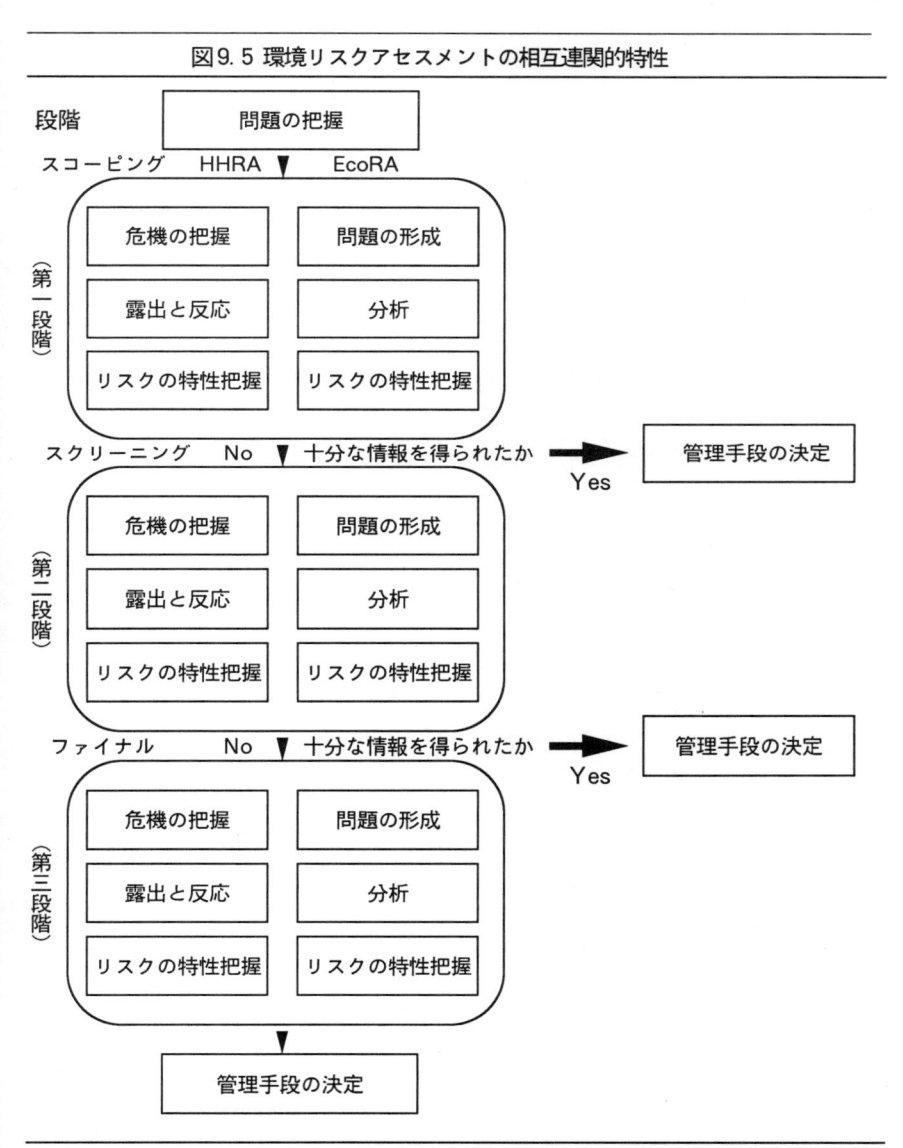

図9.5 環境リスクアセスメントの相互連関的特性

段階　　　　　問題の把握
スコーピング　HHRA　　EcoRA

（第一段階）
- 危機の把握 / 問題の形成
- 露出と反応 / 分析
- リスクの特性把握 / リスクの特性把握

スクリーニング　No　十分な情報を得られたか　→　管理手段の決定
　　　　　　　　　　　　　　　　　Yes

（第二段階）
- 危機の把握 / 問題の形成
- 露出と反応 / 分析
- リスクの特性把握 / リスクの特性把握

ファイナル　No　十分な情報を得られたか　→　管理手段の決定
　　　　　　　　　　　　　　　　Yes

（第三段階）
- 危機の把握 / 問題の形成
- 露出と反応 / 分析
- リスクの特性把握 / リスクの特性把握

↓
管理手段の決定

出典　Environmental Risk Assessment for Sustainable Cities, Technical Publication Series [3], UNEP International Environmental Technology Centre, Osaka／Shiga, 1996.

システムの境界——日常の業務によるものか、事故によるものか。影響を受ける人数はどれくらいか。作業サイクルのどの時点で起きたのか。地理的な境界はどのようなものになるのか。プロジェクトのどの段階で発生したのか。影響は、どれくらいのあいだつづくのか。健康に与える影響はどうなるか。生態系に与える影響はどうなるか。行為の連鎖におけるどの地点で起きるのか。既存のものも計画中のものも含めて、ほかのプロジェクトへの相互作用はどのようなものがあるか。

リスクの表現——どの指標を用いてリスクを表すのか。発見したことをどのような手段で伝達するのか。どのような環境内凝縮が用いられるのか。最終的なリスクを測る手法にどのようなものを用いるのか。得られたデータの信頼性はどの程度か。

スコーピングは基本的には、問題を管理するために必要なシステムの境界、測定手段、分析のレベルを選択する一連の行為のことである。したがって、この一連の行為では、結果を用いて表されるすべてのインプットが必要となるのである。

危機の把握／説明とリスクアセスメントのあいだには、直接的な関連性が存在する。この危機の把握／説明の段階では、リスクアセスメントを実施する際に用いるプロセスの境界を定めるため、問題となる質問事項を用いる。リスクアセスメントのデザインは対象となる質問事項の種類によって異なってくるため、どのような種類の対象にも適用できる普遍的なリスクアセスメント手法は存在しない。つまり、あるプロジェクトを進める者は、プロジェクト実施者、リスクコンサルタント、その他関連する団体などとともに、実用的なシステムの境界、測定手段、分析レベルを設定するため、ERAにスコーピングを組み込んでいくべきなのである。このためのガイドは、ERAの実施につながるEIAから手に入れることができるだろう。

ここで行われる決断は説明段階へとつながっていき、どの危機事項を最初に評価して影響軽減措置に結びつく関連性を把握すべきかという問題に関する優先度を決定することになる。スコーピングの段階でしっかりとした決定をくだすことを怠ると、間違ったEIAの結論を導き、楽観的なものの見方をつくり出してしまうことがある（比較的重要でないリスクやそれを促進する行為に焦点を絞ってしまうことによって、全体的なリスクを拡大させてしまうことがある）。

この段階での危機事項を評価するためにはいくつかの手段があるが、それを次ページの表9.9にまとめておく。

表9.9 危機の分析手順の特徴

手順	使用法	アプローチ	実行者	危機発生のシナリオ	利点	制約	情報やデータの要件
プロセス・システムのチェックリスト	最低限の基準を満たすこと、さらに分析が必要な分野を把握する	事前に準備されたチェックリストに掲載されている質問事項に答える	適度な経験を積んだエンジニア	把握されていない	危険性を迅速に評価できる	事前に認識されている危険性だけしか把握できない	詳細なチェックリストが必要
安全性評価	定期的な安全性検査および損失検査	チェックリスト・労働者の聞き取り調査・記録の調査・視覚的検査	補完的能力とバックグラウンドを持ったチーム	通常は把握されていない		本来は既存の施設が対象	チェックリスト・詳細な施設情報
相対的ランキングーダウとモンドによる危機インデックス	危険性に関する相対的なランク付けと工場内での結果予測	観測されている状況を手順ごとに信頼性・罰則にもとづいてスコア付けする	適度な経験を積んだエンジニア	制限された把握	関連する危険性の準量的な分析を短時間で実施できる	本来は既知の危険性が対象	すでに存在する事故にもとづいた計量バラメーター

(表9.9 つづき)

手順	使用法	アプローチ	実行者	危機発生のシナリオ	利点	制約	情報やデータの要件
事前の危機分析	ある事故について起こる危機を予防できる広範な危険性の分類および事故につながる行為を先駆的な分析を把握する	設計の初期段階で実施し広範な危険性の分類および事故につながる行為を把握する	かなりの経験を積んだエンジニア	潜在的なシナリオが把握されている	潜在的危険性を早期に把握できる	分析実行者の経験や知識に依存している	事前工場設計
「もし 何が」(what, if) 手法	潜在的な危機のシナリオを把握	工場の操業およびプロジェクトの結果に関する予定からの逸脱性を計算する	専門家による実施チーム	シナリオは把握されている	危機の評価を通して結果を提供できる	分析実行者の経験にかなり依存している	詳細な施設設計に関する情報
危機および使用可能性調査 (HAZOP)	設計の段階で起こりうる予定からの逸脱性に関する調査	工場の設計を調査するための実施チームによる組織化されたか協議を行うガイドを用いる	さまざまな分野の専門家から構成される実施チーム	ガイドを通して数多くのシナリオを把握する	手順を踏んで実施することによりすべての信頼性のあるシナリオに関して把握できる	時間がかかるシナリオの量的側面のみが実際に起こりうる	詳細な工場設計と操業の内容

256

(表9．9つづき)

手順	使用法	アプローチ	実行者	危機発生のシナリオ	利点	制約	情報やデータの要件
間違った方式危機分析影響分(FMECA)	機器の使用法を間違えた場合の経路および影響を把握し設計を改善することによる他の分析法への影響	他の過失から独立してそれぞれの過失を評価し影響をランク付けする	かなりの経験を積んだエンジニア	過失の原因は把握されていない	すべての機器に関する評価を実施することにより起こる可能性と影響を比較できる	複数の過失が同時に起きた場合のシナリオを考慮していない	詳細な施設計に関する情報—機器を操作する際に過失が起きる割合
欠点の樹形図分析	過失およびその結果に関する代替的な結論を評価する	考え得る原因を把握するために事故を「逆方向から」視覚的な表現方法を用いて分析する	かなりの経験を積んだエンジニア	詳細まで把握されている	すべての起こりうる行為に関するシナリオを把握することによって実施	もっとも大きな重要性を持つシナリオを把握するために広範な分析が必要となる	詳細な施設計に関する情報—過失が起こりうる割合
行為の樹形図分析	過失およびその結果に関する代替的な帰結事項を評価する	結果を把握するために「将来起こりうる」出来事を単一にあるいは複数まとめて評価する	かなりの経験を積んだエンジニア	詳細まで把握されている	すべての起こりうる行為に関するシナリオを把握することによって実施	もっとも大きな重要性を持つシナリオを把握するために広範な分析が必要となる	詳細な施設計に関する情報—過失が起こりうる割合

(表9.9 つづき)

手順	使用法	アプローチ	実行者	危機発生のシナリオ	利点	制約	情報やデータの要件
原因—結果分析	過失およびその結果に関する代替的な結論を評価する	欠点および行為の樹形図分析における「逆」方面からの分析と「将来起こりうる」出来事に関する分析を結合して行う	かなりの経験を積んだエンジニア	詳細まで把握されている	つづいて起こる出来事へと進む、あるいは原因まで遡ることができるような視覚的手法	もっとも大きな重要性を持つシナリオを把握するために広範な分析が必要となる	詳細な施設設計に関する情報——過失こりうる割合
人間の過失分析	危機を分析するシナリオの中で人間の過失がそれに対してどのように作用しているかを評価する	さまざまな技術——通常は他の危機分析で用いる技術を組み合わせて用いる	人間行動学の専門家	他の危機分析法の一部として用いられた場合にはシナリオをさらに精度の高いものとするために役立つ	人間の過失などが重大なものとなる場合の評価を実施	この分析による結果を他の適用問題へと適用することが困難	特定の操作に関する人間の介入の役割訓練レベル

258

スクリーニングは、危険性や露出度を説明するためのスコーピングの段階よりもより多くの労力を必要とする中間レベルのERAであるといえる。スクリーニング段階では、リスクへの露出とそれに対する反応に関するデータを分析することに、最大の努力を払うことになる。また推測されるリスクが説明できないほどに著しく高い場合には、起こりうる反応に関するより正確な予測と、現存する危機に関する情報の評価が必要となる。危機の分析を行うための手法は、スコーピングで用いられているものと同様に、リスクを推測するための予測値と決定論的アプローチに依存している。この段階における最大の目的は、主要なリスクを把握し、もし可能であれば、詳細な調査へと進む前にそれほど重要でないリスクを取り除いておくことにある。

最終段階では、リスク事項のより高度な露出モデルの作成や、可能であれば影響の直接測定を行う。露出度は確率的手法を用いて測定することができるだろう。また、特定のリスクの露出や対象となっている生物種に適切な、正確な予測方法を用いて危機を分析することになる。このリスクの特性把握段階では、露出や危機事項に関する伝統的な仮定にもとづいて予測を行うというより、対象の露出事項に関連する潜在的なリスクの数量分析を行うものであるといえよう。

9.4.6 リスクの特性把握

ERAを実施することには、二つの主要な目的がある。一つめがリスクについて学ぶことで、二つめがそれを取り除くことである。この二点ををきちんと整理するためには、リスクの特性を把握することが不可欠であろう。リスクの特性を把握するということは、人体や生態系に対するリスクの存在を把握するための危険性の把握、危機への反応の関係、露出予測から得られた情報を統合することにほかならない。リスクの特性把握は、危険性と露出に関するアセスメントの結果を統合し、問題となっている健康への影響との関連性を表したデータを提供し、重要な仮定と主要な不確実事項を把握するための、協議、分析、結論づけの各段階から構成されている。またこのような情報はすべて、理解しやすく、また関連する人々が使いやすいような形で表される必要がある。

HHRAでは、個別のリスクと、人間の集団に対するリスクの両方に関して、特性を把握しておく必要がある。個別のリスクを把握するためには、感受性の違いおよび個

人の露出度合いを考慮しなければならない。ここでは最大限にリスク源に対して露出されたとする仮定を前提にした分析が、もっとも重要となってくる。人間の集団に対するリスクに関しては、それを把握するための二つの大きな方法があるだろう。第一が、特定の時間内である人間の集団が被る健康影響の数を予測するものである。そして第二が、基準よりも大きな露出度合いを持つ人口のパーセンテージを予測するものである。

またEcoRAでは、アセスメント終了時のリスクを調査し、影響が生態系に与える重要性に関して協議し、アセスメントの全体的な信頼性をまとめることによって特性を把握することになる。

最後に、リスクの特性把握には、アセスメントの不確実性に関する説明と予測も含まれることを確認しておく。

9.4.7 リスクの比較

リスクアセスメントでは通常、特定の物質あるいは問題領域に関する分析が行われる。だがリスクアセスメントを使用するためのもう一つの方法として、さまざまな問題から発生するリスクを比較するという手法がある。さまざまな理由から、リスクの比較をリスクアセスメントの一環として実施することが求められている。

■ ひとつあるいは複数の中程度の災害を引き起こしている出来事が、どれくらいの頻度で起きているのかを予測する。ERAを実施することによる最大の潜在的な利点の一つは、起こりうる結論の範囲とその確率を予測することにある。アセスメントの結果を些細なものとして捉えることは可能ではあるが、ほとんどの場合、その結果を重視することが重要となってくるのである。

■ ある特定の人間集団の中で毎年ある個人が死に至る確率、あるいは年間一人あたりに換算した致死率。

■ 一生涯あるリスクにさらされていた場合の死亡数。これは、百万人あたりの超過死亡数として表すことができる。例えば、アメリカ合衆国内でガンが原因で死亡する人は四人に一人、つまり100万人中25万人である。ここで一生涯発ガン性物質にさらされていた場合のデータ（通常は動物実験によって得られる）を予測に組み込むと、100万人中さらに10人が死亡すると予測されるのである。

■全体的な余命が縮んでいるということを、ある個人の死が起きた時点で考慮する。
■製品を1トン製造することによる死亡率の上昇、あるいは施設を一つ稼働させることによる死亡率の上昇は、しばしば議題になることがあるが、推奨できる表現方法ではない。

　当然のことではあるが、リスクがまったく存在しない生活様式や、リスクがまったく存在しない場所などというものは皆無である。しかし、自然界に存在するレベルの危険性が、完全に無視されてしまう事態がしばしば発生する。もし新しく認識されたリスクがすでに避けられないものとして受け入れられているリスクよりも小さいものであれば、より「正確な」認識がなされるようになるだろう。例えばプロジェクト実施用地において、大気中の汚染物質の量が基準よりもうわまわってしまう日数が現在では年間10日間で、プロジェクトが操業されるようになってからは15日間に上昇するという事態も考えられる。その場合に基準を満たしている日数が355日から350日へと減ってしまうことを題材に、有用な比較をすることができる。そこでもし、超過的に起きたガンによる死亡数あるいは汚染基準をうわまわる日数が重大な問題であると認識されるならば、比較をするという行為はより個人の認識に依存する問題となってしまうので、客観的なアセスメントが必要となってくるのである。

　もし代替技術・代替用地・代替プロジェクトがもとのものと同様の経済的利益を生み出すことができるのであれば、それらを比較することはプロジェクトを進める助けになる。例えば人体や環境に与えるリスクを考慮しながら、水力発電のダムとフィルターつきの石炭火力発電所を比較検討することができるであろう。また危険な化学物質を排出しないように改善された鉄道輸送システムと、在来の高速道路を使用するトラックによる輸送を比較することもできる。パルプ製造業や製紙業に関しては、有機的廃棄物の廃棄方法に関して、酸化池の使用、河川への放出、灌漑用水としての使用という三種類の方法を比較検討することが可能である。

　既存のリスクに精通しておくことは、新しく認識されたリスクが本質的にそれと比較可能な場合にのみ、重要な参照手段となりうる（故意か故意でないかというような精神的な要素を持つリスクに関しては、比較の対象とすべきではない）。また、同じリスクを時間をあけて二度比較することも、かなり効果がある（汚染物質除去装置の設置前と設置後など）。汚染物質に関する基準が存在する場合には、新しく認識されたリスク

が基準による許容量の何パーセントとなるかという方法で表現することも可能である。また複数の場所で同じ工業プロセスが実施されている場合には、新しいものを実施する際に実際の経験をもとにして比較することが可能である。食物の残留農薬のリスクは、ピーナッツにもとから含まれているアフラトキシンのような、天然の発ガン性物質と比較することができるであろう。

開発プロジェクトを実施することにより生じる利益は多くの場合非常に大きいため、多少リスクがあってもそれが利益を生み出すものであれば、受け入れられてしまうことになる。しかし、人体や開発行為と関係ない環境に対するリスクも非常に大きい（解決されない貧困、仕事場でのリスクなど）。灌漑用ダムの建設は、それに伴うリスクとそれによって得ることのできる追加的な農業生産量とを比較して決定するべきである。また、石炭火力発電所から排出される硫黄酸化微粒子のリスクはそれによって得ることのできる電力量と比較されるべきであろう。新しく道路を建設する場合には、建設によるリスクと、生産性やコミュニケーション量の増加による利益とを比較してから実施すべきである。

さまざまな比較法の中で最終的な、そしてもっとも有効なものが、リスク軽減のコストと利益を比較するものである。リスクアセスメントでは、受け入れられないリスクを低減するために、多くの場合プロジェクトの変更が促される。この決定がくだされる場合にもう一つ重要なことは、目標を達成するためのもっとも費用対効果の高い手段を選ぶことである。通常は、もっとも費用をかけずに全体的なリスクを低下させることができる手段を選ぶことになる。つまり、異なる影響源や対象となる人間集団の中から、リスクを軽減できる最適な手段を選ぶのである。

9.4.8 数量的リスクアセスメント

典型的な数量的リスクアセスメントでは、起こりうるシナリオを把握し、それぞれのシナリオが起きる確率（頻度）を推測し、そのシナリオが起きた場合の影響の大きさを示し、そしてこれらの評価の不確実性（逆に言うと、信頼性）を数量化する。すべてのシナリオに対する結果を数学的に統合することによって、例えばある出来事が起きる頻度とその出来事によって影響を受ける人数（あるいはその出来事の環境影響）を示すといったような、リスク曲線を図示できるようになる。

典型的な数量的リスクアセスメントの例として、計画されている製造過程において有毒ガスを使用する、架空の工業施設を考えてみよう。ここではまず、ERA を必要とする危険性を持つものとして、工場敷地内の地上にあるスチール製タンクに貯蔵されている有毒物質に関して、危険性の把握（スクリーニング）を行う。つづけて行う危険性の説明（スコーピング）段階では、施設の操業を 30 年以上にわたって行っていくことを踏まえて貯蔵されていた有毒ガスが事故によって放出される可能性を評価し、またそのような事故によって影響を受けるであろう労働者および周辺住民の合計人数がどれほどのものとなるかを予測するために、リスクアセスメントを行うべきであろう。この架空のリスクアセスメントにおけるスコーピングでは、一人の人間が 15 分のあいだに LC_{50} の集積量の 10 パーセントにさらされるレベルを環境影響が発生するレベルとして設定する（致死量は、50 パーセントである）。そして、このリスクアセスメントでは、1 年間にこのレベルのリスクにさらされるもっとも少ない人数を予測し、90 パーセントの確率でこのレベルのリスクにさらされる人数の上限を予測することになる。

リスク管理における決定を導くうえで、このレベルをどれくらいのものにするか、またリスクアセスメントの範囲をどれくらいに設定するかを認識しておくことが、非常に重要である。例えば、前述の架空のリスクアセスメントでは有毒ガスが放出される事故が起きた場合の実際の影響のみを考慮するが、それはつまり、施設の全体的なリスクのレベルを表したものとして解釈すべきではないということでもある。同様に、悪影響を及ぼすレベルまでリスクの原因にさらされた人数を予測することは、予測されている人数全員が人体に悪影響を受けるということを意味するのではない。

この架空の数量的リスクアセスメントの目的は、ある特定の範囲内で各年ごとにおきる影響の確率を推測することにある。この推測を行うための典型的な方法は、ある環境内で定義した悪影響が起きるまでの道筋において、そこで起きる出来事やシナリオの考えうる結末を調査するというものである。これによって、「なにが悪化するのか」という問いに答えることができる。

この、道筋において起こりうるシナリオの例としては、次のようなものがあるだろう。
■貯蔵庫内の有害物質の量が危機的なレベルにある。
■タンク内の圧力を逃がすための機器が作動せずに、タンク内圧力が高まる。

■風速や大気の状態が変化し、一時的で局地的な有害物質の濃縮へと結びつく。
■夜間に事故が起きたために、影響を受ける人数が増加する。

9.4.9 リスクの伝達

　要求にかなうように準備されたEIAの結果を表現することは、比較的簡単である（潜在的な悪影響が把握され、必要な影響軽減措置が示されている）。一方ERAは、プロジェクトにより発生する問題に関する不確実性に焦点を当てた、確率的な結果を表すものである。技術分野や管理分野での専門家にとっては、例えこれらの「本物の」リスクが信頼性に関して制限があろうとも（例えば数量の信頼度など）、リスクを数量化することによって決定をくだすことが容易になる。しかし識別され、分析され、特性が把握されたリスクに対する一般人の反応は、彼らがその情報をどのように受け止め、解釈したかということに大きく依存している。

　リスクの受け止め方に関して研究している心理学者によると、リスクに対する恐れは、客観的な事実が次のような事実を示している場合に高くなる。

■リスクが意志と関係なく起きる可能性があるか、他者によってコントロールされている。
■リスクによって生じる結果が重大な問題を引き起こす恐れがあり、またそれが遅れて出現する。
■ある行為によって生じる利益とリスクのバランスが取れていない。
■提案されているプロジェクトが一般にあまり知られたものではなく、また複雑な技術を用いるものである。
■清浄な空気、飲料水、食料などの基本的ニーズが脅かされる恐れがある。

　これらの要素が絡み合い、地域住民や環境保護団体によるプロジェクトへの極度の反対運動へとつながる場合がある。このような場合には、とくに発展途上国における政治では、「実際に存在する」リスクではなく、一般人に認識されているリスクに対処していかなくてはならないという事態が発生する場合がある。

　しかし、リスクの認識に関しては、情報の一方的な伝達ではなくプロジェクト実施者と影響を受ける団体との対話という形の適切で効果的なコミュニケーションを通して、リスクに関する客観的な事実と認識とを調和したものにすることができる。プロジェ

クトを計画、実施することによって経済的に影響を受ける人々を協議に組み入れ彼らに情報を提供することが世界的な潮流であり、良い方向へと向かっているといえよう。さらにこの潮流は、覆すことのできない大きなものである。したがって、ERAを用いる場合には、リスクの伝達を組み込んで計画を立てるべきである。

以上をまとめると、リスクに関する情報を伝達する場合には、決定分析の形を取るべきであるといえるだろう。どのような選択肢が手に入るのか、またそれぞれの選択肢に関して、その場合のリスク、費用、利益はどのようなものとなるのか。これらのリスク、費用、利益はどのように社会に影響するのか。これらを比較し、検討することによって、リスクに対する認識を実際に変えることができ、その結果として住民参加的な政策決定がより理論的な基礎をもとに実施できるのである。

9.4.10 リスク管理

リスク管理とは、複数のリスク軽減措置を評価し、もっとも費用対効果が高い措置を実施することを指している。このリスク管理においては通常、ある行為や政策を一度示した場合には、リスクは回避されたと見なされることになる。リスク管理の一般的なプロセスは、次の三段階へとわけることができよう。

■第一段階──リスクの分析と評価──ここでは、人体や環境に対して影響を及ぼす危険性を把握し、これらの危険が発生する可能性および発生した場合の規模を推測する。
■第二段階──リスクの限界性──ここでは、受け入れられる、あるいは軽減する必要があると決定されたリスクに関して、その受け入れ可能性を決定する。
■第三段階──リスクの軽減──ここでは、リスク軽減措置の設計と実施を行う。

環境影響に関する主要な不確実性が存在する場合には、管理の対象事項の範囲によって詳細なリスクアセスメントの範囲を決定する。プロジェクトは、経済成長・雇用・天然資源の開拓といった、発展途上国における明確で直接的な利益のために実施される。これらの利益を得るためにはどのような場合にもリスクを負う必要があるが、そのリスクは費用を負担する機関や実施当事国政府にとって、受け入れることができるものでなくてはならない。リスクを軽減するためには費用がかかるが、もしそれをしなければ望まない影響を引き起こしてしまうことになる。また、あるリスクを回避す

ることによってほかのリスクが生じてしまう可能性もある。したがって、どんな場合にもプロジェクトによって引き起こされるリスクの総量を把握しておくべきであろう。リスクアセスメントとは、このような二律背反性を評価し、リスクのレベルを比較し、リスク軽減措置の費用対効果を推測していくものであるといえるだろう。

　リスクを管理する際には、リスクを軽減し予防するための戦略を開発するために、ERA に技術的・政治的・社会的・経済的問題を組み込んでいかなければならない。次ページの図9.6は人体に対する影響を軽減する場合の、リスクアセスメントの要素とリスク管理の要素の関係を図示したものである。このモデルは、EcoRA を実施する際にも応用できる。図に示したとおり、ERA では異なった種類の情報が使用される。

　ERA のプロセスを構成しているさまざまな行為の説明として、石油ターミナルと供給プロジェクトの例を付録9.1としてこの章の最後に掲載しておく。これは、プロジェクトの最終決定段階に向けたスコーピングとスクリーニングを通してリスクアセスメントを調査したものである。

　工業プロジェクトに関しては、とくに潜在的危険物質を製造するプロジェクトの場合には、リスク管理における重要な手段として災害管理計画（DMP）を作成することがあげられる。次の節では、典型的な DMP における推奨事項を述べることにする。

9.4.11 災害管理計画作成のためのガイドライン

　災害管理計画（DMP）には一般的に、次のものを含めるべきである。
■設備や機器、区画計画に関する詳細説明と、危険地域の把握。
■採用されているリスクアセスメント手順の詳細説明。
■実施用地内外での緊急時の計画。
■火災が起きた場合の消火方法。

9.4.11.1 指定

　どのような種類の工場を設計するのであれまず始めに行うことは、安全対策を行うための、使用施設および機器の指定である。例えば、触媒反応装置一般に関しては、設計上の耐久温度は、触媒が古くなった場合の温度と工場の操業によって上昇した場合の温度を考慮したものでなければならない。

図9.6 リスクアセスメントの要素とリスク管理の要素の関連性

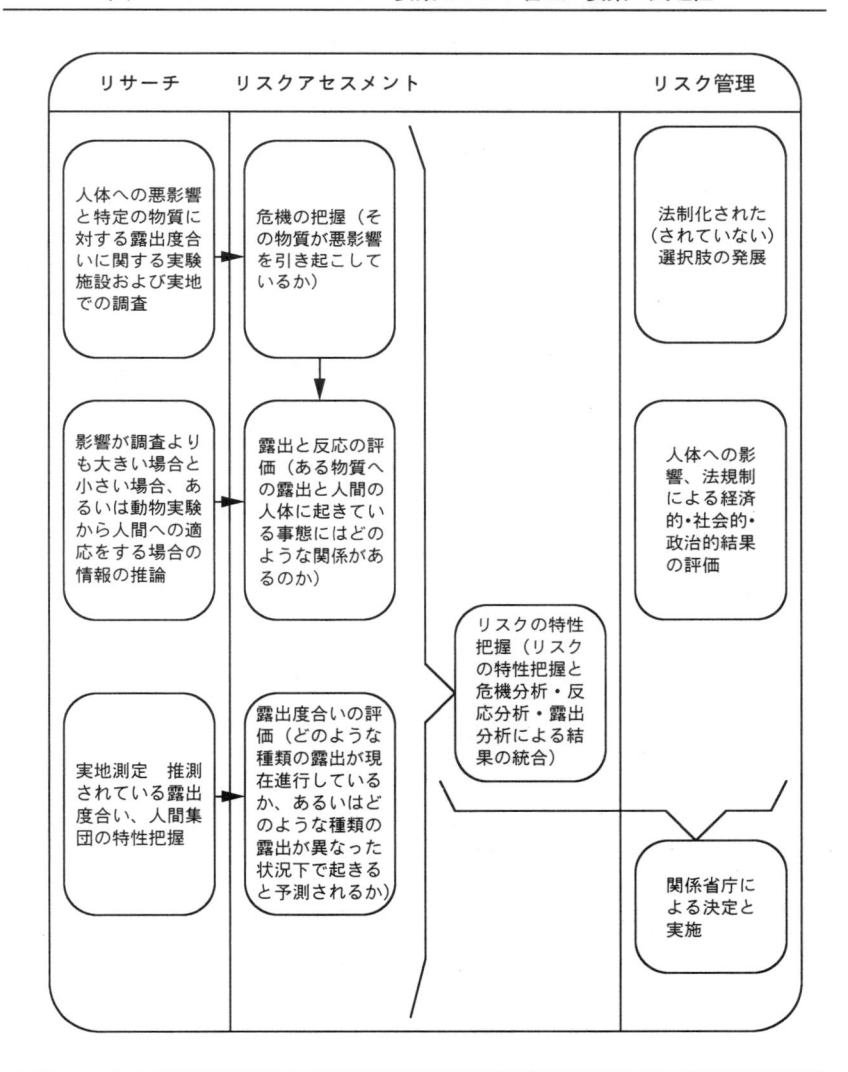

リサーチ

- 人体への悪影響と特定の物質に対する露出度合いに関する実験施設および実地での調査
- 影響が調査よりも大きい場合と小さい場合、あるいは動物実験から人間への適応をする場合の情報の推論
- 実地測定 推測されている露出度合い、人間集団の特性把握

リスクアセスメント

- 危機の把握(その物質が悪影響を引き起こしているか)
- 露出と反応の評価(ある物質への露出と人間の人体に起きている事態にはどのような関係があるのか)
- 露出度合いの評価(どのような種類の露出が現在進行しているか、あるいはどのような種類の露出が異なった状況下で起きると予測されるか)
- リスクの特性把握(リスクの特性把握と危機分析・反応分析・露出分析による結果の統合)

リスク管理

- 法制化された(されていない)選択肢の発展
- 人体への影響、法規制による経済的・社会的・政治的結果の評価
- 関係省庁による決定と実施

出典 Environmental Risk Assessment for Sustainable Cities, Technical Publication Series [3], UNEP International Environmental Technology Centre, Osaka／Shiga, 1996.

9.4.11.2 区画計画

　化学物質を製造する工場の区画計画を最終的に決定する際には、安全を考慮しておく必要がある。工場内では異なるセクションの境界に十分なスペースを設け、またそれぞれのセクション内でも個々の機器のあいだには十分な距離を保っておく必要がある。個々の機器間の距離を決定する際には、機器の取り扱いのしやすさ、安全管理スペース、隣の機器からの安全性などを総合的に考慮して決定すべきである。

9.4.11.3 危険地域の類別

　電気設備を設置する際にそのもっとも適した種類を決定するため、すべての工場敷地を、そこで取り扱うことになる危険性物質の存在によって分類しておくべきである。

9.4.11.4 P&Iダイアグラム

　P&Iダイアグラムとは、工場設計のもっとも初期の段階において準備される書類のことである。その書類には、すべての設備とその設置場所、操業プロセスと電気やガスのバルブ、機械、管理システム、安全弁やそのほかの安全設備などがすべて記されている。最初の校正をした後、P&Iダイアグラムは、考えうるすべての状況下のもとでの工場の安全性をすべて考慮しながら、詳細にわたって評価されることになる。またこの段階で用いられる手法の一つが、危険性および操業可能性調査（HAZOP）である。

9.4.11.5 引火性液体の保管

　引火性の液体を保管する際に安全性を保つためには、次のようなことをすべて考慮する必要がある。つまり、タンク置き場の場所、そこへ至る代替アクセス通路、タンク置き場に置くことのできる最大タンク数、タンク間の適切な距離、土塀の適切な高さ、適切なタンク置き場の囲い込み能力、タンクと近隣の家屋とのあいだの最低限の距離、屋内タンク置き場における非常時の通気口、ポンプ場の準備、ナフサやメタノール貯蔵タンクの浮き天井の準備、ナフサおよびメタノールのタンクへの充填速度、ナフサとメタノールタンクにおけるニトロによる覆いの準備、また二つ以上のタンクが存在する場合の、二重のブロックおよび液漏れ予防バルブの準備などである。

　「圧力のかからない」固定天井のタンクは、大気圧で操業するのに向いているが、内部

圧は7.5ミリバール、空気を抜いた場合には2.5ミリバールまで、耐えられるように設計しておくべきである。「圧力の低い」固定天井のタンクの場合、内部圧が20ミリバール、空気を抜いた場合には6ミリバールまで耐えられるようにすべきだろう。また、「圧力の高い」固定天井のタンクの場合には、内部圧56ミリバール、空気を抜いた場合には7ミリバールまで、耐えられるように設計すべきである。(詳細は、表9.10参照)

9.4.11.6 リスクアセスメント

(i) 危険性の分析。工場のリスクアセスメント。

危険性の分析を行う場合には、次の質問に答える必要がある。

1. どの物質あるいは操業行為が、引火を引き起こしやすいか。
2. それが引火する際の温度はどれくらいか、またそれが引火するためにはどれくらいのエネルギーが必要か。
3. それは、どれくらいの早さで燃え広がるか。
4. 一単位あたり、どれくらいの熱量を生成するか。
5. ある区域内に、その物質はどれくらい存在するか。

表9.10 石油保管のための円筒形タンクの種類

石油の種類	タンクの種類
クラスⅠ石油（引火点が摂氏21度／華氏70度以下）車用のガソリンや航空燃料など	(a) 浮動天井 (b) 内部に浮動装置のある「圧力のかからない」固定天井 (c) 「圧力耐性」のある固定天井
クラスⅡ石油（引火点が摂氏55度／華氏131度以上）灯油や特殊沸点石油など	(a) 浮動天井 (b) 内部に浮動装置のある「圧力のかからない」固定天井 (c) 空気弁があり「圧力のかからない」固定天井
クラスⅢ石油（引火点が摂氏55度／華氏131度以上）ディーゼル燃料・液化石油ガス（LPG）・重油・潤滑油・れきせいなど	空気弁があり「圧力のかからない」固定天井／重油およびれきせいを保管するためのタンクは内部を覆い温めておく必要がある

6. その物質は爆発性があるか。

(ii) **工業のリスクアセスメントにおける範囲と目標**
(a) リスクの危険性をチェックするシステムを構築する。
(b) 事故が起こりうる可能性にもとづいて、工場のレイアウトをランクづけする。
(c) 工場のレイアウトを再設計し、工場内で実施すべき安全管理手段を把握する。それにより、工場敷地内での経済的ダメージを最小化するだけでなく、社会や環境に対する用地外のリスクをも軽減することができる。
(d) 監督官庁、計画者、設計者が工場内での事故を調査し、政策を決定していくためにそれによって起きるであろう結果を推測することを補助していく。
(e) 工場に関する承認を素早く、より理性的な判断にもとづいて行う。

(iii) **全体的なリスクアセスメント**
リスクアセスメントは、次の三段階から構成されている。
1. 起こりうる事故がどのようなものであるかを把握する。
2. それによりもたらされるであろう結果を予測する。
3. システムの一部が正常に作動しない場合のことを考慮した、システム故障可能性に関する数量的な分析を行う。

(a) 危険性の把握手順

　危険性の把握を効果的に行うためには、次の二つの要素が重要になってくる。データと組織である。きちんと試験されたプロセスや材料に関しては、このデータは必要なときにすぐに手に入る。しかし、もし新しい状況、化学物質、原材料を伴うのであれば、必要なデータを得るための実験を準備し実行するために、数か月かかってしまうことがある。危険性を把握するための手法のほとんどは、プロジェクトの設計や基本的プロセスに関する一連のまとまりを含んだデザインを、いくつか比較検討するという方法を採っている。その手法の例としては、ほとんどすべての状況に適用できるHAZOP（P＆Iダイアグラムの項参照）などがあるだろう。
　これらの比較を用いる手法は、設計が受け入れられるものかどうかを評価するため

に、ある技術方法や慣行を、基準として用いている。この基準と対象とを比較することによって、「その設計では……にはならないのではないか？」、「なぜこの設計上の相違が存在することによって……が異なってくるのか？」、「この変化は、同程度のリスクを生じる危険性にも変化を及ぼすか？」というような疑問に答えていくことができるのである。もし設計者が自分がすでにある危険性に関して対策を講じているということを証明できなかった場合には、それはさらなる調査が必要な事柄として記録されることになる。また、機器設計者によって使用された機器のチェックリストは、設計上の重大な点を再検査するために、危険性把握（HAZID）チームによっても用いられることになるだろう。

基本的な危険性把握手法は、さらに次のようにわけることができる。

まず危険性および使用可能性調査においては、「多すぎた」あるいは「少なすぎた」というような言葉を用いて、例えば「もし流量が多すぎた場合にはなにが起きるか」というような質問を作成するための作業パラメーターにそれらを使用できる。

間違った方式、影響、危機分析（FMECA）は、各システム要素においてどのような間違った方式を取りうるか把握し、その間違いにより生じる結果を予測することにもとづいている。この分析方法は、非常に重大であるがもし広範囲にわたり適用する場合には、非常に時間がかかってしまう対象について分析するのに向いている。

欠点の樹形図分析は、「第一号原子炉における爆発」といったような「最終的に起きてしまう出来事」を選択し、次にその出来事を引き起こしたあらゆる失敗や状況などについて考えていくものである。前述のFMECAの手法を用いて間違った方法や影響を分析することは、それによって分析を体系的に形成し文書化できるという点で、危険性を把握することには向いている。しかし、このような分析方法では危険性の要素や操業に関して非常に細かく調べなくてはならないために、製造業においてそれを用いることは、リスクの主要な原因となる特定の危険性を把握する場合にのみ、制限されてくるだろう。したがって、欠点の樹形図分析のような広範な分析が必要となってくるのである。

ダウ・ケミカルによって発明され、ルイスによって発展したものに代表される危険性インデックスは、与えられた工場の設計にもとづいて潜在的な事故が起きる可能性を数量的に示す手法である。この手法では工場の操業や設計に関する最低限のデータを

用いて、工場内のどの区域に関する詳細な情報が必要となってくるのかを視覚的に示すことができる。

行為の樹形図分析は、ある問題を引き起こす出来事を選択することから始まる。さらに、その出来事の前提となり、また引き起こされた問題に関係する、システムの考えうるすべての状況を体系的に表すものである。

欠点の樹形図分析では最終的に起きてしまう出来事を基準にして考えたが、行為の樹形図分析においてはある問題を引き起こすことになる出来事を基準として分析を進めていくことになる。ここで問題となってくるのは、ある出来事がどれくらいのレベルまで達したら（例えばある問題を引き起こすことになる出来事というような）基準となりうるか、ということである。もしそれが高すぎれば欠点樹形図は大きくなりすぎ、行為樹形図は小さくなりすぎてしまう。逆に低すぎると、その反対の結果をもたらしてしまうことになるのである。

(b) 結果の分析

分散モデルには、次の三種類がある。単純な「受動的」モデル、瞬間噴射モデル、蒸気雲モデルである。

単純な「受動的」分散は、熱や勢いによる自然の浮力や羽毛状の上昇による分散モデルである。大気内の気流によるガスの分散などを行う場合に用いられる。

瞬間噴射モデルは、放出されるガスが空気より密度が濃く軽い場合に、それを高速で放出するモデルであり、細かくわけると単純な水平噴射モデルと複雑な羽毛状噴射モデルの二種類がある。瞬間噴射による分散は、蒸気のみが対象となる。この瞬間噴射モデルは、ガウスの集散法則にもとづいて組み立てられている。しかし、瞬間噴射時の希薄濃度が通常の分散時の濃度よりも高い。したがって、通常の瞬間噴射モデルにおける放出レートと放出源を用いた場合には、集散の計算結果が非常に高くなってしまうだろう。

蒸気雲モデルは、空気より重い物質、LNGなどの冷たい物質、アンモニアなどの液状物質を放出する際に用いる。

受容性モデルあるいはプロビット方程式は、要素間の関連性から、あるリスクにさらされている人間集団の中で実際に影響を受けることになる人数の割合を推測するため

に用いられる。これらのデータはほとんど例外なく、動物実験によって集められている。またプロビット方程式は、次のようなものになる。

$$Pr = A_t + B_t \ln (C_n t_e)$$

ここで、Prは確実性関数、A_t、B_t、nは定数、Cは人間がさらされる汚染物質の濃度（単位はppm v／v）、t_eは汚染物質にさらされている時間（単位は分）を表す。

放出された有毒物質による影響は、まずその物質に対する距離を用いて表現する。それから影響の期間を考慮に入れた受容性モデルを用いて、人間や環境に対する影響へと置き換えられるのである。

(c) 頻度評価と量的評価

システムが停止してしまう可能性はどれくらいあるのか。また突発的に停止してしまう事態が起きる頻度はどれくらいか。システムの設計変更は、そのシステムの信頼性を高めるのか、あるいは下げてしまうのか。

突発的に停止してしまう事態を調査するには、システムを分析する者はどのようにしてそのような事態が発生するのかを、論理的、体系的に研究していかなければならない。ここでは、そのような事態が起きる確率や頻度など、必要な数量データはすでに得られたものとして考えていく。

この評価を実施する際には、行為の樹形図分析を用いることによってその内容を視覚的に表すことができる。この（工場に関する）樹形図の中心となる事柄は、設計された安全対策の機能である。その中心の次にくる事柄は、問題が進んで含有されている物質からの放出の量と種類が把握された時に出現する。この行為の樹形図に含まれる中心的な事柄は、おもに現象上の問題である。問題が起きているさまざまな状況の中で広がっていく事故の状態を客観的に評価することによって、その問題が起きる確率を明らかにすることができる。また、ある問題が環境への悪影響として現れた場合には、別の行為樹形図によって、環境やシステム内での危険性化学物質の移動を分析することがある。

このように、ある問題が発生する頻度は、それを発生させる事柄の頻度と、その事柄が事故や問題を発生させる可能性をかけたものに等しくなるのである。

中心となる出来事が起きる割合を計算するということは、プロジェクト実施用地内外での緊急事態対応計画を準備するために非常に重要なものであり、また工場内でどのような危機が発生する可能性があるのかを把握するための作業を必要とするものでもある。この対象となる出来事は、一人の人間が外部の補助を得ないで取り扱うことのできるような小さなものから、計画を立てて実施しなければならないような大きなものまでさまざまである。だがこれまでの経験から、事故が起きる可能性を完全に把握できたときのことを考えてみても、それに達する前にすでにいくつかの小さな事故が起きてしまっていたり、あるいはすでに起きてしまっている小さな事故を安全なものとすることができる場合もあるとはいえるだろう。

ほとんどの重大な事故は、可燃性物質や有毒物質に関連したものである。

まず、可燃性物質を用いる作業を実施する場合には、次のような事故が起きる場合がある。(a) 爆発の危険性のない火災で、高温および煙などによる被害を及ぼすもの。(b) 有害物質を保管している工場内における火災で、火災の広がり、爆発、有害物質の放出などの被害を及ぼすもの。(c) 危険性が認知されていなかった爆発事故で、爆発による突風、破片の飛散や高温などによる被害を及ぼすもの。

また、有害物質を用いる作業を実施する場合の事故は、次のようなものとなるだろう。(a) 緩慢な、あるいは断続的な有害物質の放出。バルブからの物質漏れなど。(b) 有害物質を保管している工場に火災が起きてしまった場合における、その物質の喪失による事故。(c) 工場における作業上のミスや機器の故障などによる、物質の急速な放出。パイプ破裂による局地的な有害物質の霧散など。(d) 大規模な貯蔵施設や操業用パイプの故障、制御できないほどの化学反応、安全設備の不稼働などによる、大量の有害物質の放出。これらは、広範囲にわたって被害を引き起こす。

以上のような、起こりうる事故を評価する際には、次の点に留意して報告書を作成すべきである。(a) 起こりうる最悪の事態がどのようなものとなるか。(b) その最悪の事態が起きてしまう場合の経路。(c) それが収束するのにかかる時間。(d) 開発行為を中止した場合の、その事故の規模。(e) その事故に関連した現象が起きる確率。(f) そのような現象の結果としてなにが起きるか。以上のことを含んだ報告書は、危険性

評価の報告書の一部として用いることができるし、また危機管理という特定の目的のために個別に用いることもできる。

また、プロジェクト実施用地内における緊急事態計画には、次の点を含んでおくべきであろう。(a) 適切な警報設備やその他の緊急用伝達設備。(b) 各個人に関する規則(とくに次の二点が重要である。(i) 緊急事態が発生した場合に誰が事故周辺区域の整理をするか、また誰が必要な救助手段を準備するか (ii) 事故管理責任者がその役目を終えた後に、危機管理センターから直接指揮を執り、プロジェクト用地の全体的な管理責任を負う全体管理責任者が誰になるのか)。(c) 危機管理センターの詳細。

プロジェクト実施用地外での危機管理について定めた用地外緊急計画も、重要である。実施用地外緊急計画の責任はプロジェクト管理責任者か、ヨーロッパ共同体（EC）の法制度のもとでは、地方公共団体の長にある。また用地外緊急計画には次のような事項を含んでおくべきであろう。

(i) 組織——指揮系統、警報システム、実施手順、危機管理センターに関する詳細。事故管理責任者と地域管理責任者の名称と任命方法および彼らの義務。そのほかに必要な責任者に関する詳細。

(ii) 伝達手段——関連する人物、伝達司令所、使用するサイン、ネットワーク、電話番号リストなどの把握と準備。

(iii) 事故災害用機器——フォークリフト、ブルドーザー、消火機器、消防艇などの入手可能性や場所に関する情報。

(iv) 専門的知識——必要な専門家や専門機関に関する情報。特別な科学的知識を持った専門家や、特別な実験施設を持つ機関など。

(v) ボランティア団体——団体代表者名、電話番号や所属する人材に関する情報など。

(vi) 化学的情報——各プロジェクト用地で貯蔵あるいは使用されている危険性物質の情報と、それに関連する事故の概要。

(vii) 気象情報——事故が起きた地点における気象情報や天気予報の情報を得るための手段の確保。

(viii) 人道支援体制——交通、避難所、緊急用食糧、負傷者用設備、救急医療機器、救急車、臨時死体安置所などの詳細。

（ix）報道および情報──（a）メディア、プレスの取り扱い。（b）親族への伝達手段に関するアレンジメント。
（x）評価──（a）事故原因に関する情報収集。（b）危機管理計画の効率、効果に関する評価。

9.5 環境健康影響評価（EHIA）

　人間の健康は、物理的な環境だけでなく、社会的・経済的要因によっても影響を受ける。伝統的に、健康に関連したリスクはEIAによる調査の対象に含まれてきた。しかし、人間の健康に影響を与える可能性のある環境要素を把握し評価するための、環境健康影響評価（EHIA）というより包括的で厳格なアプローチが必要とされているという認識が急速に拡大しつつある。人間の健康に影響を与えるさまざまな要素の中には、地質、植生、人口分布、経済、汚染などに加え、健康サービスの入手可能性などが含まれるだろう。

　世界保健機構（WHO）はこれまで、EHIAに関する基礎的な研究を重点的に行ってきた。そして現在では、その結果を定期的なセミナー、出版、開発方法論などの形で発表している。

9.5.1 EHIAの必要性

　WHOは、EHIAがなぜ必要なのかということに関して、さまざまな理由をあげている。その中には、ほかのアセスメント同様、治療よりも予防の方が容易だし優れていること、多くのEIA関連法によって定められていること、環境悪化が人間の健康に密接に結びついていること、EIAにEHIAの方法論を組み込むことが可能であること、健康に対する影響を体系的に組み込むことによって政策決定およびそれに至るプロセスの適正さを改善できること、人間の健康に関する問題は時として大衆の反応を呼び起こし、一般人の参加に結びつくこと、それに対する反論がないこと、などの理由がある。

　EHIAが必要であるという事実は自明の理であり、またWHOによって明確に説明さ

れているが、それを実施するためにはいくつかの避けることのできない障害が存在することもまた事実である。そのような障害としては、地域コミュニティー内の人間に関する基礎的なデータが不足していること、示さなければならない健康影響は、非常に長期間にわたって起きてくるものであること、さまざまな化学的・物理的・生物学的作用物の相互作用およびそれらの相助／相反効果などによって、健康に対する影響を引き起こす単一の作用物やその集まりをほかの関係ない作用物と区別することが非常にむずかしくなってしまっている、つまり原因と結果に関する明確な関係を把握することがむずかしいこと、人間の作用物に対する反応や露出度が、多岐にわたっていること、露出と反応に関する情報が限られていること、開発プランナーや政策決定者が、人間の健康は彼らの責任範囲内ではないと感じていることなどがあげられるだろう。

9.5.2 健康に対する影響を把握するための方法論とアプローチ

健康影響をEIAによる調査対象に含む必要があり、また現状ではそれが十分に注意を払われていないということを前提に考えてみると、「健康影響に関する統合的調査を実施するために用いられる方法論やアプローチには、どのようなものがあるのか？」ということが問題となってくることがわかるだろう。

9.5.2.1 EIAにおける分析方法の応用

EIAにおける典型的な分析方法（下記参照）を応用し、健康影響を体系的に調査することができるようにする。

(ⅰ) プロジェクトの詳細説明の準備。
(ⅱ) 関連機関に関する情報の調査や分析。
(ⅲ) 影響の把握。
(ⅳ) 影響を受ける環境の説明。
(ⅴ) 影響の予測。
(ⅵ) 予測された影響に関する理解。
(ⅶ) 影響軽減措置の把握と評価。

（viii）実施する行為の選定。
（ix）報告書の作成。
（x）環境影響の監視。

9.5.2.2 EIAへの健康影響の統合

　EIAの典型的な手法に既存の健康影響分析手法を統合するか、またはEIAの分析対象として健康影響の方法論を用いる。例をあげると、EHIAの実施に際して包括的手法を採ることが、WHOによって推奨されている。この包括的手法は次ページの表9.11に示した九つの段階によって構成される。第一・第二段階は、環境パラメーターに対する一次、二次、三次影響を評価するためのEIAプロセスに関連するものである。第三段階は、EIAによって示された、環境影響要素を類別するための情報にもとづいて実施される。またこの段階で用いられる、環境影響要素を把握するための方法は、環境パラメーターと健康影響との因果関係に関する疫学的・毒物学的証拠にもとづいて決定されるものである。第四段階では、露出の経路に関する調査を行う。第五・第六段階においては環境パラメーターとある特定の健康影響との発生および反応関係に関して、疫学的、毒物学的な情報にもとづいて分析する。第七段階では健康に対する悪影響の重大性と受容可能性に関して評価し、第八段階ではその軽減措置を把握する。最後に、第九段階で、適切な政策決定を行う。なおこの包括的環境健康影響評価（EHIA）手法は、化学物質製造施設に適用するために修正されたものである。

9.5.2.3 ターゲット・アプローチの使用

　一つあるいは複数の経験的指標によって、汚染物質の廃棄（物理的・化学的・生物的な廃棄物および放射性廃棄物など）、環境内移動とその経路、環境媒体、汚染物質を削減するための影響軽減措置とその効果などに関係し、健康に影響を与える懸念が存在することが指摘された場合には、ターゲット・アプローチを用いることができる。

　また、ターゲット・アプローチを用いた他のプロジェクトに関する情報も、利用することができるだろう。そしてターゲット・アプローチによって得られた結果は、EIAの実施に関係した適切な行為に統合することができる。

表9.11 環境健康影響評価（EHIA）の方法論における実施段階

段階	その段階で実施する調査の内容	その段階での手法
第一段階	環境パラメーターの一次影響に関する評価	通常の影響評価プロセス
第二段階	環境パラメーターの二次影響・三次影響に関する評価	通常の影響評価プロセス
第三段階	把握されている健康重要性に関する影響を受けている環境パラメーターのスクリーニング（EH要因）	疫学的知識
第四段階	各EH要因ごとの露出された人数の規模に関する分析	人口調査、土地計画
第五段階	それぞれの露出された人口グループにおけるリスクグループの規模に関する分析	人口調査
第六段階	予測されている健康への影響を可能であれば死亡率および罹患率も含めて計算	リスクアセスメントによる分析結果
第七段階	受容可能なリスク（あるいは重大な健康影響）の定義	人間の健康と経済的要件とのトレードオフ
第八段階	人体への重大な影響を予防・軽減するための措置の把握	EH要因の現象か？ 露出度の低減、露出された人口の逓減、リスクを受ける者に対する保護
第九段階	プロジェクトを進めるべきか否かということに関する最終決定	

出典 Giroult, 1988, WHO Interest in EHIA, In : Wathern, P. (Ed.) Theoty and Practice, Routledge : London

9.5.2.4 リスク出現可能性評価

　リスク出現可能性評価は、健康に関連したリスクアセスメントに結びついた四段階の作業を用いて実施される。危機の把握、反応分析、露出分析、リスクの把握である。

9.5.3 方法論に関する計画

　これまで述べてきたような方法論やアプローチの利点・欠点を、データや必要な人材、科学的信頼性などの面から考えてみた場合、健康影響の予測や評価手法は、複数の適切な方法論やアプローチの優れた部分を統合したものであるべきだということがわかるだろう。一連の方法論は、EIAの全体的プロセスに代表される、より広範な政策決定という目的を念頭に置いて考えた場合にのみ、効果を発揮するのである。

　次ページの図9.7は一連の健康影響予測および評価の方法の流れを示したものである。それぞれの四角で囲んである行為はEIAにおける活動を示してあり、とくに点線で囲まれている三つの行為はEIAプロセスの基本的機能を指している。プロジェクトや環境に関する「提議説明」に対応している行為を同じ四角の中に示しているが、これは、健康影響評価においてそれらが同じ目的を持っているからである。つまり、プロジェクトや環境の「提議説明」に関係した情報は、影響を把握し、予測するために用いられるのである。

9.5.3.1 健康影響評価の必要性に関する決定

　健康に対する影響の予測を行う前に、まず健康影響評価が必要かどうかを決定する必要がある。これはつまり、予定されている行為によって健康影響が引き起こされる可能性があるかどうかを見極めることにほかならない。そのためには、そのような影響を引き起こす恐れのある要因の特性をもとに、健康に対する潜在的な影響を分析する必要がある。要因が化学的であるか、放射性によるものか、または生物学的な有機体か、それとも物理的な現象か、といったさまざまな基準に照らし合わせることによって、健康影響は次の四つに分類することが可能である。(1) 化学物質による健康影響、(2) 放射性物質による健康影響、(3) 生物学的な健康影響、(4) 物理学的な健康影響。

　健康影響評価の必要性が明らかとなったら、次に、プロジェクトに起因する健康影響を徹底的に調査することになる。この調査では、環境影響の広範な調査を行う前に、まず関連する制度上の情報を評価し、分析することから始める。これは、健康への影響に関する法律や制度にはどのようなものがあるのかということを把握することによって、EIAプロセスの基本的機能である「把握・予測・評価」を行うことが容易になるからで

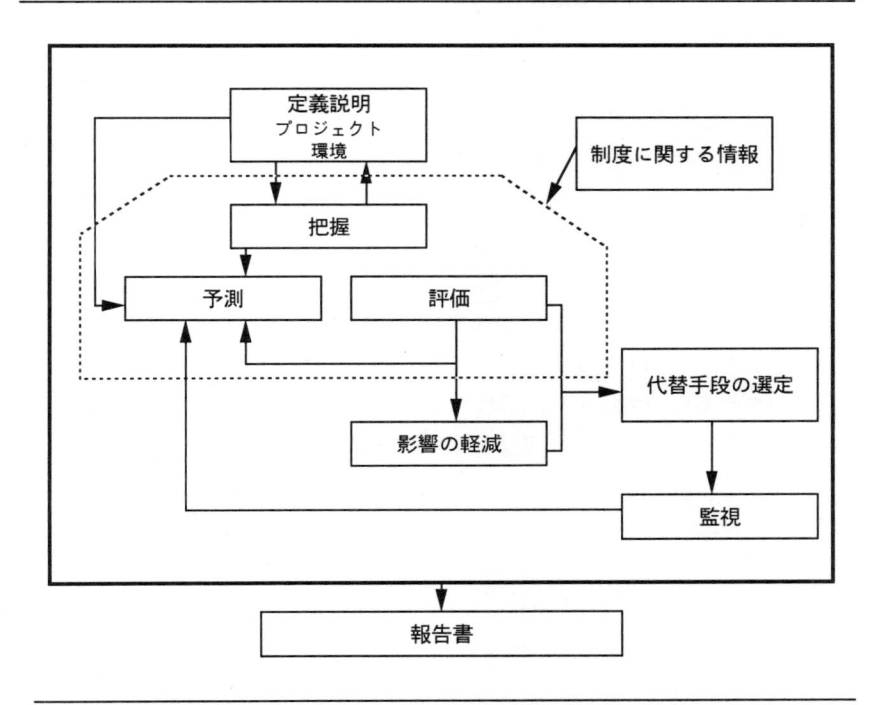

図9.7 健康影響の予測および評価手法に関する概念図

出典 Arquiaga, M. C., Canter, L. W., Nelson, D. I. Integration of health impact considerations in environmental impact studies. Impact Assessment, Vol. 12, No. 2. 1994, p. 175-197.

ある。制度に関する情報は、健康に対する影響を理解するために用いられることになる。

次に行われるのが、予定されている行為とその代替手段、影響を受ける可能性のある環境の状態について詳細に把握することである。プロジェクトおよび環境の状態に関係した情報を得ることには、二つの目的がある。まず第一がプロジェクトの要素と環境の特性を把握することで、これによって健康影響に対する意識を向上させ、また起きる可能性のある特定の健康影響を把握するためにその情報を用いることができる。第

二の目的はプロジェクトと環境に関する情報を記録することであり、そうすることによって把握されている健康影響を予測する（また可能な場合にはさらにそれを数量化する）ことが容易になる。

9.5.3.2 健康影響の把握

　健康影響を把握することは、一般的な健康リスクアセスメントにおける危険性の把握とほぼ同等の機能を持っている。健康影響の把握とはつまり、プロジェクト要素および環境要素への露出が、健康状態の変化の発生率を上昇させるかどうか、あるいは低減させるかどうかを分析することにほかならない。人体および動物に関する情報の詳細な分析を必要とするこの行為は、影響を受ける人体の健康状態と、もしあるならば、そのような状態が人体で起きるという証拠を把握することも必要となる。影響を受けた人体の健康状態の特徴を調査する場合には、その状態に関する説明だけでなく、有害・無害、可逆・不可逆、短期・長期、直接・間接、累積・単一などといった状況を考慮した場合の潜在的な影響を分類することもその調査に含んでおくべきである。このような分類は健康影響を把握するために重要なだけでなく、それらを理解するうえでも非常に役に立つといえるだろう。

　健康影響を把握することに付随したもう一つの作業が、例えば普段の操業時と事故発生時における健康影響の発生の経路などといった、健康影響を発生させる状況やシナリオを見極めることである。この作業では、健康影響の原因となる要素に対する人体の潜在的な露出を評価するための、基礎となる情報を集めることができる。次ページの表9.12の (a) から (f) はさまざまな開発プロジェクトにおける健康に対する影響の例であり、潜在的健康影響に関してプロジェクトのスクリーニングを行うためのガイドラインとして用いることができるだろう。

9.5.3.3 健康影響の予測

　影響の予測はEIAプロセスの中でもっとも重要な段階の一つであり、ここでは影響の種類に関する質的な情報と、一連の影響要素および関連の影響モデルに関する量的な情報が必要となってくる。予測能力が向上し、新しい技術や化学的知識が手に入るようになるにつれて、予測手法は改善されてきた。リスクアセスメントで用いられる

表9.12（a）採鉱および鉱物処理——健康影響のスクリーニング

プロジェクトの段階	健康影響	原因
用地準備	・栄養失調 ・病原媒介虫による伝染病 ・毒物中毒	・共有財産の喪失 ・風土性の病原媒介虫など ・廃物蓄積による汚染
プランニングと設計	・煤塵による呼吸器系疾患	・極度の煤塵
建設	・中毒、傷害 ・伝染病 ・STDs ・病原媒介虫による伝染病	・不適切な安全管理手段 ・不十分な衛生施設、上水道供給の不足、いきとどかない食品衛生 ・労働生活 ・風土性の病原性媒介虫との接触
操業	・煤塵による呼吸器系疾患、伝染性呼吸器疾患 ・STDs ・傷害、中毒、聴覚障害、溺死	・煤塵除去設備の不足、換気の不足 ・労働生活、不慣れな生活、健康教育の欠如 ・不十分な労働安全基準、放棄された鉱山における作業、ダムの欠陥

表9.12（b）湾岸地域開発——健康影響のスクリーニング

プロジェクトの段階	健康影響	原因
用地準備	・栄養失調 ・中毒や排泄物に関連する病気	・漁師コミュニティーにおける共有財産の喪失 ・下水に関連した汚染
プランニングと設計	・中毒や排泄物に関連する病気	・廃水処理
建設	・中毒、傷害、流産 ・劣悪な生活環境と結びついた伝染性疾患 ・STDs	・不十分な労働安全基準 ・不十分な衛生施設、上水道供給の不足、いきとどかない食糧衛生 ・労働生活
操業	・傷害 ・中毒や排泄物に関連する病気	・暴風雨と河川の氾濫 ・汚染

(表9.12つづき)

表9.12 (c) 火力発電所——健康影響のスクリーニング

プロジェクトの段階	健康影響	原因
用地準備	・傷害 ・呼吸器系疾患 ・排泄物に関連する病気	・火災、爆発、燃料の運搬 ・大気汚染 ・水資源の減少による汚染水の使用
プランニングと設計	・傷害 ・重金属による中毒	・交通や輸送 ・灰の飛散、汚染物質の浸出
建設	・中毒、傷害 ・劣悪な生活環境と結びついた伝染性疾患 ・STDs	・不十分な労働安全基準 ・不十分な衛生施設、上水道供給の不足、貧弱な食糧衛生 ・労働生活
操業	・呼吸器系疾患、視覚障害、傷害、癌、聴覚障害	・大気汚染、灰の飛散、爆発、騒音、振動

表9.12 (d) 高速道路・主要建設——健康影響のスクリーニング

プロジェクトの段階	健康影響	原因
用地準備	・病原媒介虫による伝染病 ・栄養失調	・風土性の病原媒介虫など ・樹木で覆われた内陸地帯へのアクセス ・共有財産の喪失、土地価格の上昇、生活手段の変化
プランニングと設計	・傷害 ・伝染性疾患	・貧弱な安全基準で作られた道路 ・動物の巣などの穴、水たまり、途絶えた河川
建設	・中毒、傷害 ・劣悪な生活環境と結びついた伝染性疾患 ・STDs ・病原媒介虫による伝染病	・不十分な労働安全基準 ・不十分な衛生施設、上水道供給の不足、貧弱な食糧衛生 ・労働生活 ・風土性の病原性媒介虫との接触
操業	・病原媒介虫による伝染病	・道路などの公有地における無断居住者による不衛

(表9.12つづき)

	健康影響	原因
		生な水の使用
	・劣悪な生活環境と結びついた伝染性疾患	・道路などの公有地における無断居住者による不衛生な水の使用
	・呼吸器系疾患	・煤塵
	・傷害	・貧弱な道路整備や車両整備　貧弱な交通規則、貧弱なドライバー教育、増加する交・通量
	・STDs	・長距離トラックのドライバー

表9.12（e）港湾開発——健康影響のスクリーニング

プロジェクトの段階	健康影響	原因
用地準備	・栄養失調	・コミュニティー内での漁獲量減少
	・中毒	・輸送の際の汚染物質漏出
	・排泄物に関連する病気	・貧弱な廃棄物処理施設
建設	・中毒、傷害	・不適切な労働安全基準
	・劣悪な生活環境と結びついた伝染性疾患	・不十分な衛生施設、上水道供給の不足、貧弱な食糧衛生
	・STDs	・労働生活
操業	・ペストなどの地域特有の伝染病	・ネズミ、昆虫、病原菌などによる伝染病
	・STDs	・独身男性の通行
	・傷害	・貧弱な操業基準とメンテナンス

表9.12（f）都市開発——健康影響のスクリーニング

プロジェクトの段階	健康影響	原因
用地準備	・劣悪な生活環境と結びついた伝染性疾患	・スラムの除去による居住地の喪失、排泄物の垂れ流し、上水道の問題
	・傷害	・急な斜面、氾濫原での生活、緊急救命サービスの欠如
	・非伝染性疾患	・汚染、危険性廃棄物、危険性のある職業

(表9.12 つづき）

プランニングと設計	・排泄物に関連する病気、病原媒介虫による伝染病 ・傷害 ・中毒、傷害	・上水道および衛生設備の問題 ・交通
建設	・劣悪な生活環境と結びついた伝染性疾患	・不適切な労働安全基準 ・不十分な衛生施設、上水道供給の不足、貧弱な食糧衛生
操業	・排泄物に関連する病気、病原媒介虫による伝染病 ・傷害	・壊れた下水処理施設、家の中での貯水、固形廃棄物管理 ・交通

　技術が環境の変化によって生じる健康への影響を予測するための現在の最新の技術水準を反映したものであり、またこれらの技術がさまざまな行政区域内で広範囲にわたって用いられていることもあるため、健康影響の予測のための包括的手法に既存のリスクアセスメント技術を用いている。

　一般的に、同じような種類の行為に関するデータを用いて推測することにより健康への影響を予測するという手段を用いる機械的な要因によって生じた健康影響を評価する場合をのぞいて、この包括的手法の対象となる四種類にわたる健康影響要因の影響を評価するためのリスクアセスメント技術は、どの分野のものも似たような内容となっている。どの分野においても、EIAプロセスに含まれている健康影響の把握、反応分析、露出分析、健康影響区分の四段階にわけて行われるのである（既存のリスクアセスメントにおいては、危険性の把握、反応分析、露出分析、リスクの区分の四段階である）。

　第一段階は健康影響をもたらすと考えられている要因と、健康状態との関連性を明らかにする作業を行うもので、先に述べたとおりのものである。反応分析は、健康影響の把握と密接に結びついた行為であり、一連の健康影響要因と、それにさらされている人口単位の中で健康影響が出現する確率予測との関連性を明らかにするものである。健康影響要因にさらされることによって出現する可能性がある健康への影響は、次の二種類にわけることができる。つまり(1)実際は健康影響が存在しないかもしれない

が誤差の範囲内でそれが確認されたものと、(2) なんらかの要因が健康影響を実際に引き起こしうるものである。前者に関しては、最大誤差が発生した場合を想定して対策を練る。後者は、一連の要因がリスクを増加させる確率を計算することによってその関連性を把握する。その後、健康影響発生要因の特性とそれが発生する確率を考慮して、特定の健康影響要因に関する反応の種類が定義されることになる。

EIAにおける露出分析と健康影響把握のおもな特徴は、健康影響発生要因に対する露出およびその結果として起きてくる影響に関して、ある行為を実施しない場合（プロジェクトを実施しない場合）・提案されている行為をそのまま実施する場合、代替行為を実施する場合にわけて分析することにある。つまり、プロジェクトを実施しない場合の健康状態を基準として、提案された行為を実施したときの健康状態および代替行為を実施したときの健康状態を比較することになる。ここでは、プロジェクトおよび環境の状態把握の段階で得られた情報が非常に重要となってくる。EIAプロセスにおいて露出分析を行う際に重要なのは、生物物理学的な環境影響を予測する際に用いる一般的な方法、ツール、技術などを、健康影響要因に対する露出を分析する際にも用いることができるということである。

最後に、健康影響の区分だが、露出分析で予測された環境影響と、反応分析で定められた反応値とを結びつけることを行う。その結果は、評価対象の健康影響によって変化してくるものであるが、健康影響が起きる確率と、危険性指数、安全余地指数という形で表されることになる。このようにして健康影響を区分することは、健康影響発生要因に対する露出が突発的にしか起きない（事故など）ということを想定している。したがって、そのような事故などが起きる可能性を考慮する必然性が当然出てくるし、また必要ならば最初の部分によって得られた結果を加味して計算しなければならないだろう。

9.5.3.4 健康影響の評価

健康影響の予測につづいて、その評価や解釈を行う必要がある。ほとんどの健康影響に関しては、発生すると予測されている影響が受け入れることのできる範囲を超えたものであるかそうでないかを決定する基準は存在しない。EIAプロセスに関連して、健康影響の評価は次に述べるさまざまな要素を考慮する必要がある。つまり規制対象

範囲・調査対象の健康影響や健康影響要素に関連する制度上の情報、個人レベルあるいは集団レベルでの健康影響の反響、人体に健康影響が起きることを示した証拠、反応関係を予測するために用いられた情報の質的あるいは量的な信頼性、露出予測の信頼性、健康影響に対する一般人の反応などである。

9.5.3.5 影響の軽減、監視と報告

　健康影響の評価内容にもよるが、そのうちいくつかに関しては反論が出てくるかもしれない。したがって、影響軽減措置が必要となってくる。この影響軽減プロセスもまた、二段階にわけることが可能である——(1) 適切な影響軽減措置の把握、(2) 健康影響を緩和することができる場合その大きさの予測。またほとんどのプロジェクトの場合、好ましくない健康影響を最小化するための影響軽減措置は、つぎの三種類に分類できる。つまり (a) 原因のコントロールによる影響の軽減、(b) 露出のコントロールによる影響の軽減、(c) 健康サービス向上による影響の軽減、である。

　健康影響および影響軽減措置に関する情報と、環境への影響に関するほかの情報とを用いて、政策決定者は評価対象となるさまざまな代替手段の中から実施する行為を選ぶことになる。またこのほかにも、EIAプロセスにおけるこの段階の行為を補助するために、さまざまな政策決定手順が開発されている。健康影響評価における手順の場合には、この行為の目的は、選択するという行為それ自体ではなく、健康以外での環境影響の情報と統合された、政策決定者にもっとも有効な形での健康影響に関する情報の体系化と提示である。

　もしある行為を実施することによって重大な潜在的健康影響が生じると予想される場合には、予定行為を選定する際、同時に健康モニタリングプログラムの設計・計画を行うべきであろう。モニタリングの目的の一つは予測されている影響をチェックすることであり、また結果的に、予測に用いられている方法を実施責任者が実証、修正、適合することを許可することでもある。また、プロジェクト管理に関する決定をくだす際にもモニタリングを用いることが可能であろう。健康モニタリングシステムを設計する場合、必要な資源を少なくし、それにかかる労力を節約するためにも、ほかの環境モニタリングシステムと重複する部分を考慮して設計すべきである。

　一連の健康影響評価に関する最終段階が、報告書の作成である。健康影響評価の一

部として、先に述べた各段階での内容を報告書にまとめなければならない。この段階でまとめられた情報は、健康影響評価をEIAプロセス全体における考慮事項として反映させるため、環境影響報告（EIS）に統合されることになる。これによってEISの各セクションが、健康影響評価に必要な情報を含むことになるのである。またこれには付録としての健康影響評価および参照事項としてのそれを立証するデータも含まれる。

9.6 社会影響評価

9.6.1 社会影響評価とはなにか、またなぜそれが必要なのか

　社会影響評価（SIA）とは、自然環境の変化によって生じる人間集団への影響を把握し、数量化するためのものである。「社会影響評価」という言葉自体は、1973年のアラスカ横断パイプライン建設の際、先住民であるイヌイットの文化にどのような変化が起きるのか調査する時に初めて用いられた。それから社会影響評価のための技術は発展し、それ自体一つの評価方法として確立され、多くの国で採用されるようになった。

　SIAは、政策決定者が自ら決定をくだす以前にその結果なにが起きると予想されるのかを理解し、また影響を受ける人々はその影響を評価するだけでなく、自分の将来に影響してくる行為に自ら参加するべきであるという考え方にもとづいて実施される。

　社会影響とは、それが人々の生活、仕事、基本的欲求およびそれらの組み合わさったものを変えてしまう可能性があるかどうかという点で、人間集団に対するある行為の影響を意味している。したがって、SIAは少なくとも次の事柄を考慮したものでなければならない。

■人口統計上の影響——労働力、人口移動、雇用、人口構造の変化など。
■社会経済的影響——収入および収入乗数効果、雇用率および雇用形態、対象地域における物品やサービスの価格、課税効果など。
■制度的な影響——家、学校、警察、健康、福祉、レクリエーションなどに関する政府やNGOへの需要。
■文化的影響——伝統的な生活・労働様式、家族構造、権威、宗教的、部族的要素、文

化人類学的特性、社会ネットワーク、コミュニティー内のつながりなど。
■ジェンダーに関する影響——女性の社会進出に関する開発プロジェクトの実施、収入を得る機会、社会的資源へのアクセス、雇用機会など。

このほかにも、物理的な環境に対する影響、規模、期間、影響の重大性などに関しても、SIAを実施する際に考慮しておくべきである。

9.6.2 社会影響評価における変動値の把握

SIAにおける変動値とは、開発プロジェクトの実施や政策の変更によって生じる人口、コミュニティー、社会関係などの計測可能な変化のことを指している。地域コミュニティーにおける変化、地域の工業化、貯水池開発や道路建設、天然資源開発、その他一般的な社会変化などに関する調査を実施した後、次の事項に関して社会影響変動値のリストを作成すべきであろう。すなわち(1)人口の特性、(2)コミュニティーの構造、(3)政治的・社会的資源、(4)個人および家族に関する変化、(5)コミュニティー資源、の五点である。以下その特性を概観してみることにする。

人口の特性とは、現在の人口と想定される変化、民族や人種の多様性、一時的な住民の流入数と流出数、季節的な人口移動や観光客数などのことである。

コミュニティーの構造とは、規模、構造、(より大規模な政府システムに対する関連性を含んだ)地方政府が組織化されている度合などのことを指している。また、雇用や産業構造に関する過去および現在のパターン、ボランティア団体の規模や活動内容、宗教組織、圧力団体および、これらの各要素の関連性に関しても、このコミュニティーの構造に含まれる。

政治的・社会的資源とは、権力の分布、利害関係のある公衆、あるコミュニティーや地区における長の権限と能力などのことを指す。

個人および家族に関する変化とは、態度、認知、家族の特性、友人のネットワークなど、ある個人や家族の日常生活に影響を与える要素の変化のことである。このような変化には、家族関係や友人関係を変化させる可能性がある政策に対する態度から、リスク、健康、安全などの認知の仕方まで、さまざまである。

コミュニティー資源とは、天然資源や土地利用のパターンと、住宅および保健、警察、消防、公衆衛生などの公共サービスの充実度のことを指している。あるコミュニテ

ィーが継続的に生き残るための鍵となるのが、歴史的・文化的な資源であるともいえる。これらの変動値を求めたうえで、原住民の生活様式や彼らの宗教文化に関する変化をも考慮する必要があるだろう。

使用するSIAモデルに関する議論を進めていく場合には、社会影響に関する情報を吟味し、積みあげていくための概念的手法が存在する。また、社会影響が対象となるプロジェクトの種類や開発の段階によって変化してくることを示したマトリックスも用いることができる。したがってSIAモデルを開発するための次の段階では、異なったプロジェクトの種類や状況に対して、プロジェクトの各段階ごとの社会影響変動値を当てはめて考えていくことになる。

9 6.3 社会影響評価における変動値とプロジェクトの種類および段階との組み合わせ

プロジェクトや政策を進めていくための四段階のプロセス（設計・建設・操業・閉鎖）は、コミュニティーや地域の特性に変化を生じさせる社会的要因に対して、影響を及ぼすことになる。SIAを実施する専門家は、潜在的で重大な社会影響に関する調査を進めていくために、マトリックスを作成する必要がある。このマトリックスの例を、次ページの表9.13と294ページの表9.14に載せておくことにする。

各プロジェクト／政策決定段階において、社会影響の評価者は、マトリックスで示された社会変動値に対する潜在的な影響を識別しておくべきである。このアプローチを用いる場合には、いかなる分野においても見逃している問題がないように、確実を期さなければならない。表9.13はいかなるプロジェクトにも通用するSIA変動値をすべて含んでいるわけではないことに留意しておくべきであろう。ここで評価者がまず最初に行う仕事は、対象となる問題を提示することにある。つまり、マトリックスの各セルに示されている影響の規模や重大性を詳細に説明するのである。

表9.14は、SIAの変動値（表9.13で示したもの）をプロジェクトのセッティングの種類や段階といったこととどのように関連させていけばよいのか、簡潔に示したものである。最初のものが危険性廃棄物処理施設の場所に関する例で、この場合、初期設計段階において住民の健康や安全に関する問題が認識されることになるだろう。そしてこのプロジェクトを進めていくという政策決定がなされた場合には、建設に必要な臨

時労働者が流入してくるだろう。次は工場建設プロジェクトの例で、建設期にはコミュニティーに対するインフラストラクチャー整備の支援が必要となり、また操業が開始されると工場に対するコミュニティーの認識が変化する可能性がある。以上がSIA変動値の取り扱いの例であり、実際はこのような分析を、プロジェクトの各段階における各SIA変動値に関して繰り返して行っていくのである。

9.6.4 SIAの実施プロセス

SIAの実施プロセスは、これから述べるEIAプロセスにもとづいてつくられる。また、これには図9.8で示した10の段階をすべて含んでおくべきであろう。これら各段階は理論的には連続したものでであるが、実際に行うとなると重複する部分が多少出てくることがある。またこれから述べる実施プロセスは、環境品質会議（CEQ）のガイドラインによって定められたEIA実施プロセスにもとづいて作成されたものである。

表9.13 プロジェクト段階と社会影響評価変動値との関連性マトリックス

社会影響評価で用いる変数	プランニング／政策発展	施行／建設	操業／維持	終了／破棄
人口の特性				
人口変化				
民族や人種に関する特性				
人口移動				
臨時雇用者の流入と流出				
季節による居住者				
コミュニティーの構造				
ボランティア団体				
圧力団体				
地方政府の規模と構造				
変化に関する歴史的経験				

(表9.13つづき)

社会影響評価で用いる変数	プランニング／政策発展	施行／建設	操業／維持	終了／破棄
雇用／収入の特徴				
マイノリティの雇用機会				
地域、地方、国家の関連性				
工業／商業の多様性				
プランニングや規制の存在				
政治的・社会的資源				
権力の分布				
利権者の把握				
利害関係のある公衆・団体				
長の権限と能力				
個人および家族に関する変化				
リスク、健康、安全に対する認識				
再定住に関する問題				
政治・社会組織に対する信頼性				
居住の安定性				
知人関係				
政策／プロジェクトに対する態度				
家族／友人のネットワーク				
社会の安寧に対する関心				
コミュニティー資源				
コミュニティーにおけるインフラの変化				
ネイティブアメリカンの存在				
土地利用法				
文化・歴史・考古学的資源への影響				

表9.14 プロジェクト／政策形成段階ごとのSIA変動値

プロジェクト／政策形成のセッティング（種類）	プランニング／政策発展	施行／建設	操業／維持	終了／破棄
危険性廃棄物処理	リスク・健康・安全に対する認識	臨時雇用従業員の増加	政治・社会組織に対する信頼性	地方政府の規模の変化
工場	プロジェクトに対する態度の形成	コミュニティーにおけるインフラストラクチャーの変化	雇用／収入に関する特徴の変化	マイノリティの雇用機会に関する変化
森林・公園管理	利害関係のある公衆・団体	政治・社会組織に対する信頼性	余暇・休暇による訪問者の増大	権威の分布

9.6.4.1 一般住民の参加

■影響を受ける可能性があるすべての一般住民をSIAプロセスに参加させるため、効果的な一般参加プログラムを開発する。

　これを実施するためには、潜在的に影響を受ける可能性のあるすべてのグループを識別し、そのグループとともに、提案されている活動の設計から始める必要がある。プロジェクトによって影響を受けるグループには、近隣に居住する人々、プロジェクトによって騒音、臭害、景観破壊などの被害を受ける人々、居住地を変更せざるをえない人々、近隣に住んではいないが、プロジェクトや政策の変更によって利害を被る人々、などがある。また、プロジェクトが予定されている土地をこれまで使用してきた人々（例、プロジェクト用交通路の周りで農業を営んできた農民）なども含まれるだろう。ほかにも、臨時雇用者数増加などによって、食料や家賃に今までよりも高い金額を払わなければならなくなった人や、コミュニティーサービスの範囲が広がったために高い税金を払わなければならなくなった人なども考えられる。

　グループを把握した後各グループの代表に対して、影響が生じるであろう地域を把

9 EIAの発展

図9.8 社会影響評価のガイドラインおよび原則作成のための組織間委員会が定めた社会影響評価プロセス

一般によるスコーピングプログラムの開発(一般による出資)
→ 提案されている活動や代替手段の説明(代替手段の把握)
→ 関連する人間環境と影響を受ける地域の説明(基準となる状態)
→ 起こりうる影響の把握(スコーピングに基づく)
→ 起こりうる影響の調査(予測された影響の算定)
→ 予定されている行為や代替手段に関する変更の推奨(代替手段の変更)
→ モニタリングプログラムの開発(モニタリング)

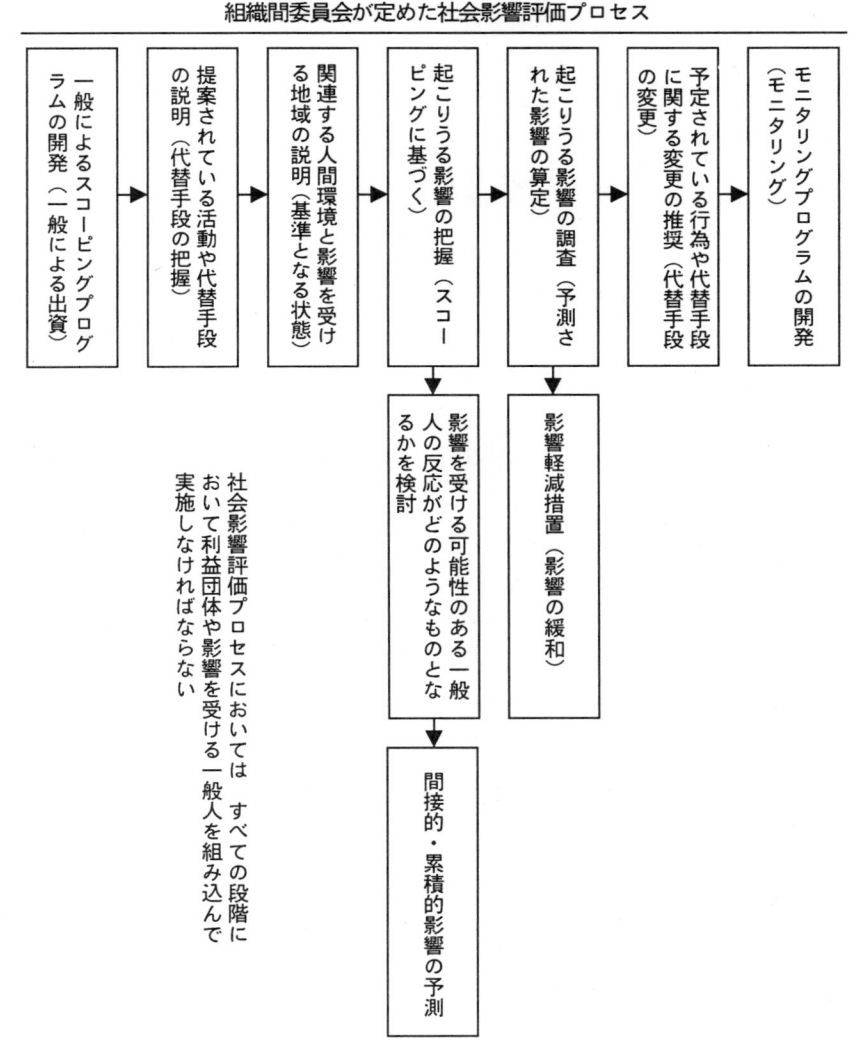

起こりうる影響の把握 → 影響を受ける可能性のある一般人の反応がどのようなものとなるかを検討 → 間接的・累積的影響の予測

起こりうる影響の調査 → 影響軽減措置(影響の緩和)

社会影響評価プロセスにおいては、すべての段階において利益団体や影響を受ける一般人を組み込んで実施しなければならない

出典　Guidelines and Principles for Social Impact Assessment. Inter-organizational Committee on Guidelines and Principles. Impact Assessment, Vol. 12, No. 2, 1994, p. 107-152.

握し、プランニング・プロセスに彼らを組み込むための方法を決定するための体系的なインタビューを行う。一般住民が自ら実施する会合は、住民の認識に関する情報を集めるための方法としては不適切である。影響を受ける可能性のある住民を定義するためには、きちんとした調査のデータが必要なのである。またこの段階は、EIA や SIA プロセス全体を通して実施するべき一般住民参加プログラムの発端ともなるといえよう。

9.6.4.2 代替手段の把握
■予定されている行為と政策上の変更点を説明し、理にかなった代替手段を示す。

次の段階では、予定されている行為を詳細にわたって説明し、プロジェクト実施者が SIA の枠組みを形成するために必要なデータを収集することになる。このデータには少なくとも次の点を含んでおく必要がある。場所、土地利用条件、付属施設（道路、輸送路、上下水道）、建設スケジュール、労働力の規模（建設時および操業時のもの、年間あるいは月間）、施設の規模と形、地域住民による労働力の必要性、必要な組織などである。

後に述べる SIA の変動値のリストは、政策やプロジェクト実施者からデータを得る際のガイドラインとなる。しかし、提案されている代替手段に関する詳細説明には、SIA の実施に必要な情報がすべて含まれていない場合がある。また必要な労働力に関する人数には、機械が故障した際に必要な人数が含まれていないことが多いという問題もある。例をあげると、社会影響評価の実施者は、プロジェクトの建設期に必要となる地域住民の労働力、移民の労働力、地域外住民の労働力に関する情報について、通常の建設行為を実施する場合の最大人数を知らせられるかもしれないが、これには事故が起きた場合などに必要な最大労働者数は考慮されていない。

9.6.4.3 基準となる状態
■プロジェクトに関係のある人間環境や影響を受ける地域の説明と、その基準（現在の状態）を示す。

基準となる状態とは、予定されている行為を実施する地域や人間環境に関する、現在の状態や過去の傾向のことを指している。この基準を調査することをベースライン調査という。建設プロジェクトの場合、影響を受ける危険性のある人間集団の詳

細とともに、地理的な区域を把握することになる。しかしプログラム、政策、技術の評価を実施するためには、関係のある人間環境は、広い範囲にわたる一般住民、利益団体、組織、団体などの集合体と定義されることになる。この調査を実施するための一連の行為は、建設プロジェクトに関する下記の視点や、プログラム、政策に関する地理的な特性を考慮して実施するべきである。

■生態学的な状況を含む、物理生物的な環境との関係。問題の発生源と思われる環境の様相。特定の人々に対する経済的、レクリエーション的、景観的、象徴的な重大性を持つ区域。コミュニティーや社会組織内での、居住のための取り決めや生活様式。環境に対する態度。資源利用パターン。
■開拓やそれによる人口移動を含む、歴史的背景。人口の急増および急減や雇用傾向の変化などの経験を含む、開発行為の内容とそれを実施した期間。とくに技術や環境に関する、過去あるいは継続中のコミュニティー内論争。予定されている行為を地域が受け入れるかどうか、あるいはその程度はどれくらいかということに関するコミュニティーの決定に対して影響を及ぼすそのほかの行為や経験。
■権力の分布を含む、政治的、社会的資源。関連するシステムや組織の能力（学校システムなど）。友人間のネットワークや、潜在的に影響を受けるグループ間の分裂および協力。居住の安定度。年齢や民族など、社会人口的特性。潜在的に影響を受けやすいグループ（低収入層など）の存在。政治学的単位（連邦、州、郡、地域、地区）間の関連性。
■予定されている行為に対する態度を含んだ、文化、態度、社会心理学的状況。政治的、社会的組織への信頼、リスクの認識、心理学的な対処能力。社会や環境に対する文化的な認識。評価対象となる生活の質。予定されている行為に関係する、あるいはそれによって影響を受ける重要な価値観。
■関係のあるグループ（重要な利権者や影響を受けやすい集団、グループなど）の人口統計などを含めた、人口的特性。主要な経済活動。将来の見通し。労働市場や入手可能な労働力。失業率と雇用率。人口と将来予想される人口変化率。住宅、インフラストラクチャー、公共サービスなどの入手可能性。家計の規模や年齢構造。季節的な人口移動。

人間環境を説明する際に必要な労力は、予定されている計画によって生じる可能性のある影響の規模、コスト、程度に比例する。少なくとも、予定されている行動と比較するか、類似した行為に関する知識および入手可能な書類（政府による報告書など）をもとに、比較するべきである。また、実施予定地内での調査および以前行われた実地調査との比較を実施することが、迅速な承認や小規模な調査とともに推奨されよう。

9.6.4.4 スコーピング

■プロジェクトに関する技術的な理解を得た後に、影響を受ける可能性がある人々との議論やインタビューにもとづいて、予測されている社会影響の範囲を把握する。

　最初のスコーピングを実施した後、社会影響評価を実施する者は、さらなるアセスメントに備えてSIA変動値を選択することになる。ここでは、関係省庁によって認識された影響と、影響を受ける可能性のあるグループやコミュニティーによって認識された影響の両者をともに考慮する必要がある。この場合に専門家や複数の領域にまたがる実施チームが通常用いている方法は、既存の社会的文献、一般住民によるスコーピング、一般人による調査、一般人の参加方法などとの比較によって評価するというものである。影響を受ける人々を調査する者は、これらのことを考慮しておかなければならない。理想的には評価対象の変動値を選定する際に、役人や調査チームがくだした決定に対する評価やコメントの発表並びに住民参加プロセスを通じて、影響を受けるすべての人々やグループが参加することが望ましい。

　重大な影響を選定する際に関係してくる基準には、次のようなものがある。ある事柄が発生する可能性、影響を受ける可能性のある人数（原住民を含む）、影響が生じる期間（長期か、短期か）、影響を受けるグループが被るコストとベネフィットの値（影響の強さ）、影響をもとに戻す、あるいは軽減することのできる程度、付随的な影響を起こす可能性、現在および将来の政策決定に影響を与える可能性、考えうる影響の不確定性、問題に対する反対意見の存在、などである。

9.6.4.5 予測されている影響の調査計画

■起きる可能性がある影響に関して調査する。

　社会影響は、開発行為を実施しない場合（ベースライン）に予測される状態と開発行

為を実施する場合に予測される状態との比較、またプロジェクトを実施した場合の社会状態と実施しない場合の社会状態に関する相違点として表される。

起きる可能性がある社会影響を調査する際には、おもに次の五種類の情報をもとに行う。つまり（1）プロジェクト発起人が提供する情報、（2）以前に行われたプロジェクトに関する環境影響報告（EIS）や参考文献などをもとにした、同種類の行為に関する記録、（3）人口統計、（4）書類や派生的情報源、（5）インタビュー、公聴会、グループの会合、人口調査などを含んだ現地調査、である。スコーピングを実施した際に把握された社会影響を調査することは、一連の社会影響評価のもっとも重要な部分であるといえよう。

将来起こりうる事柄を予測するための手法は社会アセスメントの中心を成す技術であり、またこの中で分析手法のほとんどが試みられている。このような手法の種類はかなりの数にのぼるが、そのほとんどは次の6種類に分類することが可能である。

■連続傾向プロジェクト（現在起きている変化の傾向をもとに、将来も同じ傾向が同じ割合で継続するという前提にもとづいた予測方法）。
■一般乗数法（ある特定の人口増加が、関連する変動値（雇用率や住居数など）の乗数として表されるもの）。
■シナリオ（1）論理的——予測対象となっている変動値に関する仮定を論理的に形成するプロセスを通して、全体に関する仮定を組み立てていくもの。（2）経験的——専門家が対象となる事項の特性を予測に組み入れることによって、過去の例と比較しながら現在の事項を分析するもの。
■専門家による陳述（現在のシナリオやそれが示す内容に関して専門家に尋ねるもの）。
■コンピューターモデリング（前提事項に関する数学的理論化や、変動値の数量化などを行う）。
■「将来できなくなること」の計算（例えばダム建設後の河川レクリエーションや文化的土地利用などの、計画やプロジェクトを実施した結果あきらめなくてはならない行為にはどのようなものがあるのかということを把握するために、数多くの手法が開発されてきた）。

過去の経験に関する記録は、将来の影響を予測するためには非常に重要なものであ

る。このような記録は、大抵の場合、プロジェクト報告書や専門家による研究結果などに含まれていることが多い。また影響の種類やそれによって起きた反応に関しても、記録して示しておくべきであろう。これらの基礎となる情報を応用し、調査対象が典型的なパターンからどれくらい逸脱しているのかを判断するためには、専門家の知識が欠かせない。書類や派生的情報源は、現状、プラン、報告されている住民の態度や意見に関する情報を提供し、また事例を記録するためにも役立つ。現地調査では、異なった利害関係にあり、異なった視点を持ち、異なった職業につく人々に対してインタビューを実施することができる。また影響を予測することができる場合には、入手可能なさまざまな（公式統計や会合の時間、表紙の様式や編集者への手紙などの）書類を通しての調査も、それに組み込むべきであろう。

　さまざまな個人やグループが予想される変化に対して持っている意見もまた、報告書の一部に収めておく必要がある。団体のスポークスマンは常に個人の意見を代表しているわけではないため、一般人の意見を的確に評価するための調査は非常に価値あるものであるといえよう。公聴会での意見やスポークスマンによる意見は、将来起こる可能性のある影響を示したものとしてではなく、ほかの手段を用いて評価すべき起こりうる影響として捉えておく必要がある。

9.6.4.6 影響に対する反応の予測
■把握された社会影響の重大性を決定する。

　これは時に実施されないこともあるほどのむずかしい作業であるが、影響を受ける団体の反応がしばしば重大な派生的影響をもたらすことがある。直接影響の種類や規模を予測した後、評価実行者は、影響を受ける人々が態度や行動といった点でどのように反応するかということを予測しなければならない。ここではプロジェクト実施前の住民の態度によってプロジェクト実施後の態度を予測するが、過去の例を見ると、住民の不安は過度に増幅されることがあり、また予想されていた（あるいは約束されていた）住民の利益が期待を裏切ってしまうことが多いということがわかる。このような点に関しても考慮しておく必要があろう。

　影響を受ける可能性がある人々の行動は、比較可能なプロジェクトの事例や、彼らがどのような行動を起こすかということに関する住民インタビューを通して予想するこ

とになる。住民反応の多くがその地域においてリーダーシップを取る人物の存在や能力によって決まってくるため、彼らの行動を調査することは非常にむずかしい。しかし、少なくとも政策決定者には、潜在的な問題や予想外の結果に関して知らせておくべきだろう。またこの段階は、影響を受ける団体の対応や反応が（彼らの行為によってプロジェクトが政治的に中止された場合に、そのことがプロジェクトを提案している関係省庁に対して利害を及ぼすのかそれとも影響を受けるコミュニティーに対して影響を及ぼすのか、また彼らの活動が長期にわたるのか短期間で終わるのか、などの点で）彼ら自身の行く末を左右してくるため、非常に重要であるといえよう。

　この分析方法を用いる際にも過去のアセスメントによって得られた結果を参考にすることができ、また現在行っている調査が典型例と同様なものか独自性を持ったものかということを判断するためには専門家による判断や実地調査を行うことができる。重大な影響をアセスメント対象に組み込んでいるという事実を、影響を受ける可能性がある人々に対してきちんと示すことができるようにすることが、この段階を成功させるために不可欠なのである。

9.6.4.7 間接影響と累積影響
■付随的な影響と累積的な影響を予測する。

　間接影響とは、直接影響によって生じる影響のことを指す。これは直接影響につづいて起きることもあり、しばらく経ってから起きることもある。累積影響とは、ある行為によって起きる影響の増加と、（どの機関や団体がその行為に責任があるということとは関係なく）過去や現在、そして確実に予定されている将来の行為の結果としておきる影響とを組み合わせたもののことを指す。大規模なプロジェクトを実施した際に生じるコミュニティー内部での住居や店舗の増加、それによる行政サービスの圧迫などは、間接影響、累積影響のよい例である。このような影響を予測することは直接影響を予測することよりもむずかしいが、SIAにおいて間接、累積影響を把握しておくことは非常に重要なのである。

9.6.4.8 代替手段の変更
■新しい代替手段や変更された代替手段を提示し、その結果を予測する。

新規の代替手段を考案した場合や既存の代替手段を変更した場合には、それぞれを個別に評価する必要がある。予測段階（9.6.4.5の項を参照）で用いられた手法をここでも用いることができるが、その場合には多少精度が低くなる。より根本的な代替手段やその変更を選択肢として選ぶ場合には、実験によって実証する必要がある。また、代替プロジェクトや政策をつくり出す際には、専門家による判断やシナリオが役立つだろう。調査の反復回数は、時間、予算、プロジェクトおよび政策変化の大きさなどによって決まってくる。

9.6.4.9 影響の緩和
■影響軽減プランを作成する。

　社会影響評価では、影響を予測するだけでなく、悪影響を軽減するための手段を把握することも重要である。影響の軽減とは、行為を修正あるいは中止することによって影響が生じることを回避する。また、プロジェクトや政策の設計や操業を通して、影響を最小化、調節、除去する、代替施設・資源・機会を提供することによって、影響によって受けた損害を補償する、などの行為のことを指している。

　理想的には影響軽減措置は代替手段の選択によって実施されるべきだが、それがすぐに実施できない場合、あるいはそれがほかの機関や省庁の管轄である場合にも、影響軽減措置を把握しておくことが望ましい。

　社会影響管理のための影響軽減措置を形成していくためには、湿原保護や天然資源プロジェクトなどで用いられる戦略モデルにもとづいた、連続的戦略を用いることが望ましい。ここではまず第一に回避可能な影響を避ける努力をし、次に避けることのできない影響を最小化することを行う。第三の段階において、それでも起きてしまう社会影響に対する補償を行う。例をあげると、湿原の喪失という影響に対する補償措置としては、ほかの湿原を提供する、被害を受けた湿原を修復する、新しい湿原をつくるといった行為が考えられる。また補償額は、喪失した湿原や資源の種類、影響の大きさ、湿原の場所などに応じて決めることになる。

　この連続的な戦略における最初の二つの行為（回避および最小化）は、プロジェクト自体、それを受け入れるコミュニティー、また影響を受ける地域といったさまざまなレベルの対象に適用できる。例えばプロジェクトに関しては被害を及ぼすような社会影

響を回避あるいは最小化するために計画の見直しをすることができ（例、移民を最小限に抑えるために建設期間を引き延ばす）、またコミュニティーに関しては、不可避の悪影響を軽減するための処置を講ずることができるだろう。社会影響を軽減するための連続戦略コンセプトを実施するために、評価の実行者はまず、予測段階（9.6.4.5の項参照）で把握された重大なSIA変動値ごとにその重要性をランクづけする必要があるだろう。

　それぞれの変動値ごとに潜在的な影響軽減の方法を評価するうえでまず最初に行うことは、プロジェクトの実施者が影響を回避するためにプロジェクトそれ自体あるいは政策を修正する必要があるかどうかを検討することである。例えばいくつかの家族を移動させなくてはならない道路の建設は、ルートを変更して実施するのである。そして次に、この連続プロセスでは、社会影響を最小限に抑えるための方法を把握することになる。社会で望まれていない施設を自分のコミュニティーの近くに建設することになったら、ほとんどの人は不快に感じるだろう。プロジェクトに対して住民が抱いている態度（とくに否定的な態度）は簡単に消すことはできないが、もし彼らが提案されているプロジェクトに関する完全な情報を得て、さらに政策決定プロセスに参加し、プロジェクトの安全な操業を確実なものとする取り決めを実施することになれば、そのような態度を緩和することは可能である。

　プロジェクトの実施によって生じる、解決が不可能な影響を把握するという行為には、少なくとも三つの利点があるだろう。まず影響を被る個人やコミュニティーに対する補償措置を講じることができること。次にコミュニティーが被害の補償として生活の質を向上させる手段を見つけることができること。そして最後に解決することができない社会影響を把握することによって、コミュニティーの長やプロジェクト実施者が、コミュニティー住民の感情により敏感になれることである。

　起きる可能性のある影響を把握し、それによって起きることを回避または最小化し、さらに居住者やコミュニティーの損失を補償することによって、プロジェクトによって生じる利益を拡大し、起きる可能性がある紛争を予防することができる。

　社会影響を軽減するための措置に関する例をいくつか次ページの表9.15に載せておくことにする。

表9.15 プロジェクトによって生じる影響の影響軽減措置

プロジェクト活動による結果	環境に対する影響	推奨される影響軽減措置
プロジェクト実施場所に関する環境調査		
土地の利用法に関する損失	・経済的損失 ・影響を受けた人々の困窮 ・住民の憤慨	金銭補償や別の場所における住居の提供
住居の損失	・経済的損失 ・影響を受けた人々の困窮 ・住民の憤慨	金銭補償や別の場所における住居の提供
道路・橋梁・灌漑用水などの損失	・経済的損失 ・影響を受けた人々の困窮 ・住民の憤慨	代替施設の建設
レンガ製造用の原材料の損失	・経済的損失	特別な措置は必要なし／損失は軽微現存のレンガ製造炉は一時的なものである
再定住	・困難 ・親類の集団生活の破壊	技術トレーニングの補助・貧困の緩和インフラストラクチャー整備

(表9.15 つづき)

プロジェクト活動による結果	環境に対する影響	推奨される影響軽減措置
	・生活様式の変化	
貴重な生態系への侵略	・生態系の損失	環境管理プログラム
宗教的価値への侵略	・住民の憤慨	宗教的建造物の再建
歴史的・文化的遺産の侵害	・人間の価値観の損失	
	・住民の憤慨	
景観に与える影響	・人間の価値観の損失	可能な場合には破壊を回避
河川流域での沈泥流出	・貯水池における生態系破壊	環境管理プログラム
	・水処理の費用増加	
航行に対する影響	・経済的損失	
地下水の形態への影響	・経済的損失	
養殖漁業への影響	・経済的損失	
	・生態系の破壊	
鉱物資源の浸水	・経済的損失	
野生動物の移動に与える影響	・生態系の破壊	
外部の人間の侵略	・社会問題	環境管理プログラム・法規制
	・生態系の破壊	
	・貯水池における生態系破壊	
地震活動	・経済的損失	プロジェクトで使用する施設

(表9.15つづき)

プロジェクト活動による結果	環境に対する影響	推奨される影響軽減措置
未舗装道路の流出	・下流域の破壊	耐震設計 二次災害の予防措置 予防・管理措置 道路の再建
	・水質悪化	
	・土地の価値の喪失	
貯水池の準備	・水処理施設の故障	予防・管理措置
	・下流域における水質悪化	
水利権に関する紛争	・社会的紛争	
魚類用スクリーン	・経済的損失	

プロジェクトにおける建設行為の調査		
粉塵、微粒状物質	・人体に与える危険性	予防・管理措置
騒音	・人体に与える危険性	予防・管理措置
土壌流失/沈泥の流出	・下流域における水質悪化	予防・管理措置
	・下流域における土地の価値の喪失	
労働者の安全	・人間の安全	予防・管理措置
現地事務所や建設現場の衛生	・公衆衛生の侵害	衛生施設の準備と廃棄物管理
採石時の事故	・人間に対する危険性	予防・管理措置
労働力の存在	・コミュニティーに与える危険性	労働者の教育　法規制
	・住民の憤慨	

(表9.15 つづき)

プロジェクト活動による結果	環境に対する影響	推奨される影響軽減措置
借地	・生態系に与える影響 ・土地の価値の喪失 ・生態的な損害 ・公衆衛生の侵害 ・景観的価値の喪失	予防・管理措置
景観	・景観的価値の喪失	可能であれば実施場所の変更
プロジェクトの操業に関する調査		
下流域における河川の流れ	・下流域における灌漑に与える影響	適切な灌漑手法の設計準備
下流域における漁獲量減少	・経済的損失	
下流域における土壌流出	・下流域における河岸の施設へ与える影響	
貯水池管理の欠如	・社会的紛争	
富栄養化（水草の増加）	・漁業に与える損害	
下流域における栄養分の減少	・経済的損失	補償・影響を受けた漁民に対する補助
病原媒介虫の存在	・コミュニティーに対する健康被害	
貯水池を囲む土手の安全性	・貯水池利用に対する影響や水質悪化	
水処理施設から出るヘドロ	・環境汚染	予防・管理措置

(表9.15 つづき)

プロジェクト活動による結果	環境に対する影響	推奨される影響軽減措置
プロジェクトの波及効果に関する調査		
雇用機会	・収入の発生 ・利益の不平等な分配	地域における雇用の促進 平等な雇用機会創出
貯水池での漁業奨励	・収入の発生 ・栄養状態の改善 ・利益の不平等な分配	損失の埋め合わせとなる漁業プロジェクトの計画 中間搾取の予防 コミュニティー管理
水をそれほど必要としない農業	・農業生産量の増大 ・経済発展	適切な農業管理
水の供給に関する改善	・コミュニティーの生活の質の向上 ・排水の増加	コミュニティーに対する水の供給 衛生の向上
林業	・収入の発生 ・経済発展	損失の埋め合わせとなる林業プロジェクトの計画 コミュニティー管理
野生生物	・環境の保護	環境意識向上のためのプロジェクト
道路の改善	・コミュニティーにおける生活の質の向上 ・生態系の損失	損失の埋め合わせとなる道路建設プロジェクト 環境管理プログラム

(表9.15 つづき)

プロジェクト活動による結果	環境に対する影響	推奨される影響軽減措置
レクリエーションの場としての貯水池	・コミュニティーにおける経済開発 ・生態系の損失 ・利益の不平等な分配	観光客誘致プロジェクト 法規制 コミュニティー管理
開発における女性の役割	・女性の生活の質向上 ・男性よりも大きい影響の損害	女性の役割と利益を促進するプロジェクト 女性に焦点を当てた影響緩和措置
再調査事項 再生不可能な天然資源の損失 短期的な視野に立った資源利用 種の喪失の危険性 地方から都市への望ましくない移住 人々の収入格差の拡大		環境管理プログラム

(本文303ページからづづく)

9.6.4.10 モニタリング
■モニタリングに関する計画を作成する。

　社会影響評価においても、モニタリング計画を作成しておかなければならない。ここでは、予定されていた行為からの逸脱性を把握し、さらに予想されていなかった影響が存在すれば、それも識別することになる。モニタリングとは、開発プロジェクトがきちんと行われているかどうかを捕捉し、予想されていた影響と実際の影響とを比較する行為であるといえよう。予想外の影響が起きたとき、または影響が予想よりも大きかったときに取るべき対応策に関しても、それがどのようなものになるのか、それがどれほどの範囲にわたるのか、説明しておく必要がある。

　モニタリングは、詳細な情報が欠けているプロジェクトやプログラム、また不確実性が高く変動性の高いプロジェクトなどを実施する際には、とくに重要である。さらに、SIAで考慮対象となった選択肢の範囲からまったく外れた影響が存在する可能性を認識しておくことも重要であろう。またもしこのモニタリングが適切に実施されなかった場合、影響軽減措置に関する決定事項をきちんと実施するということができなくなる。

　コミュニティーや影響を受けているグループが、現状を報告書に記すという通常では直接関係者しかなしえない行為に影響を与えることができるのは、このモニタリングの段階だけであろう。モニタリングによって社会影響の軽減に成功した最近の例としては、アメリカ（連邦）エネルギー省、テキサス州政府、超伝導／スーパーコライダー研究所が共同で実施したものがある。この例では、建設プロジェクトの影響に関するモニタリングを実施するために、約80万ドルを地方公共団体に支払った。

9.6.5 SIA実施のための原則

　SIAが効果を発揮するためには、適切な措置や情報を用い、予測可能な場合には結果を数値化し、政策決定者やコミュニティーの長が理解できるような形で社会影響を示すことができるようにする必要があるため、SIAの実行者はもっとも重大な影響に焦点を絞る必要がある。

表9.16 社会影響評価（SIA）の実施原則

1. 多種多様な住民の参加
   影響を受ける可能性のある個人やグループをすべて把握し、参加を促す。
2. 影響の公正さに関する分析
   誰が利益を得、誰が損失を被るのか明確に把握し、住民グループに対する影響を強調する。
3. アセスメントの対象
   「簡単に把握できる問題」ではなく「本当に問題だと考えられている事項」のみを扱う。
4. 方法と前提の把握および影響の重大性の認識
   どのようにしてSIAを実施するのか、どのような前提に基づいて行うのか、どのようにして重大性を把握するのかということを決める。
5. プロジェクトプランナーに対する社会影響評価のフィードバック
   予定されている行為の変更や代替手段の選択によって解決できる問題を把握する。
6. SIA専門家の使用
   社会影響評価法に精通した社会科学者を用いることによって、最善の結果を得ることができる。
7. モニタリングおよび影響軽減措置の実施
   モニタリングを実施し、影響軽減措置を講じることによって不確実性を管理する。
8. データや情報源の把握
   出版されている専門書・派生的なデータ・影響を受ける地域からの一次的データを用いる。
9. データ間のギャップに関する処理

　表9.16で示した実施原則は、これまで述べてきた考え方や概念にもとづいたものである。これらの原則は、SIAを実施する際の基準として用いることができよう。

9.6.6 コンサルタントのための考慮事項（TOR）

　これまで述べてきた概念・原則・方法は、SIAを実施するうえでのガイドラインにすぎない。もし適切に準備されたSIAを政策決定プロセスに組み込むことができれば、良い決定をくだすことができるようになる。SIAを完全なものとして実行できるよう

にするためにもっとも重要なのは、SIA の実行者（プロジェクトディベロッパーやコンサルタント）が「SIA に対してなにが要求されているのか」を完全に把握することである。そのためには、対象となるプロジェクトの SIA 調査に欠くことのできないさまざまな活動を明確に示した TOR を準備しておく必要があるだろう。

参考文献

Cumulative Effects Assessment: Concepts and Principles, Harry Spaling.
Cumulative Effects Assessment at the Project Level, David P. Lawrence.
Environmental Risk Assessment of Programmes, Plans and Policies: A Comparative Review, Christopher Wood, 1994.
Environmental Risk Assessment for Sustainable Cities, IETC, Technical Publications Series (3), UNEP, Osaka, 1994.
Guidelines and principles for SIA, interorganizational committee on guidelines and principles, *Impact Assessment,* 12 (2), 107-152, 1994.
ESCAP, Environment and Development Series, Environmental Impact Assessments Guidelines for Agricultural Development.
M. C. Arquiaga, L. W. Canter, and D. I. Nelson, Integration of health impact considerations in environmental impact studies, *Impact Assessment,* 12 (2), 175-197, 1994.
G. W. Barrett, and R. Rosenbers (eds.), *Stress Effects on Natural Ecosystems,* Wiley, Chichester, 1981.
G. W. Barrett, G. M. Van Dyne, and E. P. Odum, Stress ecology, *Bioscience,* 26, 192-194, 1976.
R. J. Bennett, and R. J. Chorley, *Environmental Systems: Philosophy, Analysis and Control,* Princeton University Press, Princeton, 1978.
Canadian Environmental Assessment Research Council (CEARC) and United States National Research Council (USNRC), *Proceedings of the Workshop on Cumulative Environmental Effects. A Binational Perspective,*

Hull, Quebec, CEARC, 1986.

Canadian Environmental Assessment Research Council (CEARC), *The Assessment of Cumulative Effects: A Research Prospectus,* Hull, Quebec, CEARC, 1988.

C. Cocklin, S. Parker, and J. Hay, Notes on cumulative environmental change 1 : concept and issues, *Journal of Environmental Management,* 35, 31-49, 1992.

A. Hill, Ecosystem stability : some recent perspectives, *Progress in Physical Geography,* 11, 315-333, 1987.

C. S. Holling, Resilience and stability of ecological systems, *Annual Review of Ecological and Systematics,* 4 1-23, 1973.

C. S. Holling, (ed.) *Adaptive Environmental Assessment and Management,* Wiley, New York, 1978.

C. S. Holling, The resilience of terrestrial ecosystems : local surprise and global change, in *Sustainable Development of the Biosphere,* ed. W. Clark and R. Munn, Cambridge University Press, pp. 292-320, 1986.

R. Huggett, *Systems Analysis in Geography,* Clarendon, Oxford, 1980.

P. A. Lane, R. R. Wallace, R. J. Johnson, and D. Bernard, *A Reference Guide to Cumulative Effects Assessment in Canada,* Volume 1, Hull, Quebec, Canadian Environmental Assessment Research Council, 1988.

E. B. Peterson, Y. H. Chan, N. M. Peterson, G. A. Constable, R. B. Caton, C. S. Davis, R. R. Wallace, and G. A. Yarranton, *Cumulative Effects Assessment in Canada: An Agenda for Action and Research,* Hull, Quebec, Canadian Environmental Assessment Research Council, 1987.

D. J. Rapport, H. A. Regier, and T. C. Hutchinson, Ecosystem behaviour under stress, *American Naturalist,* 125, 617-640, 1985.

H. Selye, The evolution of the stress concept, *American Scientist,* 61, 692-699, 1973.

N. C. Sonntag, R. R. Everitt, L. P. Rattie, D. L. Colnett, C. P. Wolf, J. C.

Truett, A. H. J. Corcey, and C. S. Holling, *Cumulative Effects Assessments. A Context for Further Research and Development,* Hull, Quebec, Canadian Environmental Assessment Research Council, 1987.

H. Spaling, and B. Smit, Cumulative environmental change : conceptual frameworks, methodological approaches and institutional perspectives, *Environmental Management,* 17, 587-600, 1993.

H. Spaling, and B. Smit, *Classification and Evaluation of Methods for Cumulative Effects Assessments.* Paper presented at the Conference on Cumulative Effects in Canada : From Concept to Practice, Calgary, Alberta, and Canadian Societies of Professional Biologists, April 13-14, 1994.

H. Van Emden and G. Williams, Insect stability and diversity in agroecosystems, *Annual Review of Entomology,* 19, 445-475, 1974.

付録9.1 リスクアセスメントのケーススタディー

石油ターミナル建設プロジェクト

プロジェクトの概要

　このプロジェクトでは、新貯蔵タンクの建設・タンクの基礎の補強・新パイプラインの建設によって、既存の石油ターミナル施設の設備向上を図る。このターミナルは、タンカーによって運ばれてくるさまざまな石油製品を受け取り、それを貯蔵し、それを小型オイル運搬船、タンクローリー、ドラム缶、シリンダー（ボンベ）などを用いて国内市場に供給する機能を持っている。現在ターミナルで行われているおもな作業は、タンカーからの石油製品の積み出し、小型オイル運搬船への液体製品の積み込み、タンクローリーへの液体製品や液化石油ガス（LPG）の積み込み、潤滑油の調合とドラム缶への注入、LPGシリンダー（ボンベ）の充填などである。

　計画されているパイプラインは全長が50kmあり、LPGおよび軽量の石油製品を離れた場所にあるポンピングステーションまで送り、さらにそこからほかの港湾にあるターミナルへと運ぶものである。このパイプラインは人口密集地を通り、また高速道路、河川、鉄道、マングローブ林、エネルギー供給管などと交差することになる。

　このターミナルは島の端にある商業・工業地区に位置していて、近隣には造船所、工場、オフィスビルなどがある。またこの島には年平均で二回大型の台風が上陸する。この地区のターミナル近辺に住んでいる人の人数はおよそ2000人である。また、同じ会社が経営する同じような石油ターミナルはほかにもあり、それぞれ操業に用いているシステムは異なっているが、世界各国に分散している。

環境リスクアセスメント（ERA）のスクリーニング

　このプロジェクトに関しては、ERAを含んだEIAを実施することが予定されている。このEIAは、プロジェクトが人間や生態系に対して与える影響を評価することになる。

同じような機能を持つ施設のEIAを実施する際には、環境に関する主要な問題発生源として、次のような事柄を重点的に調査する。燃料漏れ、火災、爆発、霧散、石油製品の貯蔵や偶発的漏出による汚染などである。またERAではこれらの調査対象の中で、重大な結果をもたらしたり不確実性が存在するものを取り扱うことになる。とくに問題なのは、発火点が低く量も多い自動車用ガソリンやLPGである。これらが漏出した場合には、火災・爆発・霧散などを引き起こし、大災害になる可能性がある。しかし実際の危険性は、漏出がいつ、どのように起きるのか、またその規模はどれくらいなのかという点によって変わってくることになる。

操業時における漏出は、製品をある場所からほかの場所へ、またある輸送手段からほかの輸送手段へと移す場合（小型オイル運搬船からタンクローリーへ移す際など）に生じる可能性がもっとも高い。引火点よりも低い温度で移す場合には火災の危険性はあるが、引火性の気体を霧散させることはない。引火点が高い（80度以上）液体は着火することはあまりないが、燃料と混じることがあると火災を生じる可能性がある。また、大気の温度よりも低い沸点を持つ液体製品は、通常の状態でも霧散することがある。

リスクの計算と提示

個々のリスクを計算する場合には、通常、基準となる期間中最初から最後まである特定の場所にいた人に対する影響のリスクレベルを計算する手法を用いる。その特定の場所に対して影響を与えるすべてのリスク源となる行為に関して計算を行うことによって、その場所におけるリスク源からの影響の合計を求めることが可能である。さまざまな地点においてその計算を繰り返し、リスク源から放射状に調査地点をまとめていくことによって、リスクの概要を把握することができる。また調査地点を格子状に捉えた場合には、格子の中にリスクの値を挿入することによって、リスク源の周辺におけるリスクの輪郭を把握できる。

放出地点と調査対象地点との距離を決定した後に、放出地点の風下での濃度と幅を、確率方程式を用いることによって露出濃度と露出期間（継続的な放出期間と、瞬間的放出の際に雲が上空を通りすぎる時間）から求めることが可能である。

緊急時の計画——定義

　生活に対して深刻な危害を加え、また損失を生じるような可能性のことを、緊急事態という。それは、プロジェクトとの関連性とは無関係に、財産に対する危害や深刻な崩壊をもたらす可能性がある。緊急事態に効果的に対処するためには、通常、外部の緊急対処サービスの補助が必要である。プロジェクト用地内での緊急計画は大抵プロジェクト管理者の責任の範囲内であるが、それが用地外における計画となると異なる責任が生じてくる。例えばECのセベソ指令では地方公共団体がプロジェクト用地外での緊急計画を準備するよう定めている。

緊急時の計画——目的

　緊急計画の全体的な目的は、(a) 緊急事態の原因を探り当て、もし可能ならばそれを除去し、(b) 事故が人体や財産に与える影響を最小化することである。原因を除去するためには、操業者や消防スタッフなどによる、消火機器・緊急遮断バルブ・スプリンクラーなどを用いた素早い行動が必要となる。また、影響を最小化するという行為には、救助・救急医療・避難・リハビリ・近隣住民への素早い情報提供などが含まれる。

危険性の把握と評価

　タンクに規定量以上の物質を注入することは、漏洩の原因となる。したがって、タンクには液体量表示器や漏出予防バルブなどを備えつけておかなければならない。しかし、アラームが故障したり、労働者がそれを無視したりするような事態も考えられる。パイプラインからの漏出は、人為的なミス、システムの故障、外部からのパイプラインに対するダメージなどの要因によって、発生する可能性がある。また、パイプラインが老朽化することにより漏出量も増えることになるだろう。

　漏出以外に災害を起こす可能性があるものとして、BLEVE（沸騰している液体による蒸気爆発）と呼ばれる事故がある。これは、タンク内の液体が大気圧での沸点をうわまわる温度まで上昇した際に、タンクが壊れてしまう事故のことである。BLEVEは通常、タンクの乾いた部分が火にさらされることによって生じる。

　さらなる調査が必要な問題を、リスクスクリーンレポートの項に載せておく（下記参照）。

石油製品を輸送する際の事故は、世界各国で起きている。発展途上国で最近起きたこの種類の事故には、多くの犠牲者を巻き込む大惨事となってしまったものがある。1983年、ブラジル・バイア州サルバドルに近いポジュラでガソリンを輸送していた列車が脱線・転覆し、約100名の命を奪った。また同じ年、サンパウロ州のオイルパイプラインに、高速道路の建設現場から大きな岩が落下するという事故が起こった。この時は壊れたパイプラインからオイルが20kmにわたって流出し、マングローブ林や複数のビーチを汚染してしまった。1984年にはサンパウロ州クバタオでガソリンや軽量石油製品を輸送していたパイプラインからオイルが漏出したために火災が発生し、100人の命を奪い家々を焼き尽くした。

　このような事故を防ぐためにも、パイプラインには、漏出保護装置や、パイプ内の状態を制御するための装置を取りつけておくべきである。もし異常事態が発生したら、パイプ内の圧力・温度・流速警告装置やシャットダウン装置などを用いて、それに対処する必要がある。また地区ごとに上流部、下流部に安全バルブを設けることも有効である。パイプラインが人口密集地を通過する場合には、危機管理システムを準備しておくべきだろう。これには、緊急時に住民がどのような行動を取ればよいのか明確に示した説明書を含んだ、警告サインなども含まれる。

　オイルを入れておくタンクを用いる際には、同時に火災防御壁、火災から外部を守るためのスプリンクラー設備、液体量表示器や警報なども準備しておかなければならない。石油ターミナルには、一か所で火災が発生しても指示ができるように司令所として機能する場所を分散して設置しておき、また手動の操業緊急停止システムをそこから稼働させることができるようにしておく必要がある。

　予測される事故のシナリオを分析するためには、過失および結果の樹形図分析、ミスの種類と影響分析、一般的モデル不履行手法などの調査法を用いることが必要である。またプロジェクトの請負人は、どのような出来事が事故につながるのかを把握しておかなければならない。過去に同種類の施設でどのような事故が起きたのかということも、分析する際に考慮しておく必要があるだろう。漏出、火災、爆発などが起きた場合の最悪の結果どうなるかということに関しても、調査しておかなければならない。

物理的リスクスクリーン

物理的リスクスクリーンとは、危険性化学物質に関連した事故以外で、住民に対する危害、職業上の危害、生態系への物理的ダメージ、プロジェクトやコミュニティー施設に対する金銭的影響などを引き起こす恐れのあるリスクを把握するための手法である。このようなリスクには、輸送リスク、ターミナル付近での船舶事故や船を埠頭につける際の事故、自然災害、ターミナルやその他の施設に危害を与える恐れのある暴風雨、その他のターミナル内外での事故・従業員に関するリスク(英国の重大事故基準化補助委員会は、石油化学工場での事故発生頻度率(TAFR)が一人あたり死亡危険性 3×10 よりも大きくなるものについて、リスクが存在すると定義している)・パイプライン、ポンピング施設を備えたターミナルに加え、小型オイル輸送船、タンクローリー、ドラム缶、シリンダー(ボンベ)などを用いるプロジェクトの事故、複雑な手動操作を含まないプロジェクトの事故、設備が単純な構造のターミナルでの事故、単純な構造を持つ(パイプラインの一部など)が河川にまたがるなどして監視がむずかしい施設での事故、全体的なシステムが安全に保たれている島嶼内での事故、電気供給にそれほど依存しないプロジェクトでの事故などがある。

ERAのスコーピング

1. **悪影響を及ぼす可能性がある出来事の分類**——事故、漏出、火災、爆発、霧散、プロジェクトに影響する自然災害(台風など)。
2. **危険にさらされる可能性がある人数**——ターミナル内外における従業員、パイプラインが通過するコミュニティーの住民、タンクローリーが通過する道路に沿った地域に住む住民、ターミナルから半径500メートル以内に住む住民。
3. **作業サイクル**——タンカーや小型オイル運搬船からの積み卸し、追加的な処理(製品の混合、添加物の追加など)、貯蔵、ターミナルからその他の処理場への輸送。
4. **地理的境界**——ターミナルプロジェクト実施用地と、周辺の商業/工業用地。
5. **期間**——操業施設の寿命。
6. **健康**——死亡。
7. **リスクの表示**　一覧。日常レベルの排出や漏出。

ERA 実施契約者のための考慮事項

　ERA の実施契約者は、次に述べる考慮事項の通りに ERA を実施することになる。

1. プロジェクトの予備調査において、初期調査によって重大であると識別されたすべての環境影響に関する EIA を実施する。またこの EIA は、ERA と同時に行うものである。

2. ERA の目的は、予定されている石油ターミナルプロジェクトによってもたらされる可能性のある重大な影響が、健康、生態系、財産などに与えるリスクを管理するためのアドバイスを提供することである。このため、コンサルタントは次の事柄を把握するための調査を実施する。
   - ■重大な危険事項（スクリーニングのチェックリストで示されたものも含む）を把握する。
   - ■スコーピングの要約において示されている領域内での、考えうるリスクのシナリオを作成する。
   - ■リスクをできる限り数量化して表す。
   - ■プロジェクトを代替手段を用いて実施した場合のリスク、プロジェクトを破棄した場合のリスクなどと、現状で進めた場合のリスクを比較する。
   - ■実行可能なリスク軽減手段の詳細を調査し、それにかかるコストを見積もる。
   - ■最適なリスク軽減手段およびプロジェクト代替手段を推奨する。

3. プロジェクトの詳細を説明する。

4. プロジェクトを管理するうえで考慮すべき事柄は、（おもにパイプラインからの）燃料の漏出、火災、爆発、霧散などのリスクと、それらがプロジェクト用地や輸送道路の周辺住民、彼らの財産、他の工業施設、コミュニティーのインフラストラクチャーなどに与える影響である。

5. ERA の対象範囲は、スコーピング実施準備のための会合で提出された報告書に詳細

が示される。

6. リスクの軽減に関する制約事項や実施時期は、次に述べるような事柄を考慮すべきである。
   - 石油ターミナルは、それまで使用していた場所から一年前に移動している。移動には、かなりの投資を必要とした。したがって現時点では、代替ターミナルを必要とするような影響軽減措置は考えられない。
   - 石油製品の輸送先それぞれに対して代替輸送路を検討し、経済面や安全面で最善と思われるものをプロジェクト実行者が選択した。ERA実行者は選択された輸送路が最善のものであることを確認し、パイプラインが住民に与える影響を最小限にするようなルートで建設されているかどうかを確かめなければならない。
   - ターミナル周辺地域および輸送路近辺に住む住民の立ち退きは費用がかさみ、また政治的にも受け入れられないだろう。
   - 原油などの漏出を予防し、対処できるように訓練された労働者や技術者がプロジェクトに必要な場合に、そのような人材を集めることができる。
   - 原油漏出のリスクを低減するために考えうるその他の手段としては、故障率の低い設備を用い、設備に余裕を持たせて操業し、漏出発見設備を導入し、また漏出の規模を小さくとどめるための緊急停止システムを用いることなどがある。また、漏洩したオイルが広範囲に流出することを防ぐための廃油設備や防御壁を用いることも有効である。
   - コミュニティにおける危機対処プランが作成され、またさらなる改善のために将来見直されることもあるだろう。
   - 施設内での緊急時計画や安全管理計画を、さらに強化することができる。

7. リスクは、次のような点から認識されるべきである。
   - 事故が発生する頻度と、プロジェクトの目的を達成することができるような設計や操業のむずかしさとをかけ合わせたものである。
   - リスクの重大性は、労働者や住民の死亡者数という形で測られるべきである。
   - ターミナル周辺および輸送路周辺において、漏出・火災・爆発・霧散などを伴う事

故によって労働者や住民が死亡するリスクを認識する。
■ターミナルの事故や輸送中の事故によって周辺施設が被る損害を認識する。

8. 調査を実施するうえでの制約
　　■ERAを実施するための予算は＿＿＿で、そのうち＿＿＿パーセントは技術移転や現地スタッフの訓練のために用いられる。
　　■ERAを実施するために必要な期間は、＿＿＿と予定されている。
　　■実施費用の支払い計画は、＿＿＿となっている。
　　■必要な専門家などのスタッフは、＿＿＿である。
　　■ERAを請け負った業者は、それを実施する際にプロジェクト発起人およびアジア開発銀行（ADB）のプロジェクトマネージャーと緊密な打ち合わせを行うことが期待されている。

10 EIAの ケーススタディー

ケース10.1
フィリピン・レイテにおける
トンゴナン地熱発電所の例

出典　*ESCAP* Environment and Development Series, Environmental Impact Assessment, Guidelines for Industrial Development, p. 52.
（註　このケーススタディーでは、環境影響の解決のためのコストがどのような内容のものであるかがわかる）

　ここで述べるケーススタディーは、プロジェクトの一部を対象としたものでしかない。このプロジェクトに関する全体的なケーススタディーについては、ベータ・バラゴットによるものがソムルクラット・グランドスタッフによって記述されているし、またディクソンとホフシュミットによる著作 (1986) にも述べられている。ここでは、フィリピンのレイテ島に建設された地熱発電所から排出される廃水処理方法として提案されているいくつかの選択肢に関する費用対効果を分析する。地熱発電所を建設し、そこで得られた電力を地域に供給するという決定はすでに、とり行われていた。そこで、どの廃水処理方法がもっとも高い費用対効果を維持しながら環境を保護できるのかということを決定する必要が出てきたのである。

全体的なケーススタディーでは、7種類の廃水処理方法が考慮された。それぞれの処理方法に関して設置と操業にかかるコストが計算され、またそれぞれが環境に対して異なった効果をもたらすことがわかっている。この調査では各処理方法を対象に、その金銭的価値と、可能であれば、その環境効果についても分析する。

　すべての環境影響についてそれを数量化し、金銭的価値を決定できるわけではないが、例え数量化できないものであっても分析対象から外してはならない。そのような影響は質的な面からリスト化し、最終決定をくだす際の考慮対象となる。つまりこの方法では、それぞれの選択肢を実際に設置する際にかかるコストと、それが環境に対して与える効果を、政策決定者やプロジェクトの設計者に対して示すことになる。

　完全な費用対効果分析をそれぞれの選択肢に対して実施する必要があるが、より完璧を期す場合には、廃水処理施設だけでなく発電所の設計に関する選択肢もすべて含めて、プロジェクト全体の費用対効果分析を実施する必要がある。この方法を用いれば、プロジェクトの一部だけではなく、プロジェクト全体の経済価値を把握することができ、ほかの発電方法と地熱発電とを比較することができるようになる。

プロジェクトの背景

　過去フィリピンでは、国内のエネルギー需要に応えるためにそのほとんどを海外からの原油輸入に頼ってきた。そのため、さまざまな方法によりエネルギーを国内で調達することができるような政策が採用されることになったのである。その後、国内でのエネルギー調達法として、原子力発電、水力発電、石炭火力発電、原油火力発電、天然ガス火力発電、地熱発電などが考慮対象となった。地熱発電とは地球の内部温度を利用した発電方法であるが、考慮対象となった発電方法の中で、火山の熱を用いるこの方法だけが既存の技術を用いることによって発電が可能であった。フィリピンでは高温の地熱エネルギーは、次の二種類のものがある。アメリカ合衆国の間欠泉などで見られる高温蒸気によるものと、ニュージーランドのワイラケイやブロードランドなどで見られる高温の温泉（熱水）によるものである。現在フィリピンでは、高温蒸気と熱水を混合して用いる地熱発電が利用されている。

　レイテ島のトンゴナン地熱発電所は1973年に開発が開始され、1978年には3000メガワットの最大発電能力を持つまでに至った。このケーススタディーは、1125メガワ

ットの発電能力を持つトンゴナン地熱発電所（TGPP）の第一期計画に焦点を当てることにする。この発電所では熱水による地熱を利用して発電を行っていて、その結果として排水および排ガスを生じる。この排水・排ガスは化学的・熱的に環境に悪影響を与えると考えられている。またその影響の度合いは、排水および排気の頻度や排出方法によって変化してくるものである。

環境状態

フィリピンエネルギー省やフィリピン国営石油会社のコンサルタントであるキングストン・レイノルズ・トム・アラーダイスコンサルタント会社（KRTA）が作成した環境影響報告書によると、環境に与える最大の影響は、地熱発電の廃液によって生じることとされている。トンゴナンの熱水にはほかの地熱発電所のものよりも多くの物質が含まれており、とくに塩化物、シリカ、ヒ素、ホウ素、リチウムなどが多い。ヒ素・ホウ素・リチウム・水銀などは植物・動物・人体に有害であるということが知られており、完全なケーススタディーではこれらの影響をすべて調査している。地熱発電の排水を見境なく放出すると健康や動植物に対して深刻な影響を持たすことになるので、それを最低限に抑えるためには、政府は排水量を規制する必要がある。トンゴナンから排出される排水のヒ素・ホウ素・リチウム濃度は、フィリピン政府の国家汚染管理委員会が定める制限量を超えていることが発覚した。

完全なケーススタディーでは7種類の廃水処理方法のすべてに関して費用対効果を調査しているが、この省略バージョンではおもにその中の四種類に関する調査の概要を示すことにする。それ以外の排水方法に関する詳細は、ディクソンとホフシュミットによる著作（1986）に掲載されている。

データ

廃熱発電所の廃水処理方法に関する7種類の選択肢とは、次のようなものである。
1. 再注入。
2. 未処理のままマヒアオ川に放水。
3. ヒ素の除去処理を施した後、マヒアオ川に放水。
4. 未処理のままバオ川に放水。

5. ヒ素の除去処理を施した後、バオ川に放水。
6. 未処理のままラオ・ポイント河口から海へ放水する。
7. 未処理のままビアソン・ポイント河口から海へ放水する。

　選択肢1では、分離施設から排出された地熱排水は、パイプを通して再注入場所から地中へ戻される。1125メガワットの発電規模を持つ発電所がすべて稼働すれば、そのような井戸が七つ必要になる。またそのほかにも、偶発的な事態に対処するための予備設備も必要となるだろう。予備設備は、メンテナンスなどのために再注入用の設備を一次的に停止した場合や、緊急時に用いられることになる。再注入用設備が長期にわたって停止する場合には、予備設備を使用して化学的に処理した廃水を河川に放出することも起こりうる。

　選択肢2と3は、マヒアオ川に直接排水を放水するものである。ヒ素を除去するために化学物質を用いた場合には、河川に放水する前に放熱用貯水池に数日間放置されることになる。

　選択肢4と5は、パイプラインを通じてバオ川に排水を放水するものである。ここでも、河川に排水を放水する前に放熱用貯水池で冷却する必要がある。また選択肢5では、ヒ素を凝固させるために貯水池で処理を行う。

　選択肢6と7では、排水を海へ放水するための場所を選定することになる。この場合、ラオ・ポイントとビアソン・ポイントの二か所が候補地点としてあがっている。ラオ・ポイントへは22km、ビアソン・ポイントへは32kmのパイプラインが必要となる。

各選択肢のコストと環境効果

　それぞれの選択肢は環境に対する効果が異なるだけでなく、資金、操業、維持、補充（OM＆R）コストなどもさまざまである。各選択肢のコストと環境への効果を簡潔に説明しておく。なおここで述べられた価格は1980年当時のものである。

1. 再注入

　七つの再注入用井戸と予備の廃水処理施設を建設するのには、2年間かかる。それぞれの井戸の建設費用は1000万ペソで、合計では7000万ペソかかることになり、さらに分離施設から再注入用井戸へのパイプラインの建設に2000万ペソかかる。また予備の廃水処理施設を建設するためには、これとは別に1700万ペソ必要である。また年間の

操業費用と維持費は1億400万ペソになる。

再注入は環境的にもっとも優れた処理方法のように思われるが、技術的にまだ確立していない。生活用水を地下水に頼っている地域では、このプロジェクト用地でもそうなのだが、地域の地下水の様相を把握し、再注入された排水の影響を注意深く監視することが非常に重要なのである。

再注入は地中の温度を下げることになるので、潜在的な地熱エネルギーを減少させることにもつながってくるだろう。加えて、トンゴナンにおける熱水はシリカなどの多量の溶解物を含んでいるので、再注入パイプが詰まる原因ともなる。このような問題に対しては固形物が発生しないように化学物質を注入することによって対処できるが、このような化学物質の使用はほかの環境問題を引き起こす恐れがある。

2. 未処理のままマヒアオ川に放水

放熱用貯水池を建設するためには1年間かかり、また700万ペソ必要である。操業および維持には年間で4万3300ペソかかる。

未処理の排水は高濃度のヒ素・ホウ素を含んでいるため、それを河川に放流すると、マヒアオ川の水を利用した灌漑用水を用いている4000ヘクタールの米作農地に悪影響を及ぼすことになる。灌漑用水が高濃度に汚染されてしまったら、農民は灌漑を用いて米をつくることができなくなるだろう。その結果、生産性が急激に低下する。灌漑を用いた場合の米の生産高は1ヘクタールあたり平均で61キャバン（1キャバン＝50キログラム）であり、灌漑なしで行った場合の37.9キャバンと比べるとその差は歴然である（NIA第八区域事務所による、1989）。二期作を行うこともできなくなるだろう。ただ、マヒアオ川の灌漑設備を用いた米作は地域全体の米作の一部にしかすぎないため、先に述べたような生産高の変化が地域の米価格に影響を与えることはないと思われる。

その地区における1975年から1978年の米生産コストに関する資料によると、1ヘクタールの米作によって得られる収入は、灌漑を用いた場合には346ペソ、用いない場合には324ペソである。そこで灌漑用水が4000ヘクタールにわたって使用不可能となった場合を考えてみると、経済的損失は次のようになる。

$$4000ヘクタール \times 346ペソ（/ヘクタール） \times 2期 = 2,768,000ペソ$$

ここで二期作を行うことが不可能となり、灌漑用水も使用できなくなると、

　　　　4000ヘクタール　×　324ペソ＝1,296,000ペソ

となる。したがって、年間の損失額は、両者の差である147万ペソとなる。
　農業に関する損失以外にも、河川に未処理の排水を放水することによって生じる環境コストとして、人体や家畜に対する影響が考えられる。このリスクを評価するためには、河川の水を家庭で飲料用に使うことができるようにするための水質浄化装置のコストを計算しなければならない。そのような装置の設置には5000万ペソかかり、さらにそれを操業し維持するために年間1500万ペソが必要となる。
　河川漁業の経済価値に関するデータが存在しないため、淡水生態系に与える影響のコストを計算することは非常にむずかしい。しかし、近隣の沿岸漁業に影響を与える可能性がある、デルタ地帯における環境汚染のコストは計算することができるだろう。オルモク湾のデルタ地帯やマングローブ林は、隣接した漁場の生産性を維持するのに非常に重要な役割を果たしている。これはデルタやマングローブが、魚類にとって絶好の産卵場所であるからにほかならない。
　漁業は、オルモク湾やカモテス海周辺地域では、もっとも重要な産業の一つである。1978年のデータによると、漁業による純利益は、漁獲高の総収入の29パーセントとなっている。その年の総収入は実際の漁獲高および市場価格によって変動してくるが、平均ではおよそ3940万ペソである。もし重金属汚染によって魚がまったく捕れなくなった場合には、経済的損失は約1140万ペソ（3940万ペソ×29パーセント）となる。漁業を行うための設備は売却したりほかの場所へ移転したりすることが可能であるが、失われた漁獲高をほかの場所での漁業で補うことは不可能だろう。

3. 処理を施した後、マヒアオ川に放水

　放熱用貯水池を建設するための費用は700万ペソで、期間は1年間である。この処理法では、通常の貯水池の操業と維持のためのコストに加えて、ヒ素を処理するためのコストが必要となる。そのためには15の熱水源それぞれに、年間400万ペソの費用がかかる。ヒ素やホウ素が米作に与える相互影響に関する科学的調査は行われていないため、現時点では、ヒ素を除去したら生産性が上昇するかどうかということを証明するものは存在しない。ほかにも水生生態系に与える残余影響も存在するかもしれないが、把握することは不可能である。
　また水質浄化施設を建設するための費用は2500万ペソで、その操業・維持費は年間

750万ペソと見積もられている。

4. 未処理のままバオ川に放水

放熱用貯水池の建設には700万ペソかかる。また6～7kmのパイプラインを建設するためには2年間かかり、その費用は1300万ペソである。操業費用と維持費は年間620万ペソかかる。放水地点は灌漑用水の取水地よりも下流域にあるため、バオ川の灌漑設備は排水の影響を受けることはない。

しかし、バオ川の放水地点よりも下流域に住んでいる住民を保護するためには、水質浄化施設が必要である。そのような設備を建設するためには2年間かかり、そのための費用は1500万ペソとなる。その操業および維持には年間450万ペソ必要であると見積もられている。海洋環境に対する影響のコストを計算するためには、選択肢2で用いられた漁業生産性に関する情報を用いることができるだろう。

5. ヒ素の除去処理を施した後、バオ川に放水

処理施設の建設などにかかる費用は選択肢4と同じである。しかし、操業と維持にかかる費用がそれよりも高くなる。ヒ素処理にかかる費用は各熱水源ごとに年間400万ペソかかると計算されている。また水質浄化施設を建設するためのコストは、ヒ素の処理がすでに行われている場合には、低くなるだろう。この場合には、建設に必要な期間は変わらないが、費用は750万ペソになると見積もられている。操業および維持費は200万ペソになると予想される。

6. 未処理のままラオ・ポイント河口から海へ放水する

この手法を用いるためには22kmのパイプラインの建設が必要となり、そのための期間は2年間、費用は4500万ペソになると考えられる。年間の操業維持費は4180万ペソである。また、排水を海に放水すると、オルモク湾やカモテス海の商業的漁業に加え、小規模の沿岸漁業の漁獲高にも影響を与えることになる。しかしこのような影響を数量化するための情報は十分ではない。

7. 未処理のままビアソン・ポイント河口から海へ放水する

この選択肢を実施する場合には、32kmのパイプラインの建設が必要。このためには2年間の工期と6500万ペソの費用が必要となる。操業維持費は年間6080万ペソとなるだろう。また選択肢6および7が漁業生産高に与える影響を予測する場合には、オルモク湾やカモテス海における海水の様相と離散パターンを把握しておく必要がある。

選択肢の評価

　これまで述べてきた選択肢がもたらす主要な環境効果を分析するための、十分な情報は存在する。全体的には費用対効果分析を用いたアプローチを使うことになるが、個々の効果に関しては市場価格にもとづいた直接的な生産性変化を使用して評価することになる。

　このアプローチを用いるためには、市場価格が農業生産高および漁業生産高に連動しているという前提が必要である。つまり、二重価格を用いる必要が出てくるような、農産物や水産物に関する価格のゆがみが存在しないという前提である。これがフィリピン全土に当てはまるかどうかは不明であるが、今回の例では価格の調整は行われなかった。またこのような価格に関する前提は、廃棄システムで用いられる設備と、ポンプやほかの設備の燃料として用いられる石油の輸入価格に関しても当てはまる。政府による補助、外国為替コントロール、資産割り当てなどによって生じる大きな価格差が存在する場合には、二重価格を用いることによってゆがみを矯正する必要が出てくる。

　直接的なコストと廃水処理によって必要となる環境コストに関する現在の価値は、地熱発電所の寿命を30年間と考えた場合、15パーセントの減価償却率で計算される。次ページの表10.1は選択肢1、2、3、6に関する直接資金と操業、維持、補充（OM＆R）コストに関する計算を示したもので、また334ページの表10.2は同じ選択肢に関する環境資源コストに関する計算を示したものである。

　七つの選択肢に関して、環境コストを含めずに計算結果をまとめたものが、336ページの表10.3である。もっともコストが低くて済むのは、バオ川に未処理のまま排水を放流するという選択肢4である。もし環境影響を計算してそれを直接コストに含んだ場合、すべての直接コスト・間接コストを測定することができるようになる。

　選択肢3、5、6、7は、選択肢1、2、4と比べて比較的にコストが高いため、却下され、残った選択肢は三つとなった。もし厳格にコストをもとに決定をくだした場合には、4がもっとも有力な選択肢となる。しかし選択肢4と2は、海洋生態系に未知の、数量化できない影響をもたらす恐れがある。排水を未処理のままマヒアオ川に放水するという選択肢2は、汚染を引き起こすという点では選択肢4と同じだが、よりコストがかかるということで却下されることになる。一方、選択肢1に関する数量化できない未知の影響は、蒸気温度の低下によるエネルギー損失の可能性であり、直接的な汚染と比べ

て軽微である。したがって、コストは選択肢4よりも多少高くなるが、再注入がもっとも望ましい選択肢と決定された。このケーススタディーにおいては、もっともコストが低くて済むが環境に与える影響の不確実性が高い選択肢4よりも、多少コストが高くなるが不確実性がそれほど大きくない選択肢1が選ばれることとなった。

本ケーススタディー参考文献

J. A. Dixon and M. M. Hufschmidt, eds., *Economic Valuation Techniques for the Environment: A Case Study Workbook,* Johns Hopkins University Press, Baltimore, 1986.

表10.1 廃水処理手段に関する直接資金およびOM＆Rコストの計算

	プロジェクトの段階	コスト
選択肢1	1. 建設（二年間）	100（百万ペソ）
再注入	（a）再注入用井戸	70
	（b）パイプライン	20
	（c）予備システム	17
		107
	年間総建設コスト	53.5
	2. 操業および維持（年間）	10.4
	キャッシュフロー	
	年度　　　1　　2　　3 − 30	
	百万ペソ　53.5　53.5　10.4	

(表10.1 つづき)

プロジェクトの段階		コスト
	15％の減価償却を考慮した後の価値	
	1年目 = 53.5 × 0.8696	46.5（万ペソ）
	2年目 = 53.5 × 0.7561	40.4
	3〜5年目 = 10.4 × 4.9405	51.4
	全直接コストの現在の価値	138.3
選択肢2 未処理のまま マヒアオ川に 放水	1. 建設 　（a）放熱用貯水池（一年間） 　（b）水供給システム（二年間）	7 50
	2. 操業および維持 　（a）放熱用貯水池 　（b）水供給システム	0.0433 15

キャッシュフロー

年度	1	2	3 − 30
百万ペソ	25	25	15
		7	0.0433
年間コスト	25	32	15.0433

	15％の減価償却を考慮した後の価値	
	1年目 = 25 × 0.8696	21.74
	2年目 = 32 × 0.7561	24.2
	3から30年目 = 15.0433 × 4.9405	74.32
	全直接コストの現在の価値	120.26
選択肢3 ヒ素の除去処 理を施した後 マヒアオ川に 放水	1. 建設 　（a）放熱用貯水池（一年間） 　（b）水供給システム（二年間）	7 25
	2. 操業および維持 　（a）放熱用貯水池	0.0433

(表10.1 つづき)

	プロジェクトの段階				コスト（万ペソ）
	(b) 15の蒸気発生井戸からのヒ素の除去				
	（それぞれ400万ペソ）				60
	(c) 水供給システム				7.5
	キャッシュフロー				
	年度	1	2	3 – 30	
	百万ペソ	12.5	12.5	0.0433	
			7	60	
				7.5	
	年間コスト	12.5	19.5	67.5433	
	15％の減価償却を考慮した後の価値				
	1年目＝12.5×0.8696				10.87
	2年目＝19.5×0.7561				14.74
	3から30年目＝67.5433×4.9405				333.7
	全直接コストの現在の価値				359.3
選択肢6	1. 建設				
未処理のまま	(a) パイプライン（二年間）				45
ビアソン・ポ					
イント河口か	2. 操業および維持				41.8
ら海へ放水	キャッシュフロー				
	年度	1	2	3 – 30	
	百万ペソ	22.5	22.5	41.8	
	現在の価値	19.75	17.01	(206.51)	
	すべての直接コストに関する現在の価値				243.09

表10.2 廃水処理手段ごとの環境コスト・資源コストに関する計算（単位／ペソ）

選択肢1――再注入

　環境コストを把握することはできないが、(i) 潜在的なエネルギーのロス、(ii) 再注入パイプ内の固形物除去にかかる費用、(iii) 再注入パイプがつまらないようにするために使用する化学物質が引き起こす環境問題の三点があげられる。

選択肢2――未処理のままマヒアオ川に放水

　この手段を用いた場合に生じる環境影響には、数量化できるものと数量化できないものがある。
1. 米の生産高――BRISでは、1シーズンあたり4000ヘクタール
2. 河川漁業――データなし
3. 家畜の健康
4. 洗濯・入浴・人間の健康
5. 海洋生態系

数量化が可能な影響
米生産高の減少
米生産地の総面積　　　　　= 4,000ヘクタール
灌漑を用いた米生産高
（1975 - 8年の平均）　　　= 1,838 - 1,492 = 346ペソ
灌漑用水が重金属汚染によって使用できなくなった場合の年間損失額
　　　　　　　　　　　　= 4,000 × 346 × 2 -（4,000 × 324）
　　　　　　　　　　　　= 2,768,000 - 1,296,000
　　　　　　　　　　　　= 147万ペソ
15％の減価償却率で計算した米損失額の現在の価値（3〜30年目）
1.47 × 4.9405　　　　　　= 726万ペソ

漁獲高の減少
現在の漁獲高と比較した全体的損失
レイテ島における漁業の年平均コストおよび利益

(表10.2 つづき)

純利益   = 6,914 − 4,918
        = 1,996
あるいは   = 総収入の29パーセント
1980年現在のカモテス海・オルモク湾における漁獲生産高の総価値
        = 3940万ペソ
漁獲生産高の年間損失量 = 39.4 × 0.29
15％の減価償却率で計算した漁獲量損失額の現在の価値（3〜30年目）
11.4 × 4.9405   = 5630万ペソ

数量化が不可能な影響
 河川での漁業・家畜の健康・人間の健康・洗濯用水や入浴用水の不足・海洋生態系に対する影響・強制移住など

選択肢3――処理を施した後にマヒアオ川に放水

環境に対する影響
1. 米の生産高は不明
2. 河川の漁業はデータなし
3. 家畜の健康・洗濯用水・入浴用水――数量化できないが選択肢2ほどではない
4. 海洋生態系は不明

選択肢6――未処理のまま海へ放水する

環境影響――海洋生態系に与える影響は不明

表10.3 各廃水処理手段ごとのコスト（単位／100万ペソ）

手段	直接コスト	環境コスト	測定可能な総コスト	数量化できない あるいは測定できないコスト
再注入	138.3	不明	138.3	エネルギーのロス。
未処理でマヒアオへ放出	120.2	米作7.3 漁業56.5	184	淡水漁業、家畜の健康、洗濯用水と入浴用水、人間の健康、海洋生態系。
処理してマヒアオへ放出	359.3	――	359.3	海洋生態系以外は選択肢2と同じだが、程度は低い。
未処理でバオへ放出	81.1	漁業56.5	137.6	淡水漁業、家畜の健康、家庭での利用、人間の健康、海洋生態系。
処理してバオへ放出	359.1	――	359.1	選択肢4よりも低い。
ラオ・ポイントで放出	243.1	不明	243.1	数量化できないが、高い。
ビアソン・ポイントで放出	353.2	不明	353.2	数量化できないが、高い。

ケース 10.2 スリランカにおけるマハウェリ開発プログラムの例

註　このケーススタディーは、マトリックスを作成し、それを類別するのに用いることができる。

プロジェクトの名称　マハウェリ開発プログラム
環境アセスメント手法　フルスケールでのEIA
プロジェクト実施場所　スリランカのマハウェリ低地
プロジェクトの種類　地方の社会経済開発

プロジェクトの概要

このプログラムでは、貯水池および灌漑施設の建設を行うことになる。これにより、新規開拓地12万8千ヘクタールに農業用水を供給し、A、B、C、Dシステムとして区別された既存の農業用地3万2千ヘクタールの灌漑システムを改善することが可能になる。

この地域では、およそ17万5千家族が農業関連の仕事で生計を立てている。農業用水の新規供給および改善により、年間60万トンの米や穀物を増産できるようになり、現在および将来の穀物需要に応えることができるようになる。さらに計画されている貯水池発電によって、スリランカの水力発電量が増加することも見込まれている。

プログラム実施前の主要な貯水池における貯水能力は、25億5500万m³であるが、プロジェクトが進んでロタラウェルズ貯水池およびモラガハカンズ貯水池が完成した場合、40億m³の水を灌漑や発電に用いることができるようになる。

計画されているダムと貯水池に加えて、ミニペ川のマハウェリ・ガンガから（灌漑用B、Cシステムのための）ウルヒティヤ・オヤ貯水池とマドゥラ・オヤ貯水池へと水の流れを向かわせるために、大規模な運河（ミニペ右岸運河）とトンネルが建設される予定である。さらに、マハウェリ川の水を灌漑用Aシステムに向けて引くために、マナンピティア近隣のマハウェリ・ガンガにダム（カンダカドゥ・アニクット）を建設する計画もある。

このプログラムによって灌漑施設が整備される地域に関する情報は、一覧表で表すことができる。ここで用いられるデータは、A、B、C、Dシステムの予備調査によって得られた予測値をまとめたものである。このプロジェクトが完成すると、新規開拓地（ほとんどは米作用）8万800ヘクタールに農業用水を供給し、また既存の灌漑施設1万4350ヘクタールに関しても灌漑の改善ができる。

このプロジェクトで計画されている移住プランでは、灌漑された農地から1、2km以内に複数の村落がつくられることになる。それぞれの村落には約100家族が住むことになり、それぞれの家族には0.4ヘクタール（1エイカー）の住居用・野菜用の土地と、1ヘクタールの米作用農地が与えられる。4ないし5の村落をひとまとまりとして村とし、さらに4村が集まって町をつくることになる。道路、学校、病院などの必要不可欠なインフラストラクチャーは政府が供給するものとし、ショッピングセンター・コミュ

ニティーセンターなどの施設は移住者が自分たちでつくるものとする。この地域に現在住んでいる住民に加えて、プロジェクトの完成後には、約100万人がここに住むことになる。

プロジェクトに関連するレポート

このマハウェリ開発プログラムに関係したEIA報告書としては、次の二つがある。

(a) *"Environmental Assessment, Accelerated Mahaweli Development Programme"*, by TAMS for Ministry of Mahaweli Development of Sri Lanka/USAID, Octover 1980.
(b) *"Environmental Assessment of Stage 11 of the Mahaweli Ganga Development Project"*, USAID, September 1977.

ここで取りあげたケーススタディーは、おもに前者にもとづいたものである。

環境調査の対象地域

このケーススタディーの対象地域はマハウェリ・ガンガ川の流域一体であり、詳しくはコトメイル、ビクトリア、ランデニガラ、ウルヒティヤ・オヤ、マドゥラ・オヤの各貯水池および灌漑地区と、加えて効用があるのは、ロトラベラ、モラガハカンダの両貯水池である。

環境調査の実施チーム

このデータに関しては、EIA報告書に記載されていない。

EIA予算の妥当性

このデータに関しては、EIA報告書に記載されていない。

実施手法

このEIAでは、対象地域の環境資源を次の三種類に類別する。すなわち (i) 陸上環境、(ii) 水中環境、(iii) 人間環境である。このうち人間環境は、「社会状況」、「農業環境 (害虫管理も含む)」、「公衆衛生」の細目へとわけられる。

現在の環境状態

EIAでは、現在の環境状態について詳細にわたって説明している。関係のある情報を、先に述べた分類にもとづいて示しておく。

(i) 陸上環境

気温・湿度ともに高く、年平均2回のモンスーンによって1650ミリメートルの降水がもたらされる。乾期には、蒸発量が降雨量をうわまわる。

過去25年のあいだにコミュニティー（町）の広さは1000ヘクタールから4000ヘクタールへと拡大したが、集約農業が実施されている農地は87000ヘクタールから63000ヘクタールへと減少し、森林もまた半分へと減少した。現在では灌漑プロジェクト対象2地区（灌漑供給区域［ISA］）の23パーセントがシェナという作物栽培地として使用されている。

ISA予定地のおよそ28パーセントが森林（熱帯サバンナ森林と熱帯常緑樹林との混合林）である。最近まで保護されていた森林が開発のために開放され、そのほとんどが伐採されてしまった。また残っている森林に関しても急速な伐採が進んでいる（プロジェクトによる灌漑計画によって、それがさらに加速すると予測されている）。

この地域には森林のほかにも沼地や草原などが存在し、そこに住む野生動物は多種多様である。プロジェクト対象地域の中でも数種類の野生動物が（全体的あるいは部分的に）保護されており、近隣地域でも同様である。ここに住んでいる生物種はこの地域特有のものであるが、開発などによりその存在が脅かされている。

(ii) 水中環境

マハウェリ・ガンガはスリランカ最大の河川であり、プロジェクトはこの川の資源を有効利用するためのものであるといえる。またこの地域では、地下水量は非常に限られている。

プロジェクト実施地域を流れる河川の水質は、灌漑用水や生活用水としてかなり適したものである（塩分濃度が低く、ナトリウムの含有濃度も低い）。

この地域における漁獲高（年平均で1ヘクタールあたりおよそ150キログラム）のほとんどは、灌漑用水から獲れたものである。また氾濫原での漁獲量も、年平均1ヘク

タールあたり50キログラムある。河川では、生活の足しにする程度の漁獲量しかない。プロジェクト実施地域における年間総漁獲高は、約1850トンになる。これに加え、この地域ではマドゥラ・オヤとマハウェリ・ガンガ川でもかなりの漁獲高がある。しかし、養殖漁業はほとんど行われていない。

人口一人あたりの魚の消費量は、1972年の11.4キログラムから1978年には10.4キログラムまで減少した。このことは地域住民の栄養摂取状況に関する重要な示唆となっていて、住民の蛋白摂取量が減少していることを示している。したがってこのプロジェクトでは、目的の一つとして住民一人あたりの魚の摂取量を年間20キログラムまで増加させることをあげている。また、漁業によって生計を立てている人々の多くが土地を持っておらず、彼らの収入を増加させることもプロジェクトの目的の一つである。

プロジェクト実施地域内の湿原には、大きさが10ヘクタールから900ヘクタールまでさまざまな約60の沼地があり、これらは1万2800ヘクタールに及ぶマハウェリ・ガンガの氾濫原に散らばっている。これらの沼地はかなり生産性の高い生物コミュニティーを形成していて、さまざまな生物種の生育環境を提供している。またこの沼地では、1ヘクタールで一頭の家畜を育てるのに十分な草が生育し、商業的に非常に重要な土地となっている。

(iii) 人間環境

プロジェクト実施地域は人口がまばらで、農民は村の貯水池より下流での米作か、それより上流のシェナでの栽培を行っている。住民の大多数がシンハラ人で、標準的な家族構成人数は五人、そのほとんどが農地を不法利用している。ここに住む農民の半数以上が、年収3000ルピー以下の貧困層となっている。

プロジェクト実施地域内に昔からある村々では、農民たちは貯水池より下流に平均0.2から0.6ヘクタールの農地を持っていて、降雨による自家用の農産物を栽培しており、貯水池よりも上流部ではシェナでの栽培を行っている。灌漑された低地では米の単一栽培が発達しており、とくに規模の大きい貯水池を持つ地区ではそれが顕著である。低地でも水はけの良い地域では、チリトウガラシ、タマネギやそのほかの野菜も栽培されている。また、米の生産高は、年平均で1ヘクタールあたり2.5トンである。栽

培に手をかけているかということに加え、水が手に入るかどうかが生産高を決定する大きな要因となっている。安定的な農業用水の供給が実施されている土地では、通常1ヘクタールあたり3トン、場合によっては4.5トンまで収穫できることがある。

水田以外の自家用農産物の畑では、バナナ・パイナップル・マンゴー・パパイヤ・ほかのトロピカルフルーツなどといった、さまざまな多年生植物と野菜を栽培している。シェナでの農業では、1年生植物、おもに豆・粟・野菜・タバコ・米などの穀物と根菜が栽培されている。プロジェクト実施地域内に最近数年間に移住してきた農民のほとんどはシェナの農地を不法利用している。

プロジェクト実施地域において米にもっとも重大な被害を及ぼす害虫は、バッタである。アザミウマやイナゴなどといった害虫もいる。またサトウキビは黒穂病や穿孔虫の被害を受けやすい。加えて、マニアインコやローズリングインコによってプロジェクト実施用地における米の総生産高の5パーセントが失われている。イノシシやゾウも農作物を食い荒らす。

公衆衛生が徹底されていないため、下痢を伴う病気も一般的となっている。この地域で昆虫によって広められる重大な伝染病には、マラリアがある。しかしマラリアは、過去実施されたマラリア撲滅プログラムによって、それほど重大な問題ではなくなってきているのが現実である。

プロジェクトによって引き起こされる可能性がある重大な環境影響

(i) 陸上環境

河川流域の土壌流出は激しいが、貯水池における沈泥は、50年のプロジェクト予定期間内に問題になることはないと予測されている。

下流域における森林・低木地帯・シェナの水田への転換は、当然のことながら、野生生物の生息環境に非常に大きな影響を及ぼすことになる。また、河川の氾濫が減ることによって、現在の肥沃な土壌は比較的やせた土地へと変化していくだろう。

プロジェクトを実施する場合、公有地無断占有の増加や燃料の欠乏などは避けることができないだろう。またプロジェクトを進めることによって、貴重な野生生物の生息環境となっている土地を灌漑してしまうことになる。しかし、このような事態はい

かなる場合にも徐々に起きてくるものであり、このプロジェクトはそのプロセスを促進するだけであるともいえる。

(ii) 水中環境

　このプロジェクトでは、マハウェリ・ガンガから取水された大量の水をマハウェリ・ガンガ流域から離れた灌漑システムへと配水することになる。この水の中で、灌漑で用いた後にマハウェリ・ガンガへと再び戻されることになるのは、わずか20パーセントのみである。これにより、河川の流水量は50パーセント減少すると予測されている。マハウェリ・ガンガの流水量は、乾期だけでなく、雨期にも減少するだろう。しかし将来的には、Bシステムによる灌漑用水の計画配水で、乾期におけるマドゥラ・オヤの流水量もわずかながら上昇すると見込まれている。また新しい貯水池に水が貯められるため、マハウェリ・ガンガのピーク時での氾濫量はかなり減少する。

　森林を農地へと変えていくことによって、土壌の流出が将来増加することが予想される。しかし、農地へと転換される森林面積はマハウェリ川流域での全排水区域に比べて比較的小規模なため、川の流れに対して及ぼす影響はそれほど大きなものではない。さらに、土壌の流出量は米作によって補われるものであり、蒸発作用などによって減少していくだろう。

　いくつかの地域では、河川に戻された使用済みの灌漑用水の水質が悪化しているため、それをすぐに再利用できなくなる事態が生じる。これは不適切な灌漑方式のために塩分が蓄積されてしまった場所や、灌漑時に土中でナトリウムが灌漑用水虫へと溶解してしまうような場所で起きてくる。しかし、プロジェクト実施用地のほとんどの場所では、適切な灌漑設備やモンスーンによる河川の流量の増加などによって、土中への塩分蓄積やナトリウム蓄積などといった問題は生じないと予想される。

　プロジェクト実施用地では、地下水・地表水ともに、水泳、入浴、洗濯などの家庭用水、あるいは家畜の飲料水として、非常に適した水質となっている。しかし入浴、水泳、飲用の水をどれくらい使用できるかということは、水の供給量と適切な衛生設備にかかってくる。潜在的な漁獲高に関して計画されている貯水池、それぞれの計算をしてみると、低地の浅い貯水池（年間1ヘクタールあたり100から300キログラム）よりも、また高地の深い貯水池（同20から30キログラム）よりも漁獲高が高いということ

がわかる。また貯水池の漁獲高は、単位あたり漁獲高および総漁獲高のどちらに関しても、河川のそれよりもうわまわっている。計画されている主要な貯水池の総漁獲高は、年間2550トンと見積もられている。

　川の主流において一連のダムを建設することによって、川がせき止められ、魚類の移動が妨げられるという事態が起きるということもありうる。さらに魚類が貯水池内の生息環境に適応できなかった場合には、マハウェリ・ガンガにおける魚の生息数が大幅に減少することになるだろう。魚類のほかにも、ウナギ、バーバリ（鳩の一種）、この地域特有のマウンテンラベオ（鯉の一種）、マクロブラチウム（淡水エビ）なども、河川内での移動ができなくなることによって、その生息が危ぶまれている。

　氾濫原の減少と、それに伴う肥沃な土地の減少によって、漁業資源が減少する可能性がある。漁獲量の損失は、年平均でおよそ320トンに及ぶと推測されている。さらに数量化できない影響として、氾濫原での魚の産卵場所や、マハウェリ・ガンガにつながる河川・入り江・沼地・貯水池などに生息する多くの魚類の生息区域が減ってしまうことが考えられる。しかし全体的として見てみると、プロジェクト実施地域内の潜在的な漁獲高はおよそ2140トン増加し、年間860万ルピーの経済的利益が生じるだろう。

　この地域では、1ヘクタールあたりの牧草の生産性が現状の75パーセントにまで減少し、その結果家畜の餌となる牧草も減ってしまう。プロジェクト実施地域内の全体的な家畜維持能力は60パーセントの減少となり、年間2880頭だけしか養うことができないレベルにまで落ち込む。これは、この地域に年間およそ570万ルピーの経済的損失をもたらす。またこの損失には漁業・放牧・乳製品生産などの減少による影響が含まれている。

　新しく建設した貯水池、灌漑用水路、配水施設、水田などは、水生ヒヤシンス、浮遊性シダ植物、ガマなどの水草を発生させる原因となる可能性がある。とくに、河川に再流入した灌漑用水の栄養分が蓄積することによって富栄養化が起きている地域では、この傾向は顕著である。その結果、下流での小規模貯水池や、流量が減ったマハウェリ・ガンガの下流域では、水草が大発生するという事態が起こりうる。

(iii) **人間環境**

　このプログラムによって引き起こされる大きな社会的影響として、小規模で孤立し

た村落社会から生産行為にもとづいた大規模な移住農業へと、社会的な変革が起きることになる。この社会的変革が示しているのは、親族関係にもとづく小規模な村落内での伝統的価値観や社会的つながりの喪失をもたらす、地方社会の近代化である。

プロジェクト実施地域の人口は、約100万人増加することが見込まれている。18歳以上で農業に関する知識を持っていて、さらにプロジェクト実施前からその地域に住んでいる人々が、プロジェクトによる再定住計画の優先権を持つ。このプログラムの基本的な社会利益は、新たな土地と灌漑用水を得たい住民の再定住を保証することである。これは、プロジェクト実施地域内の住民だけでなく、その外から割り当て分を目指して申請してくる潜在的な移住者にとっても利益となるのである。

将来そこに移住する者のあいだでは、移住先で1ヘクタールの水田を年2回耕作すれば、現在の居住地における生産高よりも格段に改善されるという話が広まっている。しかし、このプログラムを用いて耕作を実施するためには、土地を所有することとそこから生計を得ることを考えると、伝統的な継承財産および親族の関係を破棄する必要がある。だがこれを強要することは非常にむずかしい。ほかの地域で行われている研究によると、このような移住計画では、移住1年目の耕作期にはすでに、割り当てられた土地を親族に貸したりしてしまうことが多いことがわかっている。

これまで述べてきた移住農業のスキームをもとにしたプロジェクトでは、移住者の二世の雇用問題が発生する。移住者の二世の世代では、農業セクター以外で働くことになる人が出てくることになるだろう。しかし、彼らのすべてがそうなるわけではない。その結果、農地と居住地との分離が起き、灌漑された地域の内部か隣接地にある未開発の土地を切り開かざるをえなくなる。この地域で現在シェナを耕作している農民は、新しいプログラムにもとづいて土地を耕作しようとするためにこの土地へと移ってきた農民の二世である。

計画されている貯水池付近、とくにビクトリアおよびコトメイルの両貯水池付近では、全部で2万5千から3万人の住民が居住地を立ち退かなければならない。この住民たちは立ち退きに同意はしたが、不満は根強い。小規模な土地で耕作を行っている農民たちは地理的にあまり変わらない近隣の土地やマハウェリ川流域へと移住することによって多少の利益を受けることになるが、それでも祖先からの家々を失うことに対して不満は残る。またほとんどの人たちにとって、自分たちが耕していた農作物や米

などを再びつくれるようになるまでの期間、どのように生計を立てて行けばよいのかということが最大の関心事になっている。

　このプログラムによって生まれてくる最大の利益は、農業生産高を拡大する点にある。その中でも、最大の焦点は米である。現在降雨あるいは小規模なタンクを利用した状態で生産される年間米作量は、このプログラムによって二倍になると考えられている。このプログラムで新しく農地化された土地では二期作が可能となり、1ヘクタールあたりで年間8トンの米を生産することが可能になる。さらに、すでに灌漑されている水田のほとんどに関しても、このプログラムによる利益を享受し、米の生産高が上昇すると予測されている。

　単一かつ集積されたこのような米の生産形態では、労働者の確保という問題が発生する。また、害虫の発生という問題も出てくるだろう。害虫や植物の病気の伝染を防いでくれる地理的な障壁というものは存在しないので、プロジェクト実施地域内の穀物生産は、島内のほかの場所で発見されている害虫によって被害を受ける可能性がある。新しく開拓した農地で害虫が活発に活動しているか否かは、イナゴや胴枯れ病の発生や拡大によって、明らかになる。

　野生生物が生息していたかなりの土地をプロジェクトによって破壊することになるので、当然そこに住んでいた害虫の天敵の生息数も減ってしまうことになる。さらに農地の拡大や生産量の二倍拡大という農業の集積化が加わり、殺虫剤、防カビ剤、除草剤を多量に使用しなければならない農業へと転換していく可能性がある。

　プロジェクトエリア内で予想されている人口の増加に伴い、水を媒体としたウィルス性・寄生性の伝染病が広がることも避けられないであろう。さらに、基本的な健康教育の不足や住民の文化的慣習などの問題が存在することによって、伝染病が広まるという事態がさらに悪化すると考えられる。つまり、飲料と浴用水と汚水とを区別なく使用してしまうことによって、胃腸炎、肝炎、赤痢やほかの水を媒体とした伝染病が広がっていく危険性が出てくるのである。もし適切な浄水供給設備や汚水処理設備が提供されないか、提供されてもそのメンテナンスが行われない場合（こちらの方が重要である）、この状態はさらに悪化するだろう。

　プロジェクト実施地域内で河川の流量が減少し、灌漑用水からの侵出が増加すると、小さな水たまりが形成される。この水たまりは、マラリア媒介虫であるアノフェロス

属の蚊が繁殖するのに絶好の場所となる。この地域におけるマラリアの発生率は、間違いなく増加するだろう。現在ではマラリア対策として液状殺虫剤のマラチオンを用いたプログラムが実施されているが、これにはマラチオンに対する耐性を持った蚊が発生するという危険性がつきまとう。そのような蚊は、新しい殺虫剤が導入されるまで、伝染病を拡大させつづけるのである。インドでは、マラチオンに対する耐性を持った蚊などの昆虫がすでに発生してしまっている。

マラリアのほかにも、デング熱、チクングンヤウィルス、つつがむし病、トコジラミなども、プロジェクト実施地域内で広がる恐れがある。ただ現在のところ、フィラリア症・住血吸虫病がプロジェクト実施地域内で広がる恐れはない。

狂犬病や破傷風などの病気・不慮の事故・蛇にかまれるなどの事態も、とくに建設や造成といったプロジェクトの初期において、同じように増えると考えられる。破傷風は、建設予定地の土壌に直接触れることになる労働者にとって深刻な問題となるだろう。またマハウェリ地域一帯における既存の病院などでは、当然のことではあるが、流入した人口に対する健康サービスを十分には供給できない。

全体的に見ると、新しく移住してきた住民の食事の内容や栄養状態は、食糧の増産や生活水準の向上などによって、かなり改善されたものとなるだろう。だが健康を維持するための動物性蛋白の摂取量の不足が懸念されている。これはプロジェクト実施地域に対する乳製品の供給が、放牧面積の減少によって限られたものとなってしまうためである。一方、動物性蛋白の供給源として、漁獲高の増加が見込まれる淡水魚が期待されている。

影響を回避するための手段

調整機関

必要な環境保護措置を実施し、そのフォローアップを実施していくためには、そのための能力を持った天然資源調整機関と環境保護機関を創設することが望ましい。

河川流域管理と森林管理

植林・材木と薪を得るためのプランテーション・破棄されたプランテーション農園の

高地耕作への転換・土壌管理のための土木工事などを含めた、一連の河川流域土壌保護措置を実施することが推奨される。薪のプランテーション生産を実施することによって、地域住民の参加を促すことができるだろう。また「マハウェリ貯水池再開発法」の施行によって、森林保護のための新しい国家組織を設立することになる。これを先に述べた一連の河川流域土壌保護措置とともに用いることによって、家屋の建築などに必要な森林を継続的に供給するための体系的なプランを準備することができるだろう。

野生生物

　農業目的には利用されることのない「手つかずの野生生息地域」内に、新しい野生動物保護区を設置するべきである。これに加えて、マハウェリ地域一帯で失われた野生生物の居住地を穴埋めするために、プロジェクト実施地域周辺で六つの大規模な持続的保護区／公園を設置することが望ましい。これには、(とくにゾウが多く生息する)ソマワティエ国立公園・(鳥の聖域がある)マハウェリ野生生物保護公園・(絶滅の危機にある種が存在する)ワスゴムワ国立公園も含まれている。このほかにも、野生生物保護省の設立や、プロジェクト実施の際に公園計画および保護区設置計画に関する詳細調査と計画を義務化する措置の実施など、組織的な改革を実施することも推奨される。

湿原と水草の管理

　これまで述べたような手段によって、まだ残っている森林やマングローブの湿地も、可能な範囲内で保護できることになる。また、水草を守るための実用的な方法も、開発されていくことになる。

漁業開発

　漁業開発のために推奨されている行動計画には、(i) 新しい貯水池のための漁業管理システムを構築する、(ii) 大規模な養殖を成功させるための最良の手段を用いた、養殖場のパイロットプロジェクトを実施する、(iii) 比較的低いレベルの技術を用いた現行の「貯水池」型養殖業を強化させ、ふ化場の建設を含めた養殖場へと発展させる。

下流域の水質および土壌管理

　水質や土壌管理のための手段には、次のようなものがある。(i) 灌漑供給区域（ISA）における水質管理手法を確立する、(ii) 表土の流出およびそれにつづく土壌浸食を最小限に抑えるための、土地場製法の管理を行う、(iii) 植える技術や台地化技術などを含めた、土地造成技術を採用する、(iv) 河岸に森林保護区を設置する、(v) 統合的なペスト管理アプローチを採用する、(vi) 塩分侵出調査や定期的な水質検査などを含めた、多目的な水質土壌モニタリングプログラムを作成する。

健康と公衆衛生

　健康と公衆衛生に関する影響を軽減するための手段としては、次のようなものがある。(i) 適切な地域上水道供給設備の準備、(ii) マラリアなど、蚊によって伝染する恐れのある病気を、既存のプログラムを強化することによって予防、(iii) 建設期には、労働者に対する予防接種の実施、(iv) プライマリー・ヘルスケア体制の強化、などである。

社会的配慮

　次のような手段が考えられる。(i) 地域開発の実施や社会経済調査体制の設立、(ii) 移住者オリエンテーションプログラムの設置、(iii) 漁業従事者や農業従事者などの貧困層に対する配慮を含めたさまざまな社会問題に対処するためのガイドラインの作成や、観光に関する調査、(iv) 農業を促進するためのさまざまなサービスの強化。

土地利用計画

　耕作に適さない土地に関する地図の作製や放牧可能地区の把握などといった、森林や野生動物を最大限に保護しながら同時に農業開発を行っていくための、最適な土地管理スキームを準備する。

優先順位とスケジュール

　仮のスケジュールを作成し、プロジェクト実施段階に関連して、どのような影響軽減措置を実施していくのかを示す。

環境のモニタリング

このケーススタディーでは包括的な環境モニタリング制度に関しては触れていないが、プロジェクトによって灌漑を行う地域における包括的な「多目的の土壌および水質管理プログラム」を実施するよう勧告している。その他の監視プログラムは、異なるプログラム分野ごとに実施計画に含まれている。

結論

EIAによって求められた「プロジェクトの一部として望ましい環境保護措置を実施する」という影響軽減措置は、非常に広範囲にわたるものであり、それを実施するためには既存の国家政府の構造や政策を大幅に改める必要がある。

ケース 10.3
タイにおける
錫精錬プロジェクトの例

註　このケーススタディーは、プロジェクトの影響軽減措置やプロジェクト後の監視措置の実施などに関する詳細をその実行者に対して教える際に、使用することができる。

プロジェクトの名称　精錬所の建設および操業のためのEIA
環境アセスメント手法　EIA
プロジェクトの種類　錫の精製工業

プロジェクトの概要

これは錫の精錬所を建設し操業するプロジェクトである。その操業工程には、純度が約73から75パーセントの原鉱石から、純度約99.9パーセントの錫を製造するため

の、鉱石の加熱や溶解温度の差異化（この作業には、いくつかの異なる手法が存在する）などといった作業が含まれる。

　今回のプロジェクトは、タイで唯一の錫の溶解・精錬プロジェクトである。年間に400億トンの錫を精錬する能力があり、それは現在の全世界生産のおよそ20パーセントを占める。また副産物として、かなりのティンリード（錫と鉛の合成物）を発生することになる。

　この工場では、液体・固体・気体の三種類の廃棄物が排出される。液体廃棄物には、工場内生活廃水・試験場の廃水・錫の精錬廃水がある。鉄・鉛・タンタル・ニオビウム・チタン・錫・アルミニウム・銅・亜鉛などの重金属による汚染が存在する。固形廃棄物の処理においては、重大な問題は発生していないが、鉛・ヒ素・アンチモン・ビスマスなどといった有毒な重金属が大気に放出されている。また燃料中の硫黄分も、SO_xとなって大気中に放出されるため、大気汚染を引き起こす。錫の精錬では、大気汚染が最大の問題となっているのである。

プロジェクトの実施場所

　この精錬所は、プーケット島の南岸にあるアオカム湾の南側の高台にあり、プーケットの町の南約6キロ、道路だと約12キロの地点に位置する。この精錬所の隣には、錫鉱石の処理施設がある。精錬所の東と南は海に面していて、西と北にはココナッツの林がある。また、精錬所の総面積は、5.8エイカーである。

関連する調査の報告書

　ケーススタディーの最後にある参考文献の1から4を参照のこと。

環境調査の対象範囲

　調査対象となる範囲は、精錬所から半径約5km以内の地域である。この対象地域は、錫の精錬作業によって重大な影響を受ける可能性がある資源をほぼすべて含むように設定した。

EIAの実施チーム

EIAの実施チームは、二人の副管理者、一人のプロジェクト・フィールド・エンジニア、二人の大気汚染専門家、一人の社会経済学者、一人の水質汚染専門家、一人の生態学者と、サポートスタッフから構成されている。

EIAの予算

必要十分な予算が供与される。

EIA実施手法

EIAを実施するための準備に用いる手法は、NEBによって推奨されているものを用いる。これは、ベイテル研究所と米国陸軍エンジニア師団によって開発された手法にもとづいている。この手法では、環境資源を (a) 天然の物理的資源、(b) 天然の生態的資源、(c) 人間が利用する経済開発資源、(d) 生活の質に関する価値観、の四種類に分類し、評価する。この手法では錫の精錬作業がこれらの資源に与える影響を予測し、悪影響を把握・数量化することに加え、避けることのできない影響を最小限に抑え、プラス面を最大化するための手段を準備することになる。

異なる情報源から得られるデータを捕捉するために、すべての環境影響分野（社会経済・野生生物・植物相・動物相などの調査や、排水や飲料水のサンプル調査、労働者の健康状態調査など）を網羅した実地調査を行う。

現在の環境状態

背景

プーケットに昔から住んでいる人々に対する聞き取り調査によると、精錬所が建設される前（約20年前）は、調査対象地域は人口がまばらで、土地の多くがココナッツ林、ゴムのプランテーション、二次林などに用いられていた。人口の増加や農業開発によってココナッツやゴムのプランテーションなどの栽培用地が拡大し、人口の多い農業地域が形成された。

環境に関する考慮事項

　過去20年のあいだ（錫の精錬を操業している期間）に、人間がそれまでほとんど住んでいなかった土地にいくつかの家族が移住してきた。これは、工業開発や交通路の改善などによる経済機会の拡大の結果だと予想されている。また、人口の増加によって、騒音や煙などに関する住民の不満が拡大する可能性もあると指摘されている。

　住民の不満が予想される問題には、スラッグの粉砕時に発生する破壊音（平均で1日に2、3回、ほとんどが夜間行われる）。継続的な騒音（騒音発生時には継続的に100回以上）。近隣住民や病人、子供、乳幼児のリラクゼーションの妨害（精錬所からの距離によって異なる）。振動——鏡、窓、屋根のタイルなどに損害を与える、などがある。

　また、粉砕や爆発によって発生する煙害・景観への影響・服や家の汚れ・悪臭・悪臭による病気の発生の恐れなどに関しても、住民の不満が高まるであろう。

環境ベースマップ

　環境ベースマップ（EBM）は、工場とその周囲を掲載した地図のことである。EBMでは、潜在的に影響を受けやすいすべての環境資源、つまり廃棄物処理を含めたすべての工場操業過程で損なわれる恐れのある資源を示すことになる。

プロジェクトによって生じる環境影響

物理的資源に対する影響

大気——数日間、特定の時間帯に起きる悪臭と煤塵（しかしモデリングやサンプリングなどの結果、錫の精錬所は排出源ではないことがわかっている）。ココナッツのプランテーションにおける生産量の減少。樹木の葉に対する目に見える形での被害。

騒音——近隣の村の住民のほとんどが、騒音被害を受けることになる。

水資源に対する影響

　実験施設や食堂から未処理のまま排出される汚水はかなり汚れており、いくつかの点で産業省（MOI）基準をうわまわる。

農業に対する影響

精錬所から排出される煙によって生じる大気汚染は、ココナッツの収穫高を著しく減少させる。また住民がココナッツ畑に保管しておいた錫の廃材によって地下水や土壌が汚染され、その影響でココナッツの収穫高が減少する。

住民の生活環境に対する影響

聞き取り調査に応答してくれた住民のうち、バンアオマクハン村のおよそ90パーセント、バンラエムファンワウィー村の100パーセントが、騒音や煤塵の被害を受けている。

住民が享受することのできるプラスの影響

水の供給──錫の精錬所が工場内で使用するために設置した地下水供給施設を住民にも開放しているため、住民は安定的な地下水の供給を受けることができる。

鉱物資源──錫の精錬によって、地方・地域・国家の鉱物資源開発計画がうまくいき、またそれに伴う二次的な経済利益も発生する。

生活の質──この地域における家計の収入の大部分が、精錬所での賃金となっている。また精錬所は地域の雇用機会を増加させ、それに伴う二次的な雇用機会もつくり出している。そのため、この地域の住民は長期的な利益を享受しているといえよう。

工業が発展したために、周辺地域一帯での土地価格が上昇した。また、労働者やその家族の雇用機会の増加と収入の増加、地域の総生産高の上昇、国家が受ける経済的利益などの、経済的な利益が発生している。

プロジェクトによる影響の概略

精錬所の影響には、プラスの性格を持つものもマイナスの性格を持つものも両方あるが、プラスの影響がマイナスの影響よりも大きいといえよう。最大の利益は、村民のプライマリー・ヘルスケアに役立つと思われる経済的利益である。さらに、多くの村民にとって、水の供給が行われることが大きな利益となる。

マイナスの影響は、工場からの大気汚染や騒音に関連するものが多い。大気汚染が植物に影響を与え、住居に煤塵被害を引き起こし、人間の健康に対して影響を与えると住民が信じている場合、健康に対する不安が発生することになる。これらの不安は、正しいかどうかはわからない。地域の医療施設から得られた住民の健康に関するデータ

では、それ以外の地域に住む住民の健康状態との違いは見つけることができないのである。

影響を回避するための手段

大気汚染

　大気汚染を回避するためには、集塵機、バグハウス、電気式沈殿器などが役立つ。また、電気式集塵機を用いる際には、これをより効率的に長期にわたって使用できるようにし、故障を防ぐための、集約的なメンテナンス手段を実施することがリサーチ・コットレルによって推奨されている。バグハウスについてはバグの交換と維持を改善する必要があり、その性能をきちんと監視しておかなければならない。また古い換気式のバグハウスについてはそれを交換することを考えるべきであり、もしそうすれば排気は一旦工場内に累積され、監視がしやすく地域の煤塵被害を工場の停止期間中でもより効率的に抑えることができるようになる。

　金属を生産する際に生じる汚染物質を除去するための集塵機からの排気は、ヒ素の排出を抑制するために、さらなる汚染管理措置を取る必要がある。このためにはバグハウスによるフィルターを通過させる前にガスを冷却することが有効であり、そうすることによってフィルターの効果を高めることができるのである。またこの冷却作業は、バグハウスに達する前の排気管に冷却装置を施した中程度の性能を持つ乾燥集塵機を取りつけることによって、実施することができる。また排気管の途中かバグハウスから電気集塵器（ESP）への排気口に、もう一つのバグハウスを設置することも必要となる可能性もある。ここでのアプローチは、不必要な出費を抑制するために、一歩一歩着実に進めていかなければならない。つまりまず始めに、既存のバグハウスのヒ素除去効果をあげることができるかどうかを決定するための、小規模な冷却器でテストする。次の段階は、小規模なテストでの結果によってなにをするかが変わってくる。汚染物質の拡散状態を把握するために、風の強い日に集塵機のみを稼働させるのも有効であろう。

　作業現場における空気の質を改善するためには、広範的な汚染除去手段を講じ、いくつかの設備を修正する必要がある。とくに原材料を注入しているあいだの電気式の炉

10 EIA のケーススタディー

や、精錬と鋳造の作業場、ハードヘッドタンク、アルミニウムやヒ素の貯蔵庫、(操業中の) 集塵機などではそのような手段が必要となる。また衛生設備、換気扇、汚染防止設備などを改善する必要があるかどうか分析することも、費用対効果の高い施設を設計するために必要となってくる。腐食による排気管からの漏洩を防ぐためには、調査に腐食管理のための分析を盛り込むことが有効である。

バグハウスやその他の衛生設備に関する技術調査と改善計画は以上の措置を行うことによって完了し、その後詳細設計に移ることができる。現時点では、施設の建設は1986年の後半に開始すると予測されている。

水質汚染

水質汚染の調査を実施した結果、MOI の基準をうわまわる濃度の汚染が発見されたのは研究施設とオイル貯蔵施設のみであった。さらにもともとの排水量が少なく潮流による拡散・希薄効果が高いため、これらの排水もこの地域の生態系にそれほど重大な影響を及ぼしているとはいえない。しかしこの精錬所では、オイル貯蔵施設からの排水を特定の貯水槽やオイルトラップへ流れるようにし、研究施設の排水をそのまま放流せずに廃水処理施設へと流れていくようにすれば、MOI の基準を簡単に満たすことができるようになる。そうすることによって、排水が多少浄化されているかどうかに関わらず、それが直接放流されるのを防ぐことができる (これは、バンコクの研究施設で用いられているのと同様の廃水処理手法である)。

騒音

騒音は、工場内のさまざまな場所や周辺のコミュニティーにおける騒音レベルを測ることによって評価できる。騒音は労働者に対する職業上の災害として認識されるほどのレベルではなく、また周辺のコミュニティーに対しても通常の操業範囲内であれば重大な影響を与えるほどのものではない。しかし、時間帯によっては、粉炭が爆発する際に生じる騒音によって近隣の住民が迷惑していることが報告されている。そのため精錬所では、このような爆発が起きる頻度を減らすためにできる限りの手段を講じてきた。その結果、タッピング作業を行う際に爆発が起きてしまう確率が、1983年の18パーセントから1985年には14パーセントまで減少した。これは、週に平均で二回

以下しか爆発が起きないことを示している。これは現在の操業プロセスにおいてはもっとも頻度が低く、したがってこれ以上は避けることのできない騒音であるともいえる。このような爆発が昼間に起きるように操業時間をずらすことは予測が不可能であり、むずかしい。この精錬所は粉炭の爆発回数を削減するために継続的に操業プロセスを修正してきている。例えば現在検討されているものには新しい冷却水システムの導入があるが、これは粉炭を粒状にする設備で用いる冷却水の水圧と流速を改善させる。水圧が高く、流速の早い冷却水を用いることによって、粉炭の爆発回数を減らすことができるのである。この冷却水システムの導入は、1986／1987年の予算年度に予定されている。

固形廃棄物

この精錬所の環境影響を評価する場合、固形廃棄物による汚染はそれほど重大な問題とはならない。これは、工場操業の際に発生する固形廃棄物は、リサイクルされるか粉炭などとして売却されるからである。

環境のモニタリング

精錬所の操業によって発生する汚染の管理手法を継続的に改善し、環境保護の目標を達成させるために、モニタリングが実施されることになる。

このモニタリングは、自然環境と、一般住民や労働者の健康が対象となる。またこのモニタリングでは、工場からの排気や排水を体系的に測定し、特定の期間内における周辺の環境状態を測定することになる。

モニタリングを実施することによって、次のようなことを達成できる。

(a) MOIおよび国家環境委員会の分類と基準を満たすことができるようにするためのデータベースを構築する。
(b) 労働者の健康と安全を促進する。
(c) 操業やメンテナンス方法に関するフィードバックを行うことによって、精錬所を効果的に運営する。

モニタリングの手法としては、すべての重大と思われる排気・排水に関して特定の地

点においてサンプリングを行い、また近隣の二つの村落で周辺の大気のサンプリングを行うという手法が採られる。このほかにも、飲料水の継続的なモニタリング、大気汚染防止施設に関する操業上の問題点の記録、爆破に関する記録、継続的な安全性調査および健康調査などのモニタリングを実施する。このような精錬所のモニタリングは必要な機器を把握し、それを手に入れた時点で開始される。またモニタリングの報告書を定期的にMOIに提出することが義務づけられている。

結論

これまで述べた全般的な評価によって、次のようなことを結論づけることができよう。つまり、錫の精錬所を操業する際に発生する廃水や騒音によって地域の環境が受けることになる影響がそれほど大きくない場合には、大気汚染のみが重大な環境影響として発生する。しかしこれらの問題はすぐに解決できるため、とくにこの精錬所が過去20年間にわたって地域に貢献してきた社会的・経済的利益および将来発生するであろう利益と比べると、精錬所による全体的な環境影響は小さいか、重大ではない。地域の住民・周辺地域・国家のすべてがこの精錬所による利益を享受しているのである。

参考文献

1. *Metal. Levels Associated with Tin Dredging and Smelting and their Effects upon Intertidal Reef Flats at Ko Phuket,* Thailand, Coral Reef, Chapter 1, pp. 131-137, 1982.
2. *Environmental Guidelines for Coastal Zone Management in Thailand／* Zone of Phuket, H. F. Ludwig／SEATEC, 1976.
3. *Inception Report: Environmental Impact Assessment for Thailand Tin Smelter,* prepared by SEATEC Consortium, October 1984.
4. First Progress Report, *Environmental Impact Assessment for Thailand Tin Smelter,* prepared by SEATEC Consortium, March 1985.
5. *Manual of NEB Guidelines for Preparation of Environmental Impact Evaluations,* National Environmental Board, 1979.

ケース 10.4
タイ国営化学肥料会社
プロジェクトの例

出典 ESCAP：Environment and Development Series, Environmental Impact Assessment, Guidelines for Transport, p. 65.（訳者注：原著書ママ転記）

註　このケーススタディーは、環境影響の軽減措置やプロジェクト後の監査手法を開発するための参考として、使用することができる。

プロジェクトの名称　　タイ東海岸における国営化学肥料会社（NFC）プロジェクト
環境評価手法　　EIA
プロジェクトの種類　　アンモニア肥料およびリン酸塩肥料の製造工場

プロジェクトの概要

　この工場では、窒素とリン酸塩を組み合わせた肥料（NP）、窒素とリン酸塩とカリウムを組み合わせた肥料（NPK）、少量のアンモニアとリン酸塩を混ぜ合わせた尿素の肥料である単アンモニアリン酸塩肥料（MAP）、複アンモニアリン酸塩肥料（DAP）を製造している。

　このNFCの工場はタイ湾の湾岸地域およそ1.6平方kmを用いて操業することになるが、燐光体石膏の貯蔵のため、主工場の東側に1平方km以上の土地が必要となる。この工場では、建設時には約3000人、操業時には約700人の労働者を雇用することになる。

　この工場では、プロジェクトが完了した場合、年間67万トンのNPおよびNPK、14万トンの尿素肥料、少量のアンモニアリン酸塩肥料・MAP・DAPを生産することになる。製造後、製品は国内の卸売業者まで船で運ばれ、そこでさらに小売業者へと渡され

る。またここで生産される化学肥料の量は、タイにおける化学肥料の需要のかなりの部分を供給するものとなっている。

　この工場は、1985年の初頭に建設が開始され、1987年の後半に操業が開始される予定である。

　この工場で必要となる固形の原材料は、添加剤をのぞいて、すべて船で運ばれてくることになる。製品に関しては、小型船とトラック、そして場合によっては鉄道で運ばれる予定である。操業の際に必要な水は、必要な量を十分にうわまわる水量を供えたドッククライ貯水池のものを使うことになる。電力は、タイの東海岸で増大する需要に応えるために建設されている地域電力機構（PEA）およびタイ発電機構（EGAT）の新しい発電所によって供給される。これまで述べたもののほかに必要となる輸送・港湾施設・労働者の住居などの工場施設は、マップタプッド工業地域の全体的な開発計画の一部として建設される予定である。

　この工場で採用される予定の製造プロセスは、現在世界各国の化学肥料製造工場で用いられているものとほぼ同様のものとなる。ここでは、新しい技術や実験的な技術などは使用しない。この工場は、世界各地から集められた経験を最大限に活かして、近代的で環境への影響を抑えた施設となる。

プロジェクトの実施場所

　国営化学肥料会社は、ラヤン県のマップタプッド工業地域内にあるタイ湾の湾岸に建設される。

関連する調査の報告書

　312ページ〜314ページの参考文献を参照のこと。

環境調査の対象範囲

　ESによって示されている調査対象範囲は、プロジェクトの実施場所から半径20km以内となっている。工場の建設および操業によって生じるほとんどの環境影響はプロジェクトの実施用地内で起きると予測されており、報告書でも、調査の詳細が書かれているのはプロジェクト実施用地内の影響に関してのみである。

EIAの実施チーム

環境影響報告（EIS）は基本的に、MFCがTESCO（タイの環境コンサルタント）、フォスター・ウィーラー・インターナショナル・コーポレーション、プロジェクト・マネジメント・コンサルタント（PMC）、シンコー（環境コンサルタント）などのコンサルタントに委託して作成するものである。このプロジェクトのEIAは、物理的資源、生態的資源、人間の使用価値、生活の質、プロジェクトマネジメントなどの分野から構成されるおよそ30人の専門家チームにより、1年間の予定で行われた。

EIAの予算

EIAを開始する前に、データを収集し、手に入ったデータを分析し、必要な調査を実行し、必要な擬似モデルを開発するのに必要な予算があるかどうかを確認する必要がある。

EIA実施手法

EISの報告書は、EISの実施準備のためのNEBガイドラインマニュアルに掲載されている情報と、特定のプロジェクトに関するEISのためにNEBが作成した考慮事項（TOR）に含まれている特定のガイドラインをもとにして準備されることになる。またEISを準備することを念頭に置いてすべての調査を実施し、TORで示された潜在的な影響を把握する。

EISを作成するための手段としては、ベイテル研究所と米国陸軍エンジニア師団が水資源開発プロジェクトのために作成したものを用いる。ここでは、(a) 物理的資源、(b) 生態的資源、(c) 人間の使用価値、(d) 生活の質という四分野から、環境影響を評価することになる。

これらの四種類のトピックごとに実地調査が実施され、また必要な場合にはすでに手元にあるデータを用いることになる。

現在の環境状態

背景

現在、ラヤン県のプロジェクトが予定されている地域は、都市化がほとんど進んでいない。地域の主要農業はキャッサバ栽培で、ほかにサトウキビ、フルーツ、パイナップル、ココナッツの栽培や米作などを行っている。またこの地域ではゴムの栽培量も増加している。プロジェクト実施予定地の近隣には、バンアオプアドゥ、バンノンファエブ、バンノンタティク、バンタクオンなどといった小さな村落がいくつか存在する。プロジェクト実施予定地からおよそ5kmのところにマップタフットの郡役場があり、そこには約7000人が住んでいる。また近隣の人口集中地としては、15km東にはラヤンの町が、30km西にはサチャップの町がある。

この地域の主要な産業はキャッサバの処理で、この地域一帯にキャッサバのパレットおよびキャッサバ粉の製造工場が存在している。プロジェクト実施予定地の半径4、5km以内には、そのような工場が9か所存在する。キャッサバ以外には、パイナップルの缶詰製造工場もある。しかしこの地域の工業化の一環として、すでにPTTガス分離工場が建設されているし、その工場の4、5km東のラヤン県内にはプラスチックの粒状加工工場も建設されている。

工場は海岸沿いに建設される予定であるため、漁業とレクリエーションという海に関連した二つの要素に対する影響も考慮しておかなければならない。工場の3km東、石膏貯蔵庫の1km南のバンタクオン村には、ハッドサイスォンという小さなリゾートがある。このリゾートはカロンファイヤイ川河口の近くに位置しているが、この川は石膏貯蔵庫のちょうど西側を流れてくる。また個人所有の別荘などのレクリエーション施設もこの地域に存在することが確認されている。

この地域では、漁業は農業と比べるとそれほど大きな産業ではなく、カロンファイヤイ川の河口で多少行われている程度である。この地域は主要な漁業地域とは見なされていない。

地形的には、このプロジェクトの実施用地は比較的平坦であるといえる。工場予定地は海抜およそ5〜10メートルに位置している。ここでは、土地が工場予定地からおよそ10km離れた丘に向かって、だんだんと隆起してきている。土壌の排水状態は良好で、おもに南側の海に向かって流れており、この地域では洪水は重大な問題ではない。

この地域では地震がほとんどなく、また地震が起きる地域からも遠いため、地震によ

って地盤が崩れる心配はない。

　この地域ではいくつかの種類の土壌があることがわかっており、報告書の中の土壌マップによってそれがどこにあるのか示されている。一般的にはこの地域の土壌は砂を多く含んでおり、排水性がよく、栄養分が少ないといえよう。

　プロジェクトの実施予定地一帯では農業が主要な産業となっているが、そこで使用されている手法は非効率的で、近代的とはいえないものである。多くの場合には穀物を栽培する際に化学肥料を使っているが、大抵その量は推奨されているものよりもだいぶ少ない。したがって、とくにキャッサバの栽培地では、土壌中の栄養分が徐々に減少してきている。農業が機械化されている場所も数か所あるが、ほとんどの場合には水牛や牛が使われている。また水不足の問題も発生しているため、この地域では、キャッサバよりも地中深くに根を張って地下水を吸収することのできるゴムを栽培することが政府のプログラムにより推奨されている。

　プロジェクト実施予定地で使用する水や電力の供給は、この地域一帯の貯水池・発電所建設計画に組み込まれている。現在では、ドッククライ貯水池の水を用いて灌漑を行っているが、この水を工業地区でも使用することが計画されている。しかしこの計画が実施されるまでには、灌漑用にノンプラライというもう一つの貯水池が建設される予定である。電力に関しては、工場で必要な電力を賄えるようにするために、新たな発電所が現在建設中である。

　この地域における将来のニーズに応えることができるようにするために、さまざまな種類の交通インフラストラクチャーの建設が関係省庁によって計画されている。これらのインフラストラクチャーには高速道路や一般道路網、鉄道網、外洋航海船舶用の工業用港湾施設などがあるが、現在はどれも開発の初期段階にある。

現在の環境状態

　プロジェクト実施予定地周辺の大気状態は、二か所でサンプル検査を実施した結果、どちらも基準を満たした良好な状態であることが判明した。現在の浮遊粒状物質の状態は、1 m^3 中に 81 から 92 ミリグラムである。高濃度の炭化水素（1 m^3 中 1350 から 2600 ミリグラム）が発見されたが、測定時にメタンの割合が計算されていなかったため、その数値を単純に基準と比較することはできない。

大気のサンプル調査を行った地点は、人口が多く工業開発が進んでいる中心地に近い、マップタフットとファイホーの二か所である。そのため、この地域における大気の状態は調査対象となった二地点よりも良好であると考えられる。

　工場建設予定地のすぐ近くには、いくつかの小さな小川があるが、大きな河川はない。クロンファイヤイやクロンナムホーなどといった小川が集まって川となり、バンタクァン／サイスウォンといった場所で、海に流れ込む。これらの川は、石膏の貯蔵場所のちょうど東側と西側を流れることになる。

　水質に関するサンプル調査も行われたが、こちらはそれ程良い結果は出ていない。塩分の溶解濃度が高く、また蒸留における工場排水や生活排水の影響をだいぶ受けている。河川の流量は非常に少なく、4月に行われたサンプル調査では、灌漑用のダムが閉じられていたためにクロンナムホーはひどくよどんでいた。河川の汚濁度は高く、せき止められた土壌全体で見ても、状況は同じである。化学的酸素要求量（COD）の値も高く、とくにクロンナムホーの上流部分でそれが顕著であった。また塩分の溶解による影響もクロンナムホーの下流域あちらこちらで見られ、土壌全体で硫酸塩の濃度が高かった。

　海水の水質にも、河川から流れ出した汚染物質の影響が見られる。とくに岸に近い場所での海水は、河川によって運ばれた有機物の影響で、栄養分がほかの場所よりも多かった。

　プロジェクト予定地の地層は、上から順に砂の層、砂の混じった粘土の層と変化していき、それよりも深い部分では砂のほとんど混じっていない粘土層となる。さらにその下には、花崗岩の地盤がある。各層の深さや厚さは場所によって変化するが、海岸線に近い場所ではもっとも砂の層が厚く、石膏貯蔵庫のある内陸部では粘土の層がもっとも厚くなっている。

　この地域の地下水には鉄分とマンガンが多く含まれており、濁っている。また場所によっては、酸性度の高い地下水が存在することもわかっている。

　この地域ですでに起きている汚染はおもに、人間の生活によるものとキャッサバの栽培によるものとがある。住民の生活排水と熱帯植物の栽培排水からなる廃水は、この地域の河川の生物学的酸素要求量（BOD）濃度が増大する一因ともなっている。固形廃棄物はほとんどが住民の生活によって出てくるごみであり、焼却されたり埋め立

てられたり、場合によっては海に放棄されることもある。

またこの付近では、フルーツ加工場やほかの工場といった工業施設からはおもにSO_xや浮遊粒状物質などを含んだガスが排出されている。

ラヤン県では、下水道が整っていない、運搬可能な水がない、マラリアを媒介する蚊が生息している、ヘルスケアの専門家が不足しているなどの理由から、公衆衛生状態は良くない。マラリアは、減ってはいるが、「もっとも注意すべき病気」であり、この病気にかかって死亡する人も多い。

現在では工場の建設用地周辺に住む住民は、自分の土地が工業用地として収用されるということを理解している。しかし石膏貯蔵庫の周辺に住む住民はそのような噂を聞くだけで、実際に彼らの土地が収用されるということを認識してはいない。この調査の対象区域内に住む住民は、工場の建設によって住民が増加するだろうということを感じてはいるが、工場は雇用機会を創出し将来の地域開発に役立つものであり、社会経済的な利益をもたらしてくれると受け取っている。

環境ベースマップ

このプロジェクトの場合、報告書にEBMが特別に掲載されているということはない。しかしプロジェクトの実施用地周辺の地図に、この地域の水路、交通路、パイプラインなどが示されている。

プロジェクトによって生じる環境影響

物理的資源に対する影響

工場の建設期には、(車両の通行や表土の切削などによる)煤塵、(河川の水の流出に伴う)土壌の流出、(労働者の)排泄物などによって、表層水の水質が影響を受ける可能性がある。

農薬製造工場からすべての排水が放出された場合には、排水口に近い地点の海洋水で富栄養化が進むだろうと予測されている。排水口からそれほど遠くない場所の水質は、海洋生物にとって危険なものとなる可能性がある。事故が起きた場合には、その地点付近の海水の酸性度が上昇し、高濃度のフッ素化合物とリン酸塩が流れ出す。

地下水でも汚濁が進み、溶解しているミネラルの量が増加するだろう。プロジェクト実施用地近辺における水地質学の特徴を考慮すると、石膏貯蔵庫付近での最大の問題は、石膏を廃棄する際に用いた水が浅い深度の地下水にしみ出してしまうことによる、地下水の汚染である。

また建設期には、この地域の地形も一次的に影響を受けることになる。

NFCの工場から排出されるフッ素化合物やリン酸塩は、工場および貯蔵庫周辺の土壌に沈殿する恐れがある。

工場の建設でも操業でも、周辺地域一帯に対してかなり大きな騒音公害をもたらすことになる。NFC工場を操業している時には製品や原材料を輸送するためにトラックが用いられることになるが、工場を週6日操業するとして、1時間に20台のトラックが工場を出入りすることになると予測されている。このトラックの通行による騒音レベルは、道路から15メートル離れた場所で、82～92デシベルになる。このトラックによる輸送によって重大な影響を受けるのは、ハッドサイスォンのリゾート施設だけである。

工場の建設期には、とくに大規模な建設プロジェクトに関連している場合、さらなる汚染源をつくり出すことになる。このような汚染源としては、建設に用いられるトラックやその他の機材から排出される排気ガス、表土の切削作業によって生じる浮遊物質、土壌流出による水質への影響、建設に関わる労働者の排泄物による影響などが考えられる。

生態的資源に対する影響

燐光体石膏の廃棄施設を建設する場合、その建設予定地が二つの河川に非常に近いところにあるため、その河川における生態系に影響を及ぼす可能性がある。土壌が河川にとけ出す量が増加し、土壌の流出などによって河川の水は汚濁する。土壌からの流出物が河川の水底に沈殿し、水底に住む生物や魚類の産卵環境・生息環境に影響を及ぼす。カロンファイヤイの水底に住む有機体シロノマスも、沈殿によって影響を受けるだろう。

海洋生態系に関しては、NFCの工場排水中に含まれる化学物質が蓄積し、海への放流地点から半径3～5メートル以内に住む生物が危険にさらされることになる。しかし

フッ素化合物による環境影響は放流口から半径5メートルの範囲に限られており、またとくに汚染に敏感な生物種（ペルナペルナという貝など）だけが影響を受けることになるだろう。

人間の使用価値に対する影響

　この工場を建設することによって、プロジェクト実施用地近辺の土地利用パターンを、農地や村落から化学肥料製造工場や石膏貯蔵庫へと変えていくことになる。工場予定地内の家や穀物畑は取り除かれることになるため、土地の所有者は新しい居住地と農地を見つけなければならない。

　工場予定地内には２本の未舗装道路が通っており現地住民の交通路となっているが、工場の建設によってこの道路も撤去される。そのせいもあり、プロジェクト実施予定地近辺での交通量は大抵の場所で増加すると思われる。

　NFCの工場の操業時に発生するフッ素化合物は、周辺で行われている農業にも影響を与える。石膏貯蔵庫の北側にあるおよそ140ヘクタールの土地が、1㎡あたり年平均で0.25ナノグラムのフッ素化合物で汚染される見込みである。ここでは、フッ素化合物に対して敏感な植物が影響を受けることになる。この地域一体で生産されているほとんどの主要な穀物（キャッサバ、ココナッツ、稲、ゴム）はフッ素化合物によってどれほど影響を受けるのかわかっておらず、さらなる調査が必要である。

　地上レベルでの大気中のフッ素化合物濃度を２か月間調査した結果、この地域におけるフッ素化合物濃度は平均で1㎡あたり0.33ナノグラムであった。家畜用の飼料にはフッ素化合物が蓄積しやすく、もしそれが40ピーピーエム（1㎡あたり0.33ナノグラム）を越えると、家畜に影響が出てくる。しかしフッ素化合物の汚染が心配されている地域は牧草地ではなく、また最大でも調査対象地域の1.4パーセントでしかない。だがこの割合は増加しているため、注意が必要である。

　河川の水に溶解しているリン酸塩やアンモニアの量が増えることによって、水生植物の量が増加することになるだろう。水生植物が増加すると生態系が変化し、漁業に影響を及ぼす。

　プロジェクト実施予定地の隣りでカニを捕っている漁師が少人数存在するが、彼らはほかの場所へと移動する必要がある。また、魚類や無脊椎動物の幼生に対するフッ

素化合物やリン酸塩の影響も出てくるだろうと予測されている。

NFCの工場を建設する際には、現在工場建設予定地に含まれる区域に住んでいる住民の立ち退きが必要となる。

ノンバエブにある黒砂採掘抗にも影響が出てくると予想されている。この問題の解決は、マップタプッド重工業地帯開発プロジェクトでの土地所有権に関する採掘会社と政府の紛争が解決されるかどうかにかかっている。

住民の生活環境に対する影響

工場の建設や操業に際して多くの労働者がこの地域に移住してくるため、さまざまな影響が発生すると予測される。工場を操業すると、石膏貯蔵庫の周辺でフッ素化合物の排出による影響が出てくる。また住民の多くは、水が汚染されたり空気が汚染されたりする可能性があることに気づいている。ある操業プロセスを実施する場合には、汚染物質の含有量が増加すると予測されている。アンモニアが漏出した場合には、住民の公衆衛生に対して影響が出てくるだろう。

影響を回避するための手段

プロジェクトを実施することによって生じる可能性のある影響を回避するための影響軽減措置を次に述べていくことにする。

(a) 現時点で存在している環境資源の多くがそれほど重要でない地域に工場を建設する。プロジェクトの実施場所は (1) 価値のある生態的資源 (陸生も水生も) を含まない、(2) 考古学的、歴史的に価値のあるものが存在しない、(3) 洪水や地震が起きる可能性がない、(4) 汚染が激しくない、(5) 貴重な鉱物資源が存在せず、採掘活動も行われていない、(6) 観光、レクリエーションなどに使用する土地ではない、などの条件を満たしている必要がある。またプロジェクトは、その地域の工業で使用されている原材料や同じような技術を持つ労働者などを奪ってはならない。

(b) 工場の建設期間中に考慮しておくべき事柄としては、次のようなものがある。地域に移住してくる労働者の人数を最小限に抑えるため、なるべく地域の労働者を雇用するようにする。下請けの建設業者により、移住してきた労働者のための

居住地を建設させる。建設行為によって発生する煤塵を抑えるために、反応抑制物質をスプレーする。表層水（淡水および沿岸の海水）と水生生態系に対する影響を抑えるため、土壌の流出抑制と流出した砂岩の沈下を目的とした、臨時のダムを使用する。労働者のための衛生設備を設置する。地域の公衆衛生機関と協力する。

(c) 工場周辺におけるSO_x・NO_x・炭化水素・酸・ミスト・アンモニア・一酸化炭素・揮発性有機化合物などといった汚染物質の濃度を大気汚染基準にかなうレベルまで抑制するため、排気ガス管理施設を使用する。また工場から廃棄された物質は、おたがいに、あるいはすでに存在している排気源から放出される物質と、相助作用を起こすようなことがあってはならない（例、アンモニアと一酸化炭素）。また土壌に対して影響を与えることがないよう、排出レートはできるだけ低く抑える必要がある。

(d) 冷却水が地下水や表層水に浸透してしまうことがないよう、石膏貯蔵庫は、薄くて浸透性が低い天然の粘土層の上に建設するべきである。

(e) 貯蔵庫の冷却水が漏れた場合に安全壁となって周辺の地下水に対する影響を抑えることができるように、貯蔵庫の周囲に地下の粘土層まで到達する浸透性の低い防御壁を建設する。調査によると、浸透するスピードは控えめに見積もってもかなり遅く、汚染物質が石膏貯蔵庫から排出されるのに要する時間は工場の寿命よりも長い。

　工場からの排水を処理するための廃水処理施設を使用し、さらに処理済みの排水を海岸から2000メートル、深さ4メートルの地点へと運んで放出する。調査したところ、その放水地点から10メートル以内の場所でも海水の水質はほとんど変化がなく、海洋生態系や漁業にはほとんど影響が起きないことがわかっている。

(f) 石膏の冷却水からの蒸発を利用して、水源からの排水漏出を最小限に抑えるための操業手段を採用する。雨季に年間三か月間だけ、水源から排水の一部が漏れるというレベルまで抑える。

(g) 燐光体石膏を石膏貯蔵庫に保存する場合には、そこから汚泥の混じった水が漏出するのを防ぐため、二重の防御壁などを含めた汚染防止技術を用いる。

(h) 工場の敷地内において、(アメリカ合衆国)職業安全衛生管理局 (OSHA) 基準を満たすように、労働者に対する騒音を抑える。騒音管理基準を満たさない機器はすべて把握され、必要な場合には耳を保護する機器が使われることになる。工場の敷地外における騒音は、そこに住む住民に対して重大な被害を与えることがないようなレベルまでに抑える措置を取ることになる。

(i) 労働者、近隣の住民、周辺環境の健康や富を守るため、プロジェクトに工場の建設および操業時の環境モニタリングを組み込む必要がある。このようなモニタリングは、工場の敷地内外で行う必要がある。ここでは重大な排気源・排出源を把握し、その監視を行うべきである。モニタリングプログラムは、次の対象をすべてカバーする必要がある。(1) 工場内の排出源、(2) 大気の状態と、気象、(3) 河川・湖沼の水質、(4) 海水の水質、(5) 地下水の水質、である。また生態系の調査が必要な場合には、それも実施する。初期のモニタリングで得られた結果によって、必要であればプログラムの詳細を変更する必要が出てくる可能性もある。モニタリングを実施する際には可能な範囲内で、同一のサンプリング採取地点を用い、ベースラインプログラムによってリストされている同一の環境パラメーターを用いるべきである。このモニタリングの結果は、編集し、関連省庁に定期的に報告する必要がある。

(j) 工場の労働者を対象とした職業上の健康・安全モニタリングプログラムを実施する必要がある。健康・安全モニタリングを実施することにより、考慮すべき事柄を把握し、注意を向け、適切な除去措置を用いることによって解決できる。

(k) プロジェクトでは、工場に燐光体石膏を長期間保存しなくてすむように、それをなにかほかの商業目的で使用することができないか、調査する必要がある。考えうる手段としては、次のようなものがあるだろう。(1) プラスターボードやセメントを製造する際の原材料として用いる、(2) 土壌にカルシウムや硫黄分を供給するための土壌安定剤として使用する (石灰と一緒に用いる)。日本やアメリカでは、燐光体石膏をこのような方法で商業的に用いることが行われている。

プロジェクトの設計変更や地域的な状況、工場予定地の変更などによって解決することができる上述の潜在的な影響に加えて、これから開発し、プロジェクトに採用していく計画や活動によって解決できる、潜在的な影響もいくつか存在する。そのような

影響としては、(1) 石膏の貯蔵によって発生するフッ素の拡散および、フッ素が拡散した結果近隣の農業・家畜・植物相・動物相・人間に対して与える影響、(2) 石膏貯蔵庫付近に住む住民の立ち退き問題、(3)「最悪の事態」が起きてしまった場合に工場から放出される汚染物質によってもたらされる、社会経済的な影響および健康に対する被害、(4) 地域・地方・政府の省庁と協力しながらインフラストラクチャーや施設の設置計画を進めていくことによって生じるプロジェクト実施予定地周辺の経済成長、などがあげられる。

環境モニタリング

このプロジェクトでは、工場の建設期と操業期に、計画に含まれている環境保護措置が適切に実施されているかどうかを確認するための環境モニタリングプログラムが実施される。

建設期においては、環境モニタリングプログラムは次のような事項が対象となる。つまり、トラックの交通、地殻変動、建設廃材などから生じる粒子状物質の状況分析と、工場および石膏貯蔵庫の建設現場における土壌の流出によって影響を受ける可能性のある河川や地下水の水質調査である。操業期においては、工場の主要な排気源、汚染排水源を監視する。加えて、工場周辺の空気の汚染についても、気象状況を考慮しながら監視する。地下水および河川の水に関する水質調査も同時に実施する。この場合、内陸河川と海洋に設置される水質のサンプリングを行う地点は、ベースライン調査で用いられた場所と同じ地点にするべきである。地下水のモニタリングは、石膏貯蔵庫の上流および下流にある深度の浅い井戸を用いて実施する。また、工場労働者の職業上の健康や安全状態も、継続的にモニタリングを実施すべきである。

結論

アンモニア肥料・リン酸塩肥料の製造工場に関する環境影響報告 (EIS) 調査は、タイ国家環境委員会 (NEB) によって開発・承認された調査計画にもとづいて実施された。調査の結果にもとづいて作成されたEISの報告書は、EIAの準備のためのNEBガイドラインと、NFCプロジェクトのためにNEBが準備した考慮事項の両者に適合したものである。

プロジェクトにおける工場の建設と操業に伴う潜在的な環境影響は、四つのカテゴリー（物理的資源、生態的資源、人間の使用価値、生活の質）に分類され、さらにそこから28の項目にわけられ、評価される。この評価は、プロジェクトが現在の建設・操業計画のもとでは、どのように環境に影響を与えうるのかということを、包括的に調査するものである。

この調査では、プロジェクト実施用地付近に存在することが確認された環境影響を受けやすい影響受容体に対する影響を評価することに重点が置かれる。工場を通常に操業している場合とそうでない場合（緊急時など）を考慮し、「最悪の事態」が起きてしまった場合に関しても、環境影響を評価する。いくつかの項目に関しては、影響を受けやすい受容体がないか、問題が存在しないか、影響が確認されないかという事態も起こりうる。これらの項目に対しては、それほど大きな労力を払う必要はない。

NFCが近代的で環境に適合した管理技術を用いた工場を設計し、工場施設の設置およびそこでの操業を行うのに適した場所を選定するということを決めているため、EIAでは、多くの潜在的な影響がすでに効果的に取り除かれていることが明らかになる。

例えば、すでに政府機関や私企業による詳細なプランニングや調査の対象となっている新工業地区（マップタプッド地区など）に工場を設置することによって、NFCはすでに建設されているインフラストラクチャーによる利益を享受することができる。またIEATによって収用された区域内に工場予定地を設定することによって、土地利用や社会経済的影響に関する多くの問題を、単純化して考えることができる。

このプロジェクトは、またマップタプッド地区ですでに計画されている交通整備（高速道路、鉄道、大規模船舶用の港湾施設）、上水道供給（ドッククライ貯水池からのもの）、電力供給（PEAとEGATによるもの）、天然ガス供給（PTTによるもの）、居住地域整備（バンチェン・ニュータウン）などの利益も受けることになる。すでに計画されているこれらの設備のおかげで、この項目に関する影響をまったく問題がないレベルまで取り除くことが可能である。NFCは、計画通りに開発を進めることができるようにするため、このようなインフラ整備プロジェクトの実行者とスケジュールに関する協議をしながら、自らのプロジェクトを進めていくべきである。

以上をまとめると、計画されている影響軽減措置や管理手段を用いることによって、重大な環境影響を発生させることなくNFCの建設・操業プロジェクトを進めていくこ

とができるということがいえるだろう。

参考文献

1. *Preliminary Report of EIS Study of National Fertilizer Complex,* July 1984.
2. C. Tharnboopha and N. Lulitanon, *Ecology of the Inner Gulf of Thailand,* Marine Fisheries Laboratory Technical Paper No. 4／1977 （タイ語）.
3. C. Tharnboopha, *Water Quality off the East Coast of the Gulf of Thailand,* Marine Fisheries Laboratory Technical Paper No. 10／1979, 1980 （タイ語）.
4. *Study of Pollution Control Measures and Impacts of the Development of Chemical Fertilizer Complex and Integrated Steel Industry,* Mahidol University, Volume IV, Environmental Status and Impacts of the Development of Chemical Fertilizer Complex and Steel Industry on the Sea‐Coast in the Eastern Region of Thailand, 1983.
5. *The Directory of Industrial Factories in Changwat Rayong,* Rayong Provincial Industry Office, Ministry of Industry, 1983.
6. S. Khetsamut, et al., *Benthic Animals off the East Coast of the Gulf of Thailand,* Marine Fisheries Laboratory Technical Paper No. 11／1979, Dept. of Fisheries, 1979 （タイ語）.
7. *Report on Initial Evaluation on Major Industry on the Eastern Seaboard,* Environmental Working Group, National Environmental Board, Volume 1, March 1981.
8. *Development Document for Effluent Limitations Guidelines and New Source Performance Standards for the Basic Fertilizer Manufacturing Point Source Category,* United States EPA, March 1974.
9. *Guide to Pollution Control in Fertilizer Plants,* United Nations Industrial Development Organization, Monograph No 9.

ケース 10.5
タイにおけるマップタフット港湾プロジェクトの例

註 このケーススタディーは、影響網に関するダイアグラムを作成するための参考として使用できる。

プロジェクトの名称　マップタフット港湾プロジェクトに関する環境影響報告（タイの工業地域機構が1985年8月に実施したもの）
環境評価手法　環境影響報告（EIS）
プロジェクトの種類　複数の使用者が存在する商業用港湾の開発計画

プロジェクトの概要
　このプロジェクトの実施用地には、港湾管理センター、大規模積み荷保管施設、一般積み荷保管施設、大規模液体貯蔵施設が建設される予定である。海岸線に沿って埋め立てを行い、その場所も利用する。
　マップタフットの港湾予定地は、事前に行われたラヤン県の重工業並びに労働者用住居の開発計画に関する予備調査（JICA、1983年）によって決定されている。船舶の停泊施設に関する要件を満たすため、マップタフット港は、いくつかの段階にわけて建設されることになっている。そのためこのプロジェクトでは、港湾建設予定地近隣の工業の成長度合いに合わせて施設を提供していくことになる。具体的にはプロジェクトは、次の三段階にわけて進められていくことになる。
(a) **短期開発計画**　NFCやMPCなどで生産された製品やそこで必要な原材料を積み卸しするための施設を、1992年までに建設する。
(b) **暫定的操業計画**　危険性物質や可燃性の液体を取り扱うための設備を建設する。
(c) **長期開発計画**　港湾施設をすべて建設する。
　この港湾は、次に述べるすべての基本的な設備を備えることになる。(1) 港湾に必要

表10..4 労働力－港湾で働く労働者の人数

	1995	2000
一般的な積み荷の取り扱い	157	300
液体の積み荷の取り扱い	26	40
公共施設	43	60
税関と入国管理	50	60
港湾の管理	47	60
IEATの労働者	40	45
港湾での作業（船舶）	84	130
港湾での作業（技術者、管理）	69	80
その他の施設－ゲート、計量台		
消防、医療、売店など	98	130
合計	614	905

な施設——タグボート、パイロットランチ、ワークボート、ブイのメンテナンス施設。(2) 道路および鉄道。(3) 労働力（表10.4参照）。(4) 上下水道。(5) 固形廃棄物処理設備。(6) 危機管理用設備。(7) 電力供給。(8) 港湾内での移動施設。(9) 積み荷の取り扱いおよび保管施設。

プロジェクトの実施場所

マップタフット港湾プロジェクトは、ラヤン県の東海岸でタイ湾に面した場所で実施される。

関連する調査の報告書

この章（10.5）の最後のページの参考文献を参照のこと。

環境調査の対象範囲

計画されている港湾施設は、海岸線約2から8kmに及び、場合によっては内陸4.

75kmまで使用する。また船舶航行用に海底を切削する距離は、海岸線から約4、5kmである。EISを実施するにあたっては、対象となる港湾プロジェクトには沖合の作業・商業用港湾地区・特定の積み荷（タピオカ、化学肥料、工業用原材料、工業製品など）の積み卸し作業を行う区域も含めることにする。

EIAの実施チーム

報告書には明記されていない。

EIAの予算

報告書には明記されていない。

EIA実施手法

ここで用いられるEIAの手法は、基本的に国家環境委員会によって定められている手続きにもとづいたものである。まず初期環境調査が1985年1月に実施され、IEATおよび国家環境委員会からの意見が提出された。その後その意見を踏まえて、細目対応の影響分析を述べたEISの報告書が作成された。

現在の環境状態

ケース10.4の関連項目を参照のこと。

プロジェクトによって発生する環境影響

計画されている港湾の建設によって発生する影響は、(1)建設期に発生するものと(2)操業期に発生するものにわけることができる。

影響1　水質に関係するもの

浚渫（しゅんせつ）や干拓を行う際には、その周辺で浮遊物や沈殿物が発生する可能性がある。マップタフット湾岸の水質は現時点ではほとんど汚染されておらず、また浮遊物や沈殿物もほとんど発生していない。

水質汚濁や沈殿物の増加によって、小規模な区域（およそ0.5平方km、最大でも3.

5k㎡)が影響を受ける可能性がある。汚濁や沈殿物などによって海洋生物相が影響を受ける可能性があり、場合によっては光合成活動に支障をきたす事態も発生する。さらに、海岸の環境内での食物連鎖にも影響が出てくる可能性もあるだろう。この地域で漁業を営む者がほかの地域へと漁場を移さなければならなくなるが、東海岸における生物資源や漁業資源に与える影響はそれほど重大なものではないと考えられている。マップタフットはほかの地域に比べると沿岸漁業がそれほど盛んではなく、東側の海域と比較して、魚の産卵や生育などに与える影響は少ないと思われる。

沈殿や汚濁などによって発生する影響は、港湾の東側に隣接するサイソン・ビーチなどのレクリエーション施設などでより顕著に発生することが考えられる。とくに港湾施設の建設期には、海水の質が悪化し、海水を用いたレクリエーションに重大な影響をもたらす可能性がある。

また、コーサケット島にある珊瑚礁も、沈殿や汚濁などによって被害を受けるだろう。しかしコーサケットの珊瑚礁に対する影響は、ラヤン県の沿岸地域で発生しているほかの珊瑚礁と比較して、生態的・観光資源的影響はそれほど重大ではないと考えられている。

排出される沈殿物に関しては、それが汚染を引き起こすものかどうか把握するために、試験が実施された。その結果、沈殿物は汚染されておらず、また水中に溶けている酸素を吸着する可能性や生物の生産性に影響を与える栄養分を放出する可能性はほとんどないことが確認された。

操業期にメンテナンス目的で行われる浚渫(しゅんせつ)作業は、海洋環境に対して重大な影響をもたらすことはない。

現在この地域において水質汚染を引き起こす可能性のある汚染源には、タピオカの処理工場と生活排水がある。これらの汚染源は地域を流れる河川に水質悪化(高濃度の生物学的酸素要求量(BOD)と、酸素量の不足)をもたらしているが、それが沿岸の海水の水質に対しても悪影響をもたらすかどうかは明らかではない。沿岸の水質と沈殿物に関するモニタリングを実施した結果、海洋生態系が陸上の汚染源によって影響を受けることはほとんどないことが明らかになった。

水質の悪化を招く汚染源には、次のようなものがある——すなわち、建設や採石による土壌の流出。建設期、操業期における労働者の汚水の排出(船上のものも含む)と、

油分の混じった廃水と、タンクの洗浄時に発生する廃水。

しかし土壌流出、汚水、油分の混じった排水などによる影響は、適切な影響軽減措置を採用して廃水を処理した場合には、この地域の開発が進んだ場合に発生するほかの影響と比較してそれほど重大であるとはいえない。

採石行為や採石したものを輸送する行為は、煤塵を発生する可能性があるために、潜在的な水質汚染源であるといえる。しかし計画されている実施予定地では、これは重大な問題とはならないと予測されている。

港湾の建設によって、工業地区にある国営化学肥料会社からの排水パターンが影響を受ける可能性がある。だがこの影響も、重大なものとはならないと評価された。

影響2　大気に関係するもの

建設期の大気汚染源としては、次のようなものがある——トラックの通行、土地の造成、建設活動によって発生する煤塵、建設地区に資材や建設によって排出された廃材を運搬するための車両からの排気ガス、廃棄物の焼却に伴う排気、採石時に発生する煤塵などである。

このような汚染源からの排気の結果、大気汚染が発生し、とくに建設従事者の労働環境に影響を及ぼす可能性がある。また工場敷地内で排出される煤塵は、敷地外の住居や施設に影響を与えるほどには広がらないと予測されている。

原材料、とくに採石した砂利や砕石などをプロジェクト実施地区から運搬するトラックから排出される排気ガスは、輸送ルートに沿って点在する村落に煤塵公害を発生させる。しかしこれはカオバンダイクリット村の東部がルートに選ばれた場合にのみ重大な問題となるものであって、ほかのルートが選定された場合には村落近隣を通過することはない。

採石行為によって発生する煤塵も、プロジェクト用地近隣の村落や農地に対して影響を及ぼす。とくに採石場の近隣にキャッサバ畑と果樹園があるカオバンダイクリット村東部とカオノエンクラポック村では、影響が顕著である。カオチーチャン村にある労働者用住居をのぞいて、どのプロジェクト用地でも半径500メートル以内に住居は存在しない。また、採石場においては煤塵が多く発生するため、労働者を保護する措置が必要である。

現在ではこの地域における大気の汚染度は極めて低く、主要な汚染源も存在しないが、工業地区を開発することによって、必然的にこの状況が変化する可能性がある。港湾に出入りする船舶やそのほかの港湾での活動に伴って排出される排気ガスに関しては、その性質などに関して予測が行われている。その結果港湾からの排気ガスは、NEB基準と照らし合わせても、重大な環境影響を発生させることはないということがわかった。

　積み荷が埃にまみれていた場合には、港湾労働者に対して悪影響を及ぼす可能性があるし、それを取り扱っているあいだに周辺の人々や財産に対して危害を加える可能性もある。

　タイ湾のほかの地域で建設されているタピオカ処理工場を調査した限りでは、周辺の景観に対する影響を考えると、タピオカを取り扱うこと自体が港湾周辺の村々に対してもっとも重大な影響を与える可能性がある。

影響3　騒音と振動

　マップタフットは典型的な静かなタイの田園地帯であるといえる。現時点では騒音のもとになるようなものは存在しない。港湾の建設や操業に伴って発生する騒音は、おもに次のようなものから発生する。建設機器、トラック、積み荷の取り扱い機器、船舶と港湾のPAシステムとサイレン。

　建設現場などの仕事場においても、著しい騒音レベルに達する場合がある。したがって、労働省の労働環境基準を満たしているがどうか、確認する必要が出てくる。

　工業地区を開発した後、港湾の操業によって影響を受ける範囲内に住む人々の人数は減少し、騒音被害は重大なものではなくなると予測されている。

影響4　土地資源、その他の資源

　港湾並びに関連工業施設の開発によって影響の受ける可能性がある沿岸地域は、標高が低い。この地域のおよそ40パーセントが、農業用地――果樹園、ココナッツ、キャッサバやほかの穀物などを栽培している――である。また海岸線沿いに、5軒の家屋といくつかの漁業用の小屋がある。ピクニック用の地域もある。この中で2軒の家屋と1軒の漁業小屋が、港湾プロジェクトの実施区域内に入っている。

プロジェクト実施用地の外には、かなりの数にのぼるであろう漁業小屋や個人所有のリゾートが存在し、また1.5km東には規模は小さいが150人を収用できるビーチリゾート（サイスォン）がある。
　プロジェクト実施用地内のすべての土地や施設は収用されることになるが、工業地区開発プロジェクトとは別に、港湾建設による損害はすべて金銭的に補償されることになる。沿岸で漁業を行っている者の中に土地を自分で所有している者はほとんど存在しないため、補償の対象とはならない。彼らの多くは、ほかの場所で起きた漁業人口の増加による影響を避けるために、近年この地域に移住してきたのである。
　港湾の建設によって付近の海域の海流パターンが変化し、港の西側に土砂が堆積し、東側では土砂の流出が起きる可能性がある。流出してきた土砂を取り除くための手段を講じない限り、サイスォンのビーチは重大な影響を受けることになる。
　港湾建設は、工業地域の開発に比べて少量、小規模の水、電力、輸送網しか必要としない。したがって、港湾を建設することによって生じる影響はそれほど重大なものとはならないと考えられている。
　現在マップタフットの海岸線沿いに、小規模ながら錫の精錬に必要な黒砂の採掘が行われている。港湾建設が開始された場合、この黒砂を採掘することは不可能となる。この資源に関する価値がどれほどのものとなるのか計算されたことがないが、最近では採掘が行われていないという事実を考慮した場合、それが商業的に重要なものだとはいえないと思われる。
　サイスォンのビーチリゾートが受ける可能性のある潜在的な影響は、上に示したとおりである。この付近では、コサメット島もリゾートとして開発されてきている。港湾の建設によってこれらの施設の使用価値が下がるということはなく、実際はそれを増加させるものであるともいえる。しかしそこを訪れる観光客の構成比は、地域外から来た人から、港湾や工業地区の労働者および彼らを補助する事業に関係する人へと比重が移るだろう。したがって、この地域は地域的・国家的な観光地ではなくなる可能性がある。

影響5　景観に対するもの
　港湾や工業地区を建設する場合、自然のままの海岸地域に大規模な工業用ビル、ク

レーン、倉庫などの建築物を建設することになるので、近隣の景観に多大な影響を及ぼすことになる。

　最大の影響は、工場用地付近に住む人々や、レクリエーション目的でコサメット島に訪れたりそこで働いたりしている人々に対するものであろう。サイスォンのリゾート施設からは地平線上にある木々のおかげで工場の建物は隠されると予測されているが、しかしビーチからは工業用地の東側部分が見えてしまう。ただ工業用地の東側部分に大規模な施設が建設されるまでは、ビーチから見える景観に対して与える影響はそれほど大きなものではない。ほかにも港湾に出入りする船舶についても、注意を払っておく必要があるだろう。

　コサメット島のリゾート施設を使用する人々は、商業用の港湾施設や工業地域を目の当たりにすることになる。したがって、ここでの影響はサイスォンよりも大きくなるだろう。

影響6　固形廃棄物

　港湾の建設時には、建設行為、操業行為、積み荷の取り扱い、港湾に停泊する船舶からの廃棄などによって、さまざまな廃棄物が発生することになる。

　港湾の操業時には施設内で発生する廃棄物は1日3トンになると予測されている。しかし、適切な廃棄物収集・処理・廃棄手段を講じた場合には、建設期にも操業期にも、重大な環境影響は発生しないだろう。

影響7　偶発的なもの

　港湾施設に関する事故には、船舶に関するものとしては火災、爆発、労働場の事故、小型船舶同士の衝突、接岸時の事故などがあり、また陸上のものとしては港湾の西側にあるガスパイプラインの事故などがある。

　このような事故が発生した場合、人命が失われたり傷害を負ったり、財産が破壊されたり、漏出物による汚染が発生したりすることがある。このような事故に関するリスクは、現在入手可能なデータにもとづいて数量的に分析されることになる。しかしこのようなリスクを低減するためには、船舶の航行に関する厳戒なコントロールを実施する必要があるといえるだろう。

煤塵にまみれた物質が爆発するリスクは先に述べたとおりである（影響——「大気に関係するもの」の項）。人々や財産に対するそのほかのリスクには、塩化ビニルモノマー・炭化水素ガス・塩化炭化水素・苛性ソーダなどの危険性物質が入った積み荷を取り扱う際に生じるものがある。この港湾で取り扱うことになる危険性物質の詳細は手に入らないが、もしそのようなものを取り扱うことになった場合には、適切な予防措置と緊急管理措置を講じておく必要がある。

影響8　社会経済的なものと公衆衛生に関するもの

　港湾および工業地区の開発は、地域の社会経済状況に重大な影響を与える可能性があり、人口が少なく平均収入も比較的少ない農村部から、移住者が多く経済的にも裕福となる機会が多い工業化地域へと変貌する可能性がある。

　港湾の労働力は900人から1000人であり、工業地区全体で予定されている15000人と比べると、港湾施設のみが地域に与える影響はそれほど大きなものではないといえる。しかし工業地区がすべて完成した場合には、この地域の人口はおよそ70000人増加するだろうと見込まれている。その時には新しく移住してくる人々のためのニュータウンを新規に建設する必要が出てくるため、港湾プロジェクトとは別の環境影響報告（EIS）を実施することが必要となる。

　港湾建設予定地内にある2軒の住居と数軒の漁業小屋は、建設の初期段階で移転されることになる。工業地区内には、さらに数軒の建築物がある。現在では、移転しなければならなくなる住民や漁師たちは開発計画の存在を知らず、そのため移転する計画などは立てていない。

　おもに沿岸漁業と観光業に従事する労働者が、もっとも港湾の開発による影響を受けることになる。漁業の収入に家計の一部かほとんどを頼っている家族の数は、およそ20であると考えられている。これはカニやエビの漁獲量の70パーセントが港湾にとなり合った漁場で捕獲されたものであるためで、ほかにもイカ釣り漁船もこの近辺で操業している。これら漁業従事者の収入は季節によって大きく変わってくるが、しかし工業や農業の従事者に比較して一般的に低い。

　したがって漁業従事者の一部は、港湾施設で働くことを望むだろうと予測されている。それ以外のものはほかの場所へ移住することが考えられるため、移住先で発生す

る家族問題や社会問題を防ぐための手段を講じることが必要となってくる。

　サイソォン・ビーチとコサケット・リゾートで観光に従事している労働者は、港湾開発の結果増加することが見込まれている。これは、移住してくる人数がかなりの数にのぼるためリゾートを使用する人数も増加し、観光業でも雇用機会が拡大されることが考えられているためである。

　また、違法な開発を取り締まる環境を整備しない限り、プロジェクト実施用地付近で違法で無秩序な開発が行われる可能性がある。その場合、水の供給停止や公衆衛生の悪化、廃棄物処理問題などが発生し、乱開発が進むと考えられる。

　公衆衛生の問題としては、労働者の移住や外国人航海夫の立ち寄り、船上廃棄物の処理などによって発生する可能性のある伝染性疾患の問題がある。不衛生な労働キャンプ、新しい居住地区、スラムなどでも病気が蔓延することも考えられる。またそのような病気が発生した場合、移住者が多数押し寄せると考えられていることから、既存の医療施設では間に合わなくなる可能性もある。

影響を回避するための手段

水質に関する影響——浚渫（しゅんせつ）や干拓を行う場合には、次に述べるような影響軽減措置を実施する必要がある。

　干拓によって発生する汚泥の排出を最小限に抑えるため、西側の防波堤と沈泥用水盤を建設する。東側の干拓は、サイソォン・ビーチリゾートに対する影響を最小限に抑えるため、東側の護岸工事の完成を待ってできるだけ遠くで行うべきである。サイソォンへの影響を抑えるためには、東側の干拓は護岸の外ではなく、港湾の内部で行うべきであろう。また浚渫（しゅんせつ）や平底荷船への積み込みを行う際に沈殿物が発生するのを最小限に抑えるため、最良の技術や方法を採用すべきである。すべての作業をきちんと監視し、定期的な機材のメンテナンスを定めたプログラムを実施する必要があるだろう。また積み込みの際にこぼれ出る沈殿物も環境面・経済面から見た場合に最小限に抑える必要があるため、平底荷船を定期的にチェックし、底から汚泥が漏出しないようにメンテナンスを行うべきである。汚泥は決められた範囲内に放出し、またその放出パターンも、同じ場所に繰り返して行うことを最小限に抑えるようにしたものでなくてはな

らない。また、ここで述べたさまざまな手法は、干拓だけでなく浚渫を行う際にも適用できる。沈泥物の放出をコントロールする物理的な方法を今まで述べたもの以外に採用するのは、必要ではないと考えられている。

次にモニタリングの方法だが、これに関しては次のようなものが提案されている。港湾の建設期および操業期を通して、ダイバーによる定期的な海底状況の検査と記録を行い、可能であればその時の状況を写真に撮っておく。サイフォン付近の海水の汚濁状況も建設期には毎月測定し、レクリエーション施設に影響を及ぼす可能性のある景観や水質に関するモニタリングを実施する。また浚渫を実施した結果水質が変化していないかどうかを確かめるため、港湾の建設期には、定期的に水中の酸素溶解濃度、アンモニア濃度、窒素濃度などを測定しておく必要がある。海草類が大発生した場合には写真などで記録し、またそれが起きたときの水質状況も残しておくべきであろう。もし可能であれば、浚渫・干拓・廃棄地点周辺の汚泥に関する記録を写真で取っておくべきであり、そうすることによって将来同種類の開発計画を実施する場合のアセスメントに役立てることができる。

水質に関するその他の影響を軽減するための措置には、次のようなものがある。

陸上河川からの土壌流出分を含んだ汚泥を海に流れさせないようにするため、一時的な貯水池を建設する。その貯水池の水を海水へ放出する前に、水中に浮遊している土壌分を取り除くための濾過槽を通すべきである。また港湾建設のためにつくられた臨時の施設にも、廃水処理設備を取りつけることが必要である。これは完成品のユニットでも良いし、下水腐敗槽でも良い。港湾の操業期には、汚水を処理するための手段として二種類の方法が考えられる——嫌気性貯水池と、機能性貯水池を併用してから沿岸へと排水するもの、嫌気性貯水池のみを用いて、海岸線から離れた海洋へと排水するもの、である。干潮があり、汚泥の質も量も変化する可能性がある港湾作業については、一般的な活性汚泥下水処理施設を用いて汚泥を処理することはむずかしい。また処理済みの排水を港湾内に放水することもやめた方がよい。できれば、NFCの建設や操業とスケジュールを合わせることによって、そこからの廃水と港湾からの廃水を同時に処理できる施設を建設することが望ましい。衛生施設の設置に関する手法は、「タイを含む発展途上国における港湾施設建設時の衛生施設設置のためのガイドライン」

に覚え書きとして掲載されている。油分の混じった廃水（燃料の貯蔵庫、メンテナンス用倉庫、船底の汚水、タンク洗浄時の廃水など）や港湾の汚れている場所で発生した廃水は、そのまま放水せずにすべて集め、放水する前に水と油の分離装置にかける必要がある。油分の混じった廃水は、処理をした後に通常の廃水システムへと回されることになる。油分の混じった船舶の廃水を受け入れる施設も設置しておく必要があり、モニタリングやペナルティを設けることによって、港湾に停泊する船舶にそれをきちんと守らせることが必要である。

また、環境に変化が生じているかどうかを把握するために、港湾の建設期には港湾内外での水質調査を定期的に実施すべきである。

大気に対する影響——排気ガスの放出を軽減するための一般的な手段としては、次のようなものが考えられるだろう。

建設行為、採石活動、岩石運搬などによって発生する煤塵を制御するためには、清掃・管理をきちんと実施する必要がある。そのための清掃・管理手法として、煤塵の多い場所を定期的に散水する、そのような場所を屋根で覆う、道路の表面のメンテナンスを実施する、室内の換気を徹底させる、建機や車両を清掃する、適切な操作手段を実施する、などが考えられる。村落に煤塵被害をもたらす可能性のある未舗装道路を舗装することも重要である。また廃棄物を焼却することはできる限り避けるべきであろう。

またマップタフット村、サイスォン村、新しくつくられるニュータウン、港湾での労働環境において、監督省庁は大気の質に関してモニタリングを適宜実行していくべきである。

先に述べた一般的な煤塵抑制手段は、ほこりをかぶった積み荷を取り扱う際にも適用することができよう。労働上の煤塵災害や周辺環境における煤塵被害を最小限に抑え、爆発の危険性を取り除くため、埃にまみれた積み荷を扱うための方法をきちんと策定し、港湾当局によって私企業が操業する際にもそれを守らせるように規定しておくべきである。また港湾における労働環境が煤塵の許容範囲を超えていないかどうか検査するため、港湾当局によるモニタリングが欠かせない。

騒音

建設機材による騒音は、労働省による労働環境基準と照らし合わせて、建設契約にその抑制を盛り込んでおくべきである。

また騒音のモニタリングとして、労働環境における騒音レベルと周辺環境における騒音レベルを適宜測定するべきである。さらに騒音に対する住民の苦情も、記録しておくべきであろう。

土地資源、その他の資源に対する影響――次のような影響軽減措置が考えられる。

現在のスキームで必要とされている、土地所有者への金銭的補償を行う。正式な法的地位のない漁民たちは自分たちの住む土地から立ち退かなければならなくなるため、彼らに金銭的支援や雇用の創出、ほかの場所での漁業継続などに対する支援を実施するべきである。港湾の開発行為がプロジェクト用地外にまで及んでしまうことがないように、また不法占拠者が発生しないように、土地の境界は法で厳しく決めておく必要がある。また決定された境界にはフェンスを張り、定期的に検査を行うべきであろう。さらに、港湾の西側に堆積し、サイスォン・ビーチへと風によって運ばれてきてしまった砂を埋めるためのプログラムを制定して、サイスォンでの土壌流出を予防し、ビーチの保護を実施する必要がある。

もしサイスォン・ビーチの所有者の了解が得られた場合、そこのリゾートの利用状況を調べることも、この種の開発プロジェクトがどのように実施され、沿岸のリゾートがどうなるのかという情報を提供するのに有効であるといえる。

また発電、水資源、その他の資源に関しては、それに対する影響を軽減する特別に必要な措置を実施する必要はないと思われる。

景観に対する影響

マップタフットでの景観に対する影響を軽減するための措置は、特別にそれを実施する必要はない。しかし、港湾施設や機材による不快な視界を予防するため、景観やメンテナンスに関する一般的な基準を適用するべきであろう。

固形廃棄物

建設によって発生する廃材は、建設者が適切に処分しなければならない。海岸線や

海に直接廃棄したり、焼却したりすることは許されない。また、港湾に入港する船舶からの海洋投棄も、港湾の規則によって厳しく取り締まるべきである。船舶で発生した廃棄物を港湾で受け渡すための取り決めを作成し、もし公衆衛生に対するリスクが存在するならばそれを安全に廃棄するための計画を立てておく必要がある。固形廃棄物を収集し、それを適切に廃棄するための方法を、地方自治体などの当局と決めておくべきであろう。また、廃棄物を発生する私企業や船舶には、費用を負担してもらうことになる。

事故による影響

　港湾へのアプローチや港湾内での作業は、水先案内、係留、船舶移動に関する国際航行基準にもとづいて規制されることになる。またガスのパイプラインから1km以内に係留することは違反とし、国際的な取り決めを交わしておくべきであろう。また海底にパイプラインがある海域付近では、底の深い船舶が水深15メートルより浅い場所を通行することを規制する必要もある。危険性のある積荷の取り扱いに関しても、港湾当局の承認が必要となるようにしておくべきである。そのような危険性積荷の取り扱いが申請された場合には、リスクや事故の予防、緊急時の対応の適切さを評価するための情報が、承認するにあたって必要となる。また危険性のある積荷の取り扱いに関する国際基準も適用できよう。港湾当局は緊急事態に備えて、十分な設備と人材を備え、きちんと訓練された救急ユニットを創設しておくべきである。また地域の消防・警察・病院と連携して緊急時の対応プログラムを準備し、常にそれを訓練しておく必要もあるだろう。当然、港湾労働者に対しても緊急時の手順を説明し、訓練しておかなければならない。

社会経済的影響、公衆衛生に対する影響

　プロジェクトに関するある重大事項が決定された場合には、プロジェクト実施用地周辺に住む住民に対してその事項に関する情報をすぐに提供することができるようにするプログラムを作成する。そうすることによって、住民が理性的な判断をくだし、移住するための時間の余裕が生まれ、新しい職業や学校を探すことができるようになる。また法令などによって強制的に住民を立ち退かせる場合には、不法滞在者を防ぐ手段

を講じておく必要も出てくる。移住しなければならない住民が補償の対象となっていない場合には、なんらかの補助措置（金銭的なものもそうでないものも含めて）が役に立つ場合もある。

公衆衛生に対する影響を最小限に抑えるためには、次のような措置を取る必要がある——国際的慣習にもとづいて、船舶を隔離する。臨時労働者も通常労働者も、働き始める前に、健康診断やそのほかに必要な健康に関する処置を受けることができるようにする。建設現場や港湾内に、救急用設備を準備しておく。病気の蔓延を防ぐため、建設期および操業期に、適切な衛生措置を採る。

それ以外に必要な一般的措置

建設を実施するにあたって、これまで述べてきたような影響を軽減するために必要な要件を建設契約で取り決めておき、適宜、査察を行う。港湾当局による直接管理の対象とはならない行為（貯蔵タンクから工業地区への危険性物質の移動など）を行う場合でも、その手法や必要機材などを、港湾当局が評価して承認するようにすべきである。またマップタフット港には専属の環境管理部門（あるいは管理者）を設置しておく必要があろう。

この部門の仕事としては、次のようなものがある。

湾当局の直接管理対象とはならない行為を評価し、承認する。船舶や海上で発生した廃棄物を収集し、処理する。船舶に影響を与えるような汚染を防ぐために、汚染予防規制を実施する。汚染によって引き起こされる環境の変化を把握するため、定期的に査察を行う。環境管理部門の創設に関するガイドラインとしては、ポストンによって提案されているモデルを用いることができるだろう。

また、次の各事項を管理するための法整備を行う必要もある。

港湾内に接近中か係留中の船舶から出る液体廃棄物および固形廃棄物の処理、船舶からの汚物、油分の混じった廃水、固形廃棄物の受け入れ設備、労働上のリスクや外部環境へのリスク、爆発リスクを最小化するためのほこりっぽい積み荷の取り扱い方法、水先案内、係留、船舶の移動、積み荷の取り扱い方法、港湾に接近中の船舶に対する情報提供、火災、爆発、有害物質の漏洩やそのほかのリスクを防ぐため危険性のある積み荷の取り扱い方法および承認要件などである。

環境モニタリング

それぞれの影響に関して必要な影響軽減措置およびモニタリングプログラムは、すでに述べたとおりである。

結論

環境影響報告（EIS）の報告書は、マップタフット港湾プロジェクトに関するEIA準備のための要件を満たすことによって、準備できることになる。この調査では港湾そのものだけの環境影響が対象となっているが、この地域の全体的な開発には、港湾のほかに、工業地区、都市区、その他の関連インフラストラクチャーなどが含まれる。

EIS報告書には、環境ベースマップ、プロジェクトによるプラスの影響、調査に携わる専門家やEIAチームなど、公式プレゼンテーションの中に含まれるいくつかの項目が欠けている。これらの項目がないと、EISは完全に実施されたとは言い難く、調査実行者に対していくつかの問題を投げかけることになるだろう。また報告書の構成も体系的とはいえず、中身も乏しい。しかし実際の分析は深く考察されており、技術的には適切なものであるといえる。今回のEIAは、地方で行われた港湾の開発を対象とした、数少ないEIAのケース・スタディーである。

参考文献

1. *Manual of NEB Guidelines for Preparation of Environmental Impact Evaluations*, National Environment Board (NEB), Bangkok, April 1979.
2. R. J. Hofer, *Water Quality Management Plan for Raoyong Map Ta Phut Development Plannning Areas*, Office of National Environment Board.
3. JICA, *The Study on the Development of the Industrial Port on the Eastern Seaboard in the Kingdom of Thailand*, Final Report, 1983.

Source: Strengthening Environmental Cooperation with Developing Countries, pp. 100-128.

ケース 10.6
インドネシアにおける水力発電プロジェクトの例
――カナダ国際開発庁フィリップ・バリディンによる報告

　今回のケーススタディーの対象となるセンタニ湖水力発電プロジェクトは、インドネシア北東部のイリアンジャヤ州で実施された。このプロジェクトは、パプアニューギニアとの国境からおよそ20kmの場所にあるジャヤプラの近郊で実施される。センタニ湖は天然の湖で、そこから流れ出るジャフリ川は太平洋に注ぐ。この水力発電プロジェクトは、ジャフリ川の流れをせき止め、水を運河やトンネルなどを用いてヤウンテファ湾へと注ぐことによって発電を行うというものである。

　したがって、このプロジェクトにおける最大の環境考慮事項は、ジャフリ川の流水量の減少と湖の貯水量の操作、ヤウンテファ湾の海洋システムに対する淡水流入量の増加、および発電用水路付近の地形の変化ということになる。

　センタニ湖の周辺には22の小さな村落があり、そこに住む人々は昔ながらの生活様式で暮らしている。ヤウンテファ湾周辺では漁業が営まれている。その一方で発電用運河はプロジェクトのために現在設計されている途中である。センタニの文化はとても古く、湖畔では水面近くまで、地域の文化にもとづいた家々が建築されている。このセンタニの文化が、EIAを実施する上での鍵となってくる。

　1982年にカナダに本社のあるコンサルティング・ファームのエイカーズ・インターナショナルがセンタニ湖のプロジェクトに関わり始めてから、すでにいくつかの調査が終了している。1977年にはタータ・コンサルタンツが、発電用運河の建設に関する予備調査を実施している。タータの調査によると、この運河に10メガワットの水力発電所を建設すれば湖の湖面は2メートル上昇し、その結果センタニ湖畔の住民が移住する必要があるとの結論であった。ほかにも1975年にネデスコとSMECが予備調査を実施している。アジア開発銀行（ADB）によって設立されたこのコンソーシアムはセンタニのプロジェクトを調査し、発電能力を増やすことを勧めている。これらの調査で

はケース10.5と同様に、考慮事項の中に環境アセスメントは含まれていない。

アセスメントの形式

　カナダ国際開発庁（CIDA）がプロジェクトに参加することになった1982年に、エイカーズにもう一度このプロジェクトの調査を実施してもらうことになった。予備調査と環境調査のプロポーザルに予算がつき、全体的なEIAが実施されているあいだに作業は設計段階まで進んだ。学際的な環境調査チームと建築士が代替スキームをつくりあげるために従事し、影響軽減措置をプロジェクトの企画に直接組み込んだ。地域の住民に関する実地調査も実施され、湖畔に住む人々の生活様式はプロジェクトの実施後でもそのままつづけられると判断された。結局、政策決定者に提出された企画では発電量は12メガワットとなり、現在建設の検討中である。

アセスメントの内容

　インドネシアのイリアンジャヤ周辺では、エネルギー供給量を増加させる必要性が強く認識されている。国内の人口が希薄な地域の開発を進めるという国家政策のもと、経済成長に必要なエネルギー供給の必要性が繰り返し強調されてきた。これから4年のあいだにジャプラ地域で予定されている人口の増加と工業の開発が予測通りに進むとすると、現在の発電能力を増強させる必要性が出てくる。もっとも経済的に魅力のある手段としては、潜在的な水力発電供給地であるセンタニ湖から流れ出る水を利用するものがある。これを実現させるとコストの高いディーゼル発電を実施しなくて済むことになり、この地方および周辺地域の電力供給をまかなうことができるようになる。

環境調査のスコーピング

　プロジェクト実施用地内の環境調査の段階では、実施チームによる6から8週間にわたる調査が必要となる。この実施チームは、土木技術者、水力発電技術者、科学者、経済学者、エネルギーシステムプランナーなどから構成される。このチームの専門家たちは、毎日ミーティングを行って相互に調査内容を交換しながら環境調査を進めていく。水力発電プロジェクト一般に関する理解にもとづいて、また過去の調査結果に関

するデータベースにもとづいて、環境影響の包括的リストが作成される。またこの調査結果をデータベースに反映させ、さらなる調査が必要な場合にはその対象範囲を決定していく。

このチームが最初に成すべきことは、地方政府、住民、大学並びにベースラインとなる情報を提供してくれる人々と契約を交わすことであり、地域住民にとって重要なのはどのような問題であるかを把握することである。

環境調査を実施している時には、プロジェクトによる主要な環境影響として湖水面が2メートル上昇するという問題が発生するということをすべての前提条件として捉えておく必要がある。それ以外の湖水面変化が起きた場合の環境影響は次の調査で分析することとし、随時必要な環境情報を収集する。

センタニ湖の住民にとって、食料が手に入るかどうかという問題は水面のレベルに直接的に影響してくるものである。湖は漁業を行う場であり、また近隣の低湿地ではサゴ澱粉を収穫しているのである。さらに、住居の裏側にある水辺地帯では野菜の栽培が行われており、農耕期に湖水面が低下すると農作用の土地が増えることになるのである。

計画されている発電用水路の周辺での農業も影響を受けることになり、とくに米と野菜の栽培が水路の建設によって妨害されることになるだろう。またヤウンテファ湾周辺で伝統的な漁業を営んでいる部族に対しても、食糧問題が発生すると予測される。ここでは、湖からの淡水が急速に海へと流入し、海の生態系を乱すことが漁業にも影響をもたらすと考えられている。

湖水面レベルに関する影響事項としては、ほかにも公衆衛生の問題が環境調査段階で指摘された。センタニ湖の住民は湖を便所として用いるので、湖水面が低下すると病気が蔓延し、上昇すると湖岸を汚染することになる。

また用水路に沿って地域の開発目標を満たすことができるように考慮しながら、開発を進めていくべきである。用水路は、湿地と丘とを交互に通過していくことになる。水はけが良く住居に向いている土地は限られており、それ以外の土地に住居を建てることは避けるべきである。この地域では所有地の登録が行われておらず、プロジェクトによる都市化に関してもきちんと考慮しておく必要がある。センタニ湖南岸とジャフリ川沿岸への計画移民という国家の開発目標もまた、重要である。この計画が移民

の上水道供給および土地利用に対して与える影響も、考えなくてはならない。
　フィールド調査によって把握された問題事項にもとづいて、環境アセスメントの調査範囲を設定し、操業時の湖水面レベルに関する代替案を提案することになる。

代替手段の調査

　現地住民は特定の場所に関する情報を提供してくれるため、環境アセスメントの準備をするにあたって非常に重要な存在となる。環境アセスメント実施チームはセンタニ湖のプロジェクトに関して四か月間従事してきたが、統計的に重要な情報をそのような短期間で収集することは不可能である。必要な場合には、専門家による情報の代わりにセンタニ湖の住民から集めた情報を使用することができるだろう。湖面の高さが歴史的にどのように変遷してきたのか、湖水の資源にはどのようなものがあるか、あるいはどのような漁業が行われているのかというような情報は、地域住民から得ることができる。またデータを収集する際には、文化的な情報も重要となってくる。
　環境アセスメントの対象となる代替手段は、発電による水位の変化を制限させる事柄に関して、湖水水位率曲線を用いて調査された。ここではセンタニ湖のコンピューターモデルを用いて、さまざまな発電環境のシナリオを検証する。これによると、公衆衛生がもっとも制限度合いが低く、床上浸水が最大の制限事項であった。
　漁業に関しては、魚の卵がふ化して湖水中へと移動するのに十分な水位がある春のあいだは、魚が卵を生む環境を保つために、湖水面が高い方が良い。（その後は、住民が野菜を栽培することができるように、できる限り早く湖水面が下がった方がよい）
　環境影響をなるべく発生させないようにしてエネルギーを生産するための方法を探るため、しばしばコンピューターモデルが使用される。しかし今回のケースでは、すべての環境パラメーターを考慮しても同量のエネルギーを生産することが可能であった。
　用水路の設置場所に関しては、関連するすべての建造物に価格がつけられる。そうすることによって、変更がなされた場合には、何時間、何人、そして何ヘクタールの穀物が影響を受けるのか、すぐに再計算できる。土地利用に関するプランニングを実施する場合には、墓地や学校を避け、また交通路を遮らないようにしなければならない。したがって最終的には、用水路の設置場所は最初に提案されていたものと大きく異なってくる。実際、将来的に居住地をつくる予定の土地を避けるために、用水路は大きく

曲がったものとなっている。また用水路を設計する際には、安全に関する考慮も含んでおかなければならない。

これまで述べてきたように、環境アセスメントによって得られた情報をもとに、さまざまな代替手段がプロジェクトの設計時に提案されることになる。これにより、プロジェクトの実施予定地周辺の環境を改善することができるようになる。

例えば、
- 用水路の近くに住むヨカの人々が漁業を営む場所であるセンタニ湖の漁業区域を改善する。
- 年間を通して低水位となる湖で、レクリエーション用地が拡大する。
- 湖の水位が低下することによってセンタニ湖周辺の乾燥区域が拡大し、湿地へのアクセスが楽になってサゴ椰子の生産高が増加する。
- ミルクフィッシュなどが生息するヤウンテファ湾の河口部の状態が改善される。

などのメリットがある。

環境影響

これらのメリットにも関わらず、環境影響も何点か発生するだろうと予測されている。環境アセスメントでまとめられている影響軽減措置や補償方法は、次のようなものである。選択した手段によって変わってくるが、水力発電用の用水路と施設を建設することによって、448〜593人の住民、67〜97の建築物、30〜45ヘクタールの土地（購入されたものかリースされたもの）、25〜145ヘクタールの穀物栽培地が影響を受けるとされている。ジャフリ川に堰を設けることによって、センタニ湖周辺の村々の中でとくにプアイ村がもっとも大きな影響を受けると予測される。ジャフリ川上流の漁業資源は失われ、プアイ村近くのセンタニ湖でも漁獲量が減少するだろう。これは、堰でせき止められたことによってジャフリ川への湖水の流出が滞り、湖のプアイ村近辺で水質が悪化するためであると予測されている。またジャフリ川上流部が干あがることによって、プアイ村の住民が河川周辺の農地や野生生物（狩猟対象）へアクセスする機会にも影響を及ぼす。加えて、湖水面の年間変動範囲が大きくなるため、センタニ湖の住民は魚を入れたかごをその都度上下させなくてはならず、不便を被るだろう。さらにヤウンテファ湾での漁業に頼っている住民は、魚類などの海洋資源が河口の新し

い環境に適応するまでは漁獲高が減少してしまうので、短期的には影響を受けることになる。また湖からジャフリ川への流出を止めてしまうことによって、現在必要とされている灌漑水量は確保できる見通しではあるが、サングラム川の年間流量も減少してしまうだろう。

影響軽減措置

このプロジェクトに関する影響を緩和するための、さまざまな手段が提案されている。まず、水力発電用の用水路に沿って土地を所有している人やジャフリ川の堰周辺に土地を持っている住民には、プロジェクトにより使用できなくなる建造物や農地に関して金銭的補償を行う。プアイ村やセカント村の住民に対しては、移住することなく十分な漁業資源を得て自分たちの生活様式をつづけていけるように、適切な補償を行う必要がある。またこのプロジェクトを開始する以前にセンタニ湖に魚用のかごを設置していた人々には、湖水面の変動幅が大きくなることによって生じる潜在的な問題を解決するための設備を提供する。同様に日常の食料源としてヤウンテファ湾で漁業を営んでいる家族に対しては、プロジェクトの建設や稼働によって減少する漁獲量の穴埋めとなるように、刺し網を提供することも必要である。人々が用水路の建設後も両岸を行き来できるように、養魚池やヤウンテファ湾周辺で用水路をわたることができるようにするための橋梁を建設することも必要である。プロジェクトの完成後、できるだけ早く環境状態を回復できるように、植林や農作物の栽培などの努力をすべきであろう。

アセスメントの結果

プロジェクトはまだすべて完成していないが、発電のロスを生じることなく設計を変更することができたということは、環境アセスメントの成果を物語っているだろう。また関連した政府省庁がプロジェクトの建設開始前に取るべき行動についての詳細も、環境アセスメントによって提唱されている。

つまり用水路周辺では、
■両側30メートルの緩衝地帯を含めて、いっさい開発行為を行わないようにする。
■技術的な設計図と実際の状況に相違点が発生した場合には、その詳細を把握するた

- ■建築物、土地、農地に対する補償の支払いを準備し、影響を受ける住民に対する公平な扱いを実行する（補償には、建設によって一時的に使えなくなる土地に対するものも含む）。
- ■建造物の取り扱いも含めた住民の移住に関する計画を立て、影響を受ける住民がプロジェクトの実施プロセスに参加できるようにする。
- ■移住に関する合理的なスケジュールを立て、対象となる住民には十分余裕を持ってそれを知らせるようにする。
- ■地域住民に対してプロジェクトに関する情報を十分に提供し、それにもとづいて自らの行動を取ることができるようにする。
- ■センタニ湖、ジャフリ川、ヤウンテファ湾周辺に住んでいて漁業資源の減少によって影響を受けると予測されている住民に対して補償を行う際に、補償を適切に実行して行える人を任命するなどの行動である。

施設の建設時には、必要とされたすべての安全手順が実施され、また報告書に記載されている建設時の環境影響軽減措置が実行されていることを確認するため、建設管理契約の一部として安全および環境に関する査察官を採用することが重要である。査察官の仕事には、プアイ村とセカント村およびヤウンテファ湾周辺の村々における漁獲量に関する1日ごとの報告書の検査などが含まれるが、これはこの報告書に記載されているデータがプロジェクトの実施に伴うモニタリングに関して重要な参考情報となるからである。

建設後のモニタリング

プロジェクトによる水力発電が開始されてからおよそ三か月間にわたって、影響がどのようなものであるか把握し、追加的な影響軽減措置が必要かどうかを決定するために、プアイ村、セカント村、ヤウンテファ湾において漁獲量の調査を実施する。この調査は安全環境査察官が実施するべきであろう。さらに水力発電の開始から1年後から2年後に、プロジェクト実施後の環境影響と予測されていた影響とを比較検討するために、包括的な環境アセスメントを実施することが強く求められる。この環境アセスメントにもとづいて追加的な影響軽減措置が必要かどうかを検証し、モニタリングプ

ログラムの一環として報告されることになる。さらに水力発電が開始されてから5年後に、今まで述べてきたプログラムと同様のものを用いて、環境モニタリングを実施すべきであろう。

制限事項

　当初ジャカルタの政府機関は環境アセスメントに懐疑的であったが、アセスメントの結果が知られるようになるにつれ、それに対する態度が変化してきた。プロジェクトの費用対効果率を減少させることなく、その設計や操業方法を変えることができることが明らかになってきたためである。中央政府の省庁やジャヤプラなどの地方自治体は情報の提供を求められた場合にはそれに応じることになるが、各省庁間に横断的な協力体制が存在しないため、EIAの実施チームがプロジェクトに関して各省庁と個別に協議しなければならず、能力的な制限が生じることになる。

　残念なことに、大学や環境研究機関は、技術的に優れた人物を提供することはできない。これは、なんらかの方法で協力しようという強い意志があるにもかかわらず、提供する人材がいないためである。しかし最終的には、かなり有益なベースライン調査を完了することができた。これは地域住民が常に彼らの生活や優先事項に関して情報を提供してくれたことによって、技術的な知識が足りない分を補うことができたためである。

　この調査を進めていく上で、地域住民が水力発電プロジェクトに関してなにも通知されていないということが一つの障害となった。そのため通常の質問事項をたずねることができずに、住民のあいだに疑念が生じることがあった。

　以上をまとめると、センタニプロジェクトは、環境要素をプランニング・プロセスの初期段階、とくに調査期に組み込んでいくことの重要性を示す良い例であったといえるだろう。そうすることによって、プロジェクトの設計に関する大枠が決定される前に、プロジェクトの変更の鍵となる決定をくだすことができるようになる。また考慮すべき環境調査の対象範囲も示すことができた。きちんと対象を示すことによって、必要なものは詳しく調査し、そうでないものはそれほど深く調査せずに済むようになるのである。

　環境調査チームをプロジェクト全体の実施チームに組み込むことによって、例えば6

万人の住民に立ち退きを強いるような、規模の大きい影響を回避することができるようになる。これはまた、計画されているプロジェクトで必要な資源を節約することにもつながっていくのである。

この調査では地域の住民と効果的にコミュニケーションが取れたため、公開されているベースラインデータからでは手に入れることができない、貴重な情報を入手することができた。これは、プロジェクトの設計にとって非常に重要である。また地域住民だけでなく、地域の行政機関の参加と協力も不可欠である。

最後に、モニタリングの重要性を強調しておく。すべてを数量化して表すことは不可能であり、とくに物証があまりなく予測にもとづいているものに関してはその傾向が顕著である。そのため、調査や設計が適切に実施されているか、また提案されていた影響軽減措置が実際に有効に働いているかということを確認するためには、モニタリングが必要となるのである。

ケース 10.7
カイロ一帯における
廃水処理プロジェクトの例
——エジプト・カイロ廃水処理機構モハメド・タラット・アブ・サッダとアメリカ国際開発庁ステファン・F・リントナーによる報告

註 このケーススタディーは、環境コストが反映されていないという問題を調査するものである。

エジプトアラブ共和国とアメリカ合衆国が共同で実施したカイロ一帯における廃水処理プロジェクトは、受け入れ国とドナー機関とのあいだで、期間を区切った実施・使用技術の選定・操業やメンテナンスの評価・プロジェクトの持続可能性を維持するための補償手段の選定などといった、大規模プロジェクトを実施する際に考慮する必要が

ある事項を環境アセスメントを用いて判断することができた良い例であるといえる。発展途上国でプロジェクトを進めていく場合には、今回の環境アセスメントが参考になると思われる。

1976年、エジプト・アラブ共和国は、首都であるカイロの廃水処理システムを抜本的に改良することを決定した。このプロジェクトの目的は、首都地域における廃水の収集・運搬・処理・廃棄状況を改善することにある。このプロジェクトはカイロ廃水処理機構（CWO）が実施することになるが、実際の作業は、廃水および衛生に関するカイロ公共機構（CGOSD）が行うことになる。このプロジェクトではポンプ場や配水管などといった既存の施設の改善はもちろんのこと、大規模な廃水処理場や廃水システムの建設なども行うことが予定されている。また廃水業務を行う機構に対する支援やトレーニングプログラムの作成なども、このプロジェクトで実施することになっている。加えて、健康省も定期的な水質モニタリングを実施する予定である。

カイロ市は、ナイル川の東岸と西岸という二つの部分に大きくわけることが可能である。カイロ市の古くからの市街がある東岸では、1906年に建設された大規模な廃水処理施設が設置されている。西岸の廃水処理施設は1930年代に建設されているがそれほど大規模なものではないため、西岸では廃水処理施設のある区域に住む住民は全体のごく一部となっている。

カイロ一帯における廃水処理プロジェクトのプランニング段階では、地区ごとの構造的な違いやニーズの違いを考慮する必要がある。したがって東岸では、ガベル・エル・アスファーに新しく建設された廃水処理工場へとつづく主要な配水管の建設に焦点を当てることになる。また西岸での建設行為はより広範囲に及ぶ。これには、現在廃水処理施設が整備されていない地区における大規模な配水管建設、ゼニン廃水処理施設の改善と拡大、アブ・ラワシュ廃水処理施設の建設などが含まれることになる。

プロジェクトの必要性

ほかの多くの発展途上国の首都と同様に、カイロもまた、急速に増加する人口（人口の急速な自然増と、地方から都市への大規模な移住によるもの）に対する十分な廃水処理施設の供給不足という問題に直面している。1985年現在の首都一帯の人口は約800万人であるが、これが2000年には1360万人へと増加すると予測されている。この急

速に増加する人口に対して廃水処理を提供するためには、人口が100万人にも満たない状態で設計された既存の廃水処理施設では不十分であり、現在では市街地のほとんどの地域で不衛生な状態が蔓延しつつある。またメンテナンスに十分力を入れてこなかったため、とくにポンプ場と下水管では、処理施設の効率が格段に落ちてきている。加えてカイロの周辺地域では、上水道はあるものの下水道がまったく存在していない。

現在の下水道普及状況を見てみると、人口の66パーセントが既存の廃水処理施設を利用していて、残りの34パーセントは下水道のない地域に住んでいる。しかし既存の廃水処理施設の処理能力も過剰なポンプへの負担から落ちてきており、下水道がある地域でも、それが稼働していない場合もある。下水道のない地域では、廃水は住居の地下か隣にある汚水槽に溜められ、公的サービスや私的サービスによる廃水の収集に頼っている。しかしこのような汚水槽はしばしばあふれ出すことがあり、大規模な漏出が起きて汚水の水たまりができ、周辺一帯で汚染を引き起こすことになる。収入の低い住民が多く住む、下水道が整備されていない地域から汚水を収集することはコストが高くつくため、その地域では、もっとも基本的な廃水処理手段である汚水槽でさえあまり使われず、不適切な廃水垂れ流しなどの行為が広まっている。このような状況のために、カイロ周辺の下水道の処理が行われていない地域での疾病罹患率は、エジプトの他の大部分の地域よりも高いということが調査によってわかっている。

集められた汚水のほぼ半分は放水前に部分的な処理が行われているが、残りの半分は、下水道のない地域から集められたものも含めて、農業目的で建設されたが現在ではカイロ周辺の汚水処理に重要な施設となってしまっている用水路へと直接放水されている。最近ではこの用水路のある地域の水質が悪化したために、用水路の水はナイルデルタへと放水されるようになってきた。また工場や火力発電所からの排水は、これらの施設が下水システムの対象外であるカイロの北と南の端に集中しているため、重大な問題とはなっていない。

エジプト政府はこのような下水状況が環境や健康、河川の水質などに与える悪影響を認識しており、カイロ一帯における廃水処理プロジェクトをインフラストラクチャー整備の最重点課題であると認定した。このプロジェクトは廃水処理施設を改善する必要があるという認識にもとづいて実施されているが、プロジェクトの実行によって交通やビジネスが阻害されるため、そのような住民の認識が非常に重要であるとい

えよう。

ドナー機関による援助

アメリカ合衆国政府とイギリス政府は、それぞれ米国国際開発庁（USAID）と英国国際開発庁（ODA）を通じてこのプロジェクトに対する金銭的・技術的援助を実施しており、イギリスの民間銀行も資金融資を行っている。またドイツ連邦共和国と日本も援助を実施している。さらに現地で必要となる資金に関しては、エジプト政府が一部を支払っている。技術援助の主要な部分である既存施設の改善と新規の処理施設の開発設計に関しては、イギリスとアメリカの技術会社のコンソーシアムであるAMBRICが資金を融資することになる。AMBRICはエジプトの会社のコンソーシアムと共同で事業を行う。

プロジェクトの総費用は約30億ドルになると見積もられている。環境アセスメント、税制調査、下水道の整備されていない地域に関する調査、環境健康評価などといった補助的な調査に関する費用は約150万ドルで、これはUSAIDによって提供される。

既存施設の改善

既存の廃水処理システムには、400km超の一般下水道・82か所の空気排出施設・95か所の一般ポンプ場・およそ120kmにわたる主要下水道と、5か所の廃水処理施設が含まれている。システムの能力が極度に悪化したため、1980年から1986年まで、改修プログラムが実施された。

このプロジェクトによる既存施設の改善手段としては、大規模・小規模の修理、構造的な改修や機材の取り替え、管内の残余物や付着物の除去、システムの一般的な清掃などを実施した。これらの作業は、システムを一般下水管、空気排出場、ポンプ場、主要下水管、処理工場の5分野にわけ、実施された。これらの作業によって、既存の廃水処理システムの処理能力は格段に向上することになる。

新施設の建設

東岸では既存の廃水収集設備から、遠心分離ポンプを設置する予定のアメリカ地区の地下ポンプ場へとつながる、主要下水管の建設が計画されている。アメリカ地区か

らはさらに15kmの地下下水道を建設し、ショウブラ・エル・キーマの廃水処理場と、ガバル・エル・アスファーの活性ヘドロ処理場という市の北側にある二か所の新しい処理場へと廃水を運ぶ。ガバル・エル・アスファーの廃水処理場は窒素を使わずにヘドロを集めて乾燥させる、活性ヘドロの処理工場である。

　西岸での建設行為はおもに、既存の廃水処理設備を改善・拡充し、またそれを管理しやすいように改修することに重点が置かれる。そのためには、現在12か所のポンプ場が受け持っている処理量を一つで代替する能力を持つ収集ポンプの建設や、砂が詰まるなどの問題が起きている地区でそれを予防するための勾配をつけた下水管の建設、主要なポンプ場で構造が単純なアルキメデスタイプのスクリューポンプの設置などを行う必要がある。また将来処理システムを拡大する場合に備えて、現在の処理量だけでなくそれを現在廃水処理が行われていない地域や近隣の地域にまで拡大した場合の処理量にも対処できるように、廃水処理施設は十分余力を持って設計される。

　また現在下水道が整備されていない地域に廃水処理設備を建設することに加えて、アブ・ルワシュにも新しい処理場を建設することになる。この工場も窒素を使わずに活性ヘドロを処理するものであり、1日あたり40万m^3の廃水を処理できる能力を持つ。この処理場は、必要なエネルギーを最小限に抑え、メンテナンスも簡素化できるように設計されている。またシステム全体を調査した結果、ゼネインの処理場だけは保持しておくべきだとの結論に達した。ゼネインの処理場は現在大規模な改修を行っており、それが完了したら1日あたり30万m^3の廃水を処理することが可能になる。

業務上の支援とトレーニング

　カイロの廃水処理システムが効率的に運用されるように、エジプト政府とUSAIDはシステムの操業とメンテナンスに関する機構支援とトレーニングプログラムの実施を決定した。このプログラムでは廃水処理業務に当たる機構の事務処理能力・企画能力・財務管理能力を改善することが目的となっており、さまざまな専門分野、事務処理、技術分野に関する「トレーナーのトレーニング」を実施することに重点が置かれている。また下水管の中の堆積物管理や下水管清掃、ポンプ操作、廃水処理場での業務など、重要な分野に関してはとくに注意が払われている。

西岸の環境アセスメント

　USAIDはアメリカ合衆国法（22 CFR 216 "USAID Environmental Procedures"）によって、環境に重大な影響を与えると予測されているすべてのプロジェクトに関して、環境アセスメントを実施することが義務づけられている。この法の下では水の処理を行う主要なプロジェクトはすべて環境アセスメントの対象となり、そのプロジェクトが環境に重大な影響を与えないように計画され、設計され、実行されているかどうか確認しなければならない。エジプトアラブ共和国ではとくにプロジェクトに環境アセスメントを組み込まなければならないという法律はないが、環境に関する法規制の中でプロジェクトを評価する必要があると定められている。

　USAIDの活動を定めた法律では、環境アセスメントを「計画されている行為が環境に対して与えると予測されている正負の重大な影響を詳細に調査すること」と定めている。環境アセスメントの目的は、提案されているプロジェクトによって生じる可能性のある潜在的な環境影響を把握し、ホスト国とUSAIDの政策決定者がプロジェクトと影響軽減措置に関する評価と承認を行う際に環境影響で得られた情報をもとに理性的な判断をくだすことができるようにするという点にある。また提案されているプロジェクトの代替手段に関する評価の詳細や、避けることのできない負の環境影響を最小限に抑えるために採用する影響軽減措置の把握なども、この環境アセスメントに含まれている。

　USAIDのアプローチのもとでは、環境アセスメントそれ自体によって、特定の行為を実施するよう勧告したり、プロジェクトを実施すべきか中止すべきかを決定したりすることはないということを理解しておく必要があるだろう。このような判断は、プロジェクトの設計、評価、承認、実施をするプロセスにおいてUSAIDおよびホスト国政府の人間が決定するよう、留保される。そうすることによって環境アセスメントは、プロジェクトが法規制にしたがっているかどうかを確認するための「完全な」報告書の作成のためのものではなく、環境にとってそれが適正なものであるかどうかを判断するための「力強い」道具となるのである。USAIDのシステムにおける環境アセスメントの価値とは、それが鍵となる環境事項に関する情報を提供し、影響軽減のための行為を評価・分析するという点にある。この情報はプロジェクトに関連する技術・経済・管理・トレーニング・財務などの情報とともに用いられて、環境に適正なプロジェクトを

設計し、実施するために評価されることになる。

　このプロジェクトでは、アメリカ政府が西岸の施設建設の援助を行い、イギリス政府が東岸の施設建設の援助を行うという取り決めがプロジェクトデザインの初期にかわされていた。当初は廃水処理システムの設計時に用いられているAMBRICの環境アセスメントモデルを、USAIDとODAのジョイントプロジェクトでも採用することが予定されていた。しかしさまざまな理由からこれが不可能となり、USAIDは独自に西岸建設プログラムの詳細な環境アセスメントを進めていくこととなった。

環境アセスメントの準備

　カイロ排水処理機構（CWO）とUSAIDはプロジェクト実施における最初の段階から、詳細な環境アセスメントを準備しておく必要があるということで認識を共有していた。AMBRICコンソーシアムによって準備されていた初期設計調査では、プロジェクトの事前環境アセスメントが含まれていた。ワシントンにあるアジア中近東援助機構の環境コーディネーターがプロジェクト用地を事前視察に訪れ、ナイル川の西岸と東岸における新規建設プログラムを評価するために1979年の4月にCWOの代表者と会合を持った。環境アセスメントの対象範囲は、1980年11月と1981年3月にエジプトを訪問した際にCWOとの協力をもとに環境コーディネーターが準備したものである。環境コーディネーターはエジプトに戻って、アセスメントの準備をするために契約したコンサルティングファームの代表とともに初期段階にある実地でのデータ収集を監察し、また1981年10月にはCWOが資金を拠出したスコーピングの協議会に参加した。計画段階にエジプトを訪問することによって、さまざまなデータを収集し、AMBRICコンソーシアムおよびエジプトコンソーシアムとの協議を実施することが可能となった。

　今回の環境アセスメントは、アメリカとエジプトのコンサルタントが廃水および衛生に関するカイロ公共機構（CGOSD）とカイロ一帯における廃水処理プロジェクト実施機構（OEGCWP）、CWOのために準備したものである。アセスメントを準備するためにかかった総費用はおよそ27万ドルであり、これはすべてUSAIDによって無償援助された。この準備のためには12か月以上かかっているが、その期間には報告書の下書きを評価するために重要な期間も含まれている。

この調査は、農業技術、農業、キャピタルプロジェクトの経済分析、天然資源の経済分析、環境技術、エジプト法、工業汚染管理、公衆衛生、土壌化学、社会科学、廃水システムの維持管理という12の学際的分野の専門家からなるアメリカ人とエジプト人の実施チームによって実施された。このアセスメントでは二種類の報告書が作成される。管理者用の要約（アラビア語と英語）と、報告書本編（本文は英語で、要約と図表のみアラビア語と英語の併記）である。

　カイロ周辺における廃水処理プロジェクトの環境アセスメントを準備するためには、まず最初に環境に関するスコーピングの協議会をエジプトで実施する必要がある。USAIDの環境法制度のもとで必要とされているスコーピング協議会では、専門知識を持った人や影響を受ける住民とともに、環境アセスメントの範囲を評価し、調査の準備に関するアドバイスを提供することになる。

　プロジェクトの協議会はCWOが主催・統括し、結局31人が参加した。この参加者の中にはアイン・シャム大学、AMBRIC、農業省、CWO、物理的資源のプランニングのための総合機関、健康省、農業灌漑省、国家環境委員会、アレクサンドリア大学、USAIDの担当者などがいる。この協議会の開催は、実地調査の対象を絞ることが可能になったデータ源を把握することができた主要な政府機関や技術援助機関の高官といった高い地位にある人々との契約を交わすことができた、などの点で、アセスメントを準備するうえで非常に役立ったといえる。

環境アセスメントで評価対象となった主要な問題点

　この環境アセスメントでは、プロジェクト実施対象地域の現在の環境状態、そこで問題が発生していた場合の原因分析、廃水管理手段の分析、廃水収集設備や下水管の代替手段と環境影響に関する調査、廃水処理および放水手段に関する評価と、次の事項に関する環境問題の評価を行う。すなわち、施設建設の代替手段とその結果、廃水処理の代替手段、廃水の放水方法に関する代替手段である。

　すべての代替手段はそのコスト、その地域での信頼性、関連の環境的利益、政府による要件、エジプト文化にもとづいた社会の受容可能性などの面から評価されることになる。またこのアセスメントでは、新しい施設を建設してそれがうまく機能している場合に発生する影響と、もしシステムの一部がうまく機能しなくなった場合に生じる

影響を、それぞれの代替手段ごとに評価する。また不適切な税制や条例で下水処理施設の使用が定められていない場合、スペアパーツが不足している場合などに、効果的に廃水処理施設を稼働できなくなることも考慮しておく必要がある。

エジプト政府とUSAIDが作成したプロジェクトデザインでは、段階ごとに区切った投資戦略を開発していくうえで、環境アセスメントを多用することになる。このアセスメント結果にもとづき、まず収集システムと下水管に投資し、次に汚水処理施設に投資する。またこの環境アセスメントは、両国政府がプロジェクトを成功させるために追加投資を行う必要があるかどうかを決定するためにも用いられる。

収集システムと下水管に重点を置くことによって、下水管が設置されておらずに不適切な汚水処理によって漏出が日常的に起きてしまっている場所に住んでいる多くの住民の衛生環境を、急速かつ抜本的に改善できるということが認識されている。しかしこの決定は暫定的なものであり、処理場を整備しない限り未処理の汚水が農業用水路へと放水されることには変わりない。

環境アセスメントに含まれている分析結果は、この決定が短期的に見ると水質を少しずつ悪化させることにつながるが、人口密集地から未処理の廃水を取り除くための下水管を建設することによって得られる利益はその不利益よりも大きく、その決定は正しいものであるということを示している。さらに、この投資戦略に付随するリスクは、西岸の汚水収集システムを用いて排水される使用済みの工業用水の量や種類が極めて少ないことから、かなり限られたものであるといえる。

環境アセスメントから得られた教訓

なにを実施するにしてもタイミングが重要である。

カイロ周辺における廃水処理プロジェクトの例は、主要なインフラストラクチャー整備プロジェクトにおける環境アセスメントは、もしそれがプロジェクトを進めていくうえで適切な時点で準備されれば、費用対効果が高く実効性の高いものとなるということを示している。またCWOとUSAIDによると、環境アセスメントの準備に用いた資金はおよそ27万ドルで、これによってカイロ周辺における廃水処理プロジェクトの西岸部分の建設にかかった14億円を、効果的に使うことができたとのことである。

またUSAIDは、主要なインフラストラクチャー建設プロジェクトに関する環境アセスメントは提案されているプロジェクトとその代替手段を把握するための事前予備調査を準備した後に行うべきであるとも提案している。政策決定における効果的な道具であるべき環境アセスメントは、予備調査と同時に用いてこそ威力を発揮する。USAIDはまた、詳細な環境アセスメントの準備、評価、承認を実施する前には、いかなるプロジェクトでも最終的な技術設計や建設に進むべきではないとも言っている。

　環境アセスメントの実施にかかる費用は、必要なデータを早い段階で把握し、技術に関する予備調査のデータ収集プログラムでそれを集めることができれば、最小限に抑えることができる。また技術コンサルタントが環境アセスメント実施チームに対してベースマップ、システム設計、技術的なデータ、基本となる地図などを用いることを許可すれば、費用を節約することができるだろう。

EIAは、常に進行中であるべきだ。

　最初に行う環境アセスメントは、ホスト国とドナー機関がインフラストラクチャー整備プロジェクトを計画・設計・実施・操業するために用いる継続的な環境アセスメント・プロセスの一端でしかないということが、このカイロ周辺地域における廃水処理プロジェクトの例からわかるだろう。

　カイロ周辺地域における廃水処理プロジェクトは、USAIDが実施した一連の実地調査にもとづいた環境アセスメントの対象なのである。その一連の環境アセスメントは、(a) 詳細な環境アセスメントの実施以前に行うもの、(b) プロジェクトで決定された最終的な技術設計の評価を実施するあいだに行うもの、(c) 定期的な実地調査を通して行うもの、にわけることができよう。

　プロジェクトを適切に実施していくうえでもっとも重要なのは、エジプト政府およびUSAIDによって実施される、廃水部門の定期的な評価を毎年実施することである。この評価をきちんと行うことによって、継続して実施しているアセスメントの質を向上させ、問題が発生した場合には直ちにそれを確認し、問題の解決に向けて共同して取り組んでいけるようになる。プロジェクトを環境に重大な影響を与えることなく計画し、設計し、実施するためにはこの継続的なプロセスが非常に重要なのであって、法や政策によって必要と定められている詳細な環境アセスメントを一度実施するだけでは

その目的を達成したことにはならない。

EIA を実施することによって期間を区切った投資戦略を実施することができ、また採用すべき技術を選択することができる。

　期間を区切った投資の優先度の決定や大規模なプロジェクトにおける採用技術の選定などといったプロジェクト設計上の複雑な決定事項に関する決断をくだす場合にも、環境アセスメントが非常に役立つということがカイロの廃水処理プロジェクトからわかるだろう。今回のプロジェクトでは環境アセスメントは、CWO や USAID がプロジェクトの実施を通してそれが公衆衛生に最大限役に立つようにするためにはどのように建設を進めていけばいいのかというようなむずかしい決断をくだす際にも、非常に重要な道具となった。さらに廃水収集技術、処理技術、運搬技術、一時的な廃棄技術、恒久的な廃棄技術などを選定する際にも、環境アセスメントの結果が役に立った。

　さらにこのようなプロジェクトの設計や実施における環境アセスメントの有効性は、環境アセスメントで提案されているすべての代替技術や影響軽減措置にキャピタルコスト（現地通貨額およびドル建てでの額）の評価・リカレントコスト（現地通貨額およびドル建てでの額）、組織開発とトレーニング、影響の緩和に責任のある組織の把握などが含まれているため、その措置を適切に実行することによってさらに大きなものとなるだろうことがわかる。このような情報は、それによってさまざまな選択肢を実施した場合のコストがどれほどの額になるのかということがわかるため、政策決定に不可欠であるといえよう。

EIA ではプログラムを計画していくのに必要となる、総合的な分析を行うべきである。

　環境アセスメントは、主要な問題を把握し、解決法を模索し、政策や分析の基本となる情報を提供し、プロジェクト費用を得るためのアドボカシー手段として使用されるため、ホスト国やドナー機関の政策決定に多大な影響を及ぼすことが、カイロの廃水処理プロジェクトの例からわかる。このプロジェクトの場合には、環境アセスメントによりエジプトの廃水管理上の問題点を把握できた。またこの環境アセスメントでは、組織開発、操業とメンテナンス、システムの信頼性、リカレントコストの確保などといい

った問題を評価した。カイロ西岸における現在の廃水処理状況に関する総合的で客観的な分析を行い、この状態で人間の健康が受ける潜在的な影響の評価を実施することにより、環境アセスメントは、組織開発、操業およびメンテナンス、トレーニングといったプロジェクトの補助行為を準備する必要があるということを知らせるためのアドボカシーとなるのである。

1985年に承認され、エジプト政府とUSAIDが共同で4億2千万ドルかけて実施した廃水処理に関する組織開発プロジェクトは、環境アセスメントの最大の成果の一つであるといえよう。ホスト国とドナー機関は、不適切な設計・建設・操業などによってシステムが正しく作動しなくなった場合に起きるであろう深刻な負の環境影響を、環境アセスメントによって認識することが可能となった。環境アセスメントでは、プロジェクトの環境目標をきちんと達成し持続的な操業を可能とするためには組織や従業員のトレーニングが非常に重要となってくるということを強調しているのである。

スコーピングに関する協議を実施することが重要である。

カイロのプロジェクトでは、環境アセスメントを準備する段階でスコーピングに関する協議を実施することが非常に重要であった。USAIDの環境手続きでは、環境アセスメントの準備段階でのもっとも重要な要素の一つとして、スコーピングに関する協議を実施することを求めている。しかしカイロのプロジェクトなどに関する調査によって、提案されているプロジェクトの概要やその環境影響、代替手段、考えうる影響軽減措置などといった情報を広める手段として、このような協議が重要な役割を果たしていることがわかった。

スコーピングに関する協議では、参加者、プロジェクトのスポンサー、アセスメント実施チームが会合を開き、評価する必要がある重大な環境問題、契約を取り交わすべき組織や個人、データの情報源などに関する合意を取りつけるためにおたがい話し合うことになる。またここでは、上級スタッフが自分の部下を使って環境アセスメント実施チームに協力したり、彼らが実地調査を行う場合にそれを支援するなどといった事柄に関して、契約が交わされることになる。この段階で成立した契約にはアセスメントの準備の際にコンサルタントが必要だと認めた7万8千ドルが費やされており、その全額をCWOとUSAIDが支払った。

「ジョイント・チーム」アプローチを活用すべきである。

　環境アセスメントを実施する際に援助受け入れ国や国際コンサルタント機関などの専門家からなるジョイント・チームを使うことは、技術的にも費用的にも効果的であるといえる。今回のカイロのプロジェクトでは、環境アセスメントを実施する際、エジプトの私的（営利）コンサルティング組織を専門家、サポートスタッフ、事務スタッフなどを提供するための下請け契約者として使うことが有効であった。そうすることによって、国際コンサルタントの専門家やエジプトのコンサルティング業界に精通した人物を、スタッフとして抱えることが可能となったのである。またCWOやUSAIDが国際コンサルタントの実地調査を支援するために必要な時間も節約できた。

　「ジョイント・チーム」アプローチのもう一つの利点としては、エジプトの下請け契約者が自分の専門領域を広げることができ、またアメリカのコンサルティングファームと長期的な友好関係を築いていくための機会を持てる、ということが考えられる。USAIDはアジアや中近東でプロジェクトを実施する際、長年にわたって、環境アセスメントを準備するためのアプローチとしてこのジョイント・チームアプローチを用いてきた。例をあげると、最近パキスタン政府とUSAIDが合同で実施した大規模な環境アセスメントは、アメリカのコンサルティングファームの専門家5人とパキスタンのコンサルティング会社の専門家5人とが合同で実施した。

　しかし受け入れ国政府とドナー機関は、ジョイント・チームを用いるためにはコンサルタントによる調査を共同で準備するための政策を採用する必要性があることを認識しておく必要がある。環境アセスメントを共同して準備していくことは、そこで用いられる技術を途上国へと移転するためには効果的なテクニックであるといえる。またそのためには、技術移転を援助の目的として設定し、契約した現地コンサルタントが技術を習得できるように準備する必要があるだろう。同様にジョイント・チームが環境アセスメントを準備していくことになった場合には、国際コンサルタントが現地ファームと共同でその目的や手法を評価していくことができるように準備すべきであろう。また現地ファームが実施していくべき作業の内容には、プロジェクト実施予定地周辺の習慣・法律・規制・組織などを国際コンサルティングファームと合同で調査するための準備などが含まれる。

多くの人が評価に参加できるような制度が必要である。

　環境アセスメントでは多くの人が評価に参加し、コメントできるような制度をつくる必要がある。先進国か発展途上国ということに関わらず、ほとんどの国では、アセスメントの評価者が政府機関の人間であっても非政府組織の人間であっても、日常的に提出される膨大な量の材料に対する限られた評価・分析能力しか持っていないといえる。アメリカで伝統的に実施されてきた、アセスメントに対して公式なコメントを文書で回答するという手法は、例えば中近東では効果的な方法とは言い難い。さまざまな理由から、多くの組織にとって書面でのコメントを時間に間に合うよう（通常、環境アセスメントを評価してコメントを提出するための期間は60日から90日である）に提出することはむずかしいこととなっている。このプロジェクトでは評価期間を拡大した後、CWOとUSAIDは鍵となる人物を訪れ、彼らのコメントを得てきた。この方法は非公式なものではあるが、環境アセスメントに対する反応を得るためには効果的だった。

　今回のエジプトやほかのアジア・中近東のプロジェクトで、USAIDはアセスメントを評価するため、公式文書によるコメント、報告書の下書きを評価するための少人数でのミーティング、重要な人物との協議などを組み合わせたアプローチを採用してきた。また、完全な環境アセスメントの報告書をすべて読む時間のない上級レベルの人間にとっては、管理者用の要約が準備され、提出されることによって、調査で発見された主要な事柄や推奨事項を見る機会が生まれるということも、今回のプロジェクトから明らかになった。

環境影響評価のすべて	環境破壊型開発から環境保全型開発へ

発行　二〇〇一年五月三十一日　第一刷

著者　プラサッド・モダック
　　　アシット・K・ビスワス

訳編者　川瀬裕之／礒貝白日編訳

発行者　福地茂雄

発行所　アサヒビール株式会社
　　　郵便番号　一三〇－八六〇一
　　　住　所　東京都墨田区吾妻橋一－二三－一

発売者　礒貝　浩

発売所　株式会社　清水弘文堂書房
　　　郵便番号　一五三－〇〇四四
　　　住　所　東京都目黒区大橋一－三－七　大橋スカイハイツ二〇七
　　　Eメール　simizukobundo@nyc.odn.ne.jp

編集室　清水弘文堂書房ITセンター
　　　郵便番号　二二二－〇〇一一
　　　住　所　横浜市港北区菊名三－二一－一四　KIKUNA N HOUSE 3F
　　　電話番号　〇四五－四三一－三五六六　FAX　〇四五－四三一－三五六六
　　　郵便振替　〇〇二六〇－三－五九九三九

印刷所　株式会社　ホーユー

□乱丁・落丁本はおとりかえいたします□

ⓒ United Nations University, 1999　ⓒ Shimizukobundo Shobo, Ing. 2001
ISBN4－87950－545－5 C0030

NON STOP DRY

泡の中の感動

瀬戸雄三

聞き手　あん・まくどなるど

アサヒビール会長の感動泡談。若いころから「お客様に新鮮なビールを飲んでもらう」ことと「感動の共有」を旗印に七転八起の人生――「地獄から天国まで見た」企業人の物語。アサヒビールがスーパードライをヒットさせ売上を伸ばし『環境経営』を理念に据え世界市場をめざすまでのノンストップ・ドライストーリー！『SETO'S KEYWORD300』収録。

才媛あん・まくどなるどが、和気藹々、しかし、鋭くビール業界のナンバーワン会長に迫る。

ハードカバー上製本　A5版四三二ページ　定価一八〇〇円

anne's top gun series 1

実用重視の事業評価入門

マイケル・クイン・パットン 著
大森 彌 監修　山本 泰・長尾眞文 編　UFE 訳

日本にも「ほんとうの事業評価」の時代がやってきた！
本邦初の本格的事業評価本！

……評価という知的道具をいかに活用するかによって、われわれの意思決定をよりよきものへと改革していくことができるのである。……（最近の日本では）政策の点検・見直しに際し、社会経済状況の変化のなかでも妥当性があるか、目標の達成にどれほど貢献しているか、費用対効果は満たされているか、などをできるだけ客観的に分析し、その評価の方法と結果を公表し、政策選択にどう反映させたか（継続、変更、中止など）を国民に説明する貴務が重視されている。公共事業の見直しも政治課題となっている。……（本書の特色は）どうすれば評価は役に立つ（useful）かではなく、役に立つとはどういうことか、いつだれが、なんのために用いることなのかをパットン氏は詳しく説き起こしており……問題は、なんのための、だれのための評価なのかである。焦点は評価の活用である。……事業評価は、情報公開、説明責任、効率性の確保、人材開発などとも関連し、もはや国や自治体の関係者にとって避けて通れない課題となっている。そのためには、より広く関連した知識を集め、考え、工夫し、実行していく必要がある。本書は、そのための必読書である。

（監修者　大森 彌　東京大学名誉教授）

ソフトカバー　B5版二八四ページ　定価三五〇〇円＋税

The New Century Text

Utilization-Focused Evaluation

G.PAM COMMUNICATIONS

清水弘文堂書房の学術・文学書ロングセラー
（２００１年５月３１日現在）

学術

形式論理学要説■寺沢恒信	800円（税別 以下同様）
社会思想史入門■猪木正道	618円
ユング心理学入門■Ｖ・Ｊ・ノードバイ Ｃ・Ｓ・ホール　岸田　秀訳	1200円
フロイト心理学入門■カルヴィン・Ｓ・ホール　西川好夫訳	1300円
病める心　精神療法の窓から■Ｒ・Ａ・リストン　西川好夫訳	1030円
白日夢・イメージ・空想■Ｊ・Ｌ・シンガー　秋山信道・小山睦央訳	1600円
学習の心理学■Ｅ・Ｒ・ガスリー　富田達彦訳	2800円
Ｊ・デューイと実験主義哲学の精神■Ｃ・Ｗ・ヘンデル編　杉浦　宏訳	1000円
アメリカ教育哲学の展望■杉浦　宏	3600円
民主主義の倫理と教育■草谷晴夫	3200円
児童精神病理学■座間味宗和	4300円
文明の構造　イカルスの飛翔のゆくえ■宍戸　修	1236円
行動心理学と行動療法■アデライド・ブライ　富田達彦監訳	1000円
原始仏教から大乗仏教へ■佐々木現順	1900円
業（ごう）と運命■佐々木現順	1600円
パーリ・ダンマ（リプリント版）	3000円
両大戦間における国際関係史　Ｅ・Ｈ・カー　衛藤瀋吉・斎藤　孝訳	1800円
ビザンチン期における親族法の発達　栗生武夫	1500円
エズラ・パウンド■Ｇ・Ｓ・フレイザー　佐藤幸雄訳	1442円
フロイディズム■金子武蔵	876円
加藤清正　治水編■矢野四年生	2000円
中間生物■小沢直宏	1800円
今なぜ民間非営利団体なのか■田淵節也編	1900円
明治法制史（２）■中村吉三郎	1100円
明治法制史（３）■中村吉三郎	900円
大正法制史■中村吉三郎	1030円

債権各論の骨■中村吉三郎	1200 円
日本における哲学的観念論の発達史■三枝博音	2500 円
政治哲学序説■今井仙一	1600 円
内田クレペリン検査法の発展史的考察■外岡豊彦	1030 円
弁証法入門■高山岩男	500 円
条件反応のメカニズム■W・ヴィルヴィッカ　富田達彦訳	2000 円
古代地中海世界　古代ギリシャ・ローマ史論集■伊藤　正・桂　正人・安永信二編	4800 円

文学

比較文学■ポールヴァン・ティーゲーム　富田　仁訳	1800 円
ソルジェニーツィン■人と作品　C・ムディ　石田敏治訳	1300 円
ヘミングウエイ■S・サンダースン　福田陸太郎・小林祐二訳	1200 円
短歌の文法■奈雲行夫	1400 円
短歌の作り方　やさしい理論とその実際■森脇一夫	1100 円
作句と鑑賞のための俳句の事典■高浜年尾監修　大木葉末	1500 円
芭蕉俳句鑑賞■赤羽　学	1500 円
芭蕉俳諧の精神■赤羽　学	18000 円
続芭蕉俳諧の精神■赤羽　学	14000 円
芭蕉俳諧の精神■総集編　赤羽　学	38000 円
幽玄美の探究■赤羽　学	15000 円
現代短歌入門■加藤将之	1200 円
齋藤茂吉論■加藤将之	1800 円
齋藤茂吉とその周辺■藤岡武雄	1800 円
茂吉・光太郎の戦後■大島徳丸	1800 円
日本文芸論の世界■實方　清	2800 円
日本現代小説の世界■實方　清編著	1800 円
島崎藤村文芸辞典■實方　清	1200 円
日本文芸学概論■實方　清	1300 円
近代とその開削［石坂　巌教授退任記念論文集］■飯岡秀夫・宮本純男編	2500 円

日本近代小説（3）■中島健蔵・大田三郎・福田陸太郎編	1400円
日本近代評論■中島健蔵・大田三郎・福田陸太郎編	1400円
古典と現代■西洋人の見た日本文学　武田勝彦編	1300円
現代につながる「太平記」の世界■山地悠一郎	2000円
「太平記」の疑問を探る■山地悠一郎	2000円
比較文学　比較文学講座　目的と意義1■中島健蔵・大田三郎・福田陸太郎	1500円
英米文学　作品の解釈と批評■大田三郎	1300円
啄木私稿■冷水茂太	1400円
キャフエのテラスで■山田五郎	1030円
母の初恋■岡井耀毅	1300円

創作集団ぐるーぷ・ばあめの本

日本って⁉PART1■アン・マクドナルド	2000円
日本って⁉PART2■アン・マクドナルド	1905円
とどかないさよなら■アン・マクドナルド	1000円
原日本人挽歌■アン・マクドナルド	1500円
すっぱり東京■アン・マクドナルド著　二葉幾久訳	1400円
創業の思想　ニュービジネスの旗手たち■野田一夫	1600円
太平洋ひとりぼっち■堀江謙一	1800円
飲みつ飲まれつ■森　怠風	1800円
C・W・ニコルのおいしい博物誌■C・W・ニコル	1600円
C・W・ニコルのおいしい博物誌2■C・W・ニコル	1000円
エコ・テロリスト■C・W・ニコル	1500円
C・W・ニコルのおいしい交遊禄■竹内和世訳	1429円

■電話注文03-3770-1922／045-431-3566■FAX注文045-431-3566■Eメール simizukobundo@nyc.ne.jp（いずれも送料３００円注文主負担）■電話・ファックス・Eメール以外で清水弘文堂書房の本をご注文いただく場合には、もよりの本屋さんに、ご注文いただくか、定価に消費税を加え、さらに送料三百円を足した金額を郵便為替（為替口座 00260-3-59939 清水弘文堂書房）でお振り込みくだされば、確認後、一週間以内に郵送にてお送りいたします。（郵便為替でご注文いただく場合には、振り込み用紙に本の題名明記）